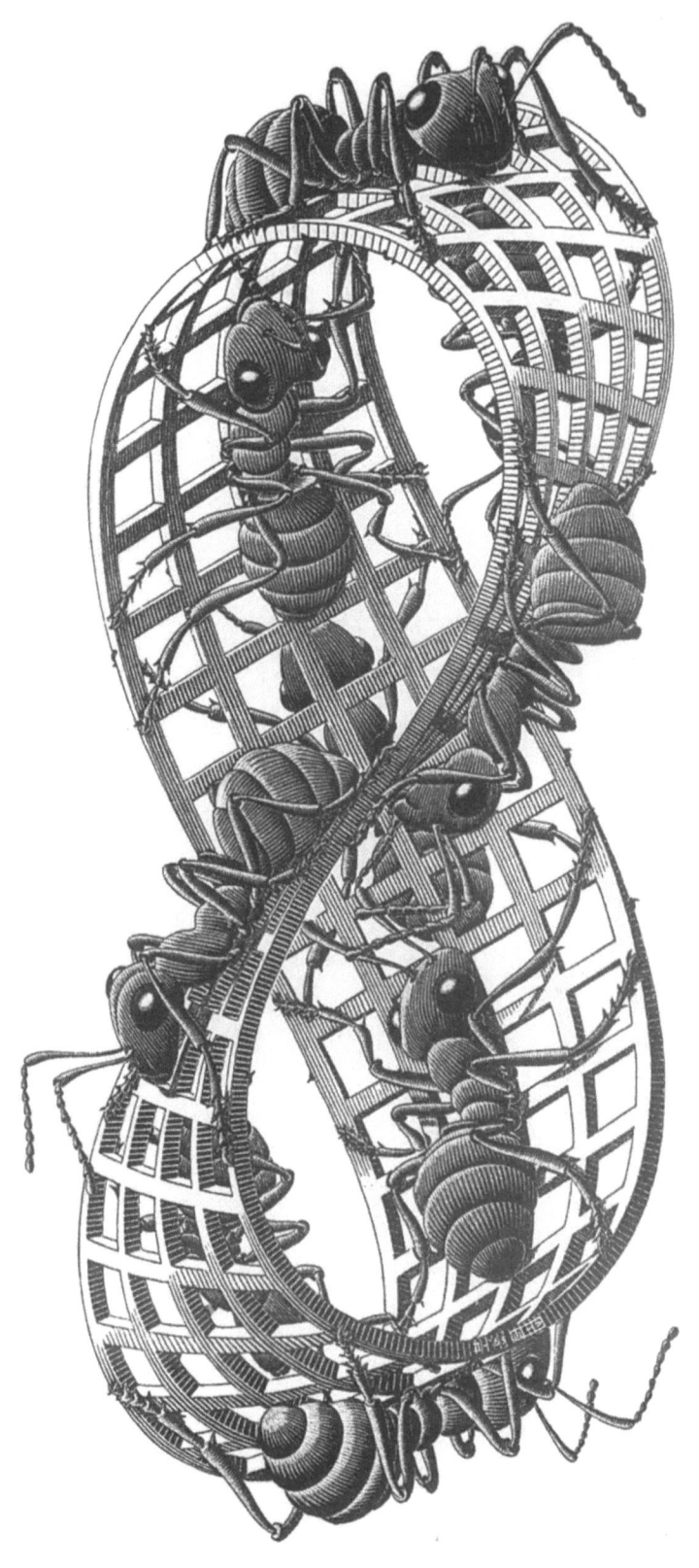

Möbiusband II, 1963 von M. C. Escher
(© 1994 M.C. Escher Art – Baarn – Holland. All rights reserved).

Möbius und sein Band

Der Aufstieg von Mathematik und Astronomie im Deutschland des 19. Jahrhunderts

Herausgegeben von
John Fauvel, Raymond Flood, Robin Wilson

Aus dem Englischen von
Gisela Menzel

Springer Basel AG

Die Originalausgabe erschien 1993 unter dem Titel "Möbius and his band" bei Oxford University Press, Oxford.
© Oxford University Press 1993

Die Deutsche Bibliothek – CIP-Einheitsaufnahme

Möbius und sein Band : der Aufstieg von Mathematik und Astronomie im Deutschland des 19. Jahrhunderts / John Fauvel ... (Hrsg.). Aus dem Engl. von Gisela Menzel.

Einheitssacht.: Möbius and his band <dt.>
ISBN 978-3-0348-6204-2   ISBN 978-3-0348-6203-5 (eBook)
DOI 10.1007/978-3-0348-6203-5

NE: Fauvel, John [Hrsg.]; EST

Dieses Werk ist urheberrechtlich geschützt. Die dadurch begründeten Rechte, insbesondere die des Nachdrucks, des Vortrags, der Entnahme von Abbildungen und Tabellen, der Funksendung, der Mikroverfilmung oder der Vervielfältigung auf anderen Wegen und der Speicherung in Datenverarbeitungsanlagen, bleiben, auch bei nur auszugsweiser Verwertung, vorbehalten. Eine Vervielfältigung dieses Werkes oder von Teilen dieses Werkes ist auch im Einzelfall nur in den Grenzen der gesetzlichen Bestimmungen des Urheberrechtsgesetzes in der jeweils geltenden Fassung zulässig. Sie ist grundsätzlich vergütungspflichtig. Zuwiderhandlungen unterliegen den Strafbestimmungen des Urheberrechts.
© 1994 Springer Basel AG
Ursprünglich erschienen bei Birkhäuser Verlag, Basel 1994
Softcover reprint of the hardcover 1st edition 1994

Umschlaggestaltung: Micha Lotrovsky, Therwil

ISBN 978-3-0348-6204-2

9 8 7 6 5 4 3 2 1

Inhaltsverzeichnis

Vorwort 7

Ein sächsischer Mathematiker 9
John Fauvel

Die deutsche mathematische Gemeinde 31
Gert Schubring

Die astronomische Revolution 47
Allan Chapman

Möbius' geometrische Mechanik 101
Jeremy Gray

Die Entwicklung der Topologie 135
Norman Biggs

Möbius' Vermächtnis 153
Ian Stewart

Anhang

Zu den Autoren 205

Anmerkungen 207

Weiterführende Literatur 209

Abbildungsnachweis 213

Namensverzeichnis 216

Vorwort

Dieses Buch ist keine Biographie von August Ferdinand Möbius im herkömmlichen Sinn. Vielmehr ist es eine Sammlung von Beiträgen über Themen, die das historische Umfeld, das Leben, die wissenschaftliche Arbeit und den Einfluß eines deutschen Akademikers aus dem neunzehnten Jahrhundert darstellen.

Warum gerade Möbius? In Deutschland gab es im neunzehnten Jahrhundert berühmtere Mathematiker, es gab bessere und berühmtere Astronomen, es gab Universitätslehrer, die mehr für ihre Einrichtung taten, und es gab Gelehrte, die intensiver an den turbulenten Ereignissen ihrer Zeit beteiligt waren. Wir haben ihn ausgewählt, gerade weil er nicht auf eine spezielle Art und Weise herausragte, sondern ein gewissenhafter und kompetenter Gelehrter war und daher diese Zeit besonders gut widerspiegelt. Unser Ziel ist es, vor dem Hintergrund der historischen Figur Möbius die Entwicklung der Astronomie und Mathematik im neunzehnten Jahrhundert zu beleuchten.

Die sechs Beiträge zu diesem Buch decken weitreichende Themenkreise ab. Nach dem Anfangskapitel, in dem John Fauvel die Grundzüge von Möbius' Leben und Forschungen umreißt, gibt es zwei Beiträge, in denen die akademischen Hintergründe von Möbius' Lebenswerk – Mathematik und Astronomie – analysiert werden. Zunächst untersucht Gert Schubring die Entwicklung der mathematischen Gemeinde im Deutschland des neunzehnten Jahrhunderts, und danach beschreibt Allan Chapman die Revolution, die in der astronomischen Praxis während Möbius' Lebenszeit stattfand. Es folgen zwei Kapitel über Entwicklungen in den mathematischen Disziplinen, mit denen Möbius zu tun hatte – Geometrie, Mechanik und Topologie. Jeremy Gray berichtet über die vielleicht wichtigste Arbeit von Möbius, sein baryzentrisches Kalkül, und beschreibt ihren Zusammenhang mit der Entwicklung der zeitgenössischen Mathematik. Norman Biggs beschreibt, wie topologisches Gedankengut im Laufe des neunzehnten Jahrhunderts begann, seine Stärke und Vielseitigkeit zu entfalten, und umreißt Möbius' Rolle bei diesem Prozeß. Am Schluß erörtert Ian Stewart einige Bereiche der Mathematik des zwanzigsten Jahrhunderts, die sich aus Möbius' Interessensgebieten entwickelt haben.

A. F. Möbius (1790–1868).

Ein sächsischer Mathematiker

John Fauvel

August Ferdinand Möbius wurde am 17. November 1790 geboren und starb am 26. September 1868. Im Laufe seines Lebens wandelte sich die Art und Weise, auf die in Deutschland Mathematik betrieben wurde, grundlegend. 1790 gab es so gut wie keinen deutschen Mathematiker von internationalem Rang; als er starb, war Deutschland das Land und die Ausbildungsstätte der führenden Mathematiker der Welt, und die deutsche Mathematik beeinflußte weltweit die mathematische Forschung. Im Laufe dieses Buches werden wir einige der Faktoren, die diese Wandlung bewirkt haben, zur Sprache bringen. Die Veränderungen hängen mit der historischen Entwicklung der deutschsprechenden Welt zu dieser Zeit zusammen. Aus einer Vielzahl von unabhängigen Staaten entwickelte sich ein Imperium, das, wenn auch unter Ausschluß der habsburgischen Länder, seit 1871 unter der politischen und militärischen Macht Preußens vereint war.

1790–1816

Möbius wurde in Schulpforta, einer sächsischen Gemeinde zwischen Leipzig und Jena, geboren, und zwar im Herzen Europas, und zu einer Zeit des geschichtlichen Umbruchs. Im Norden hatte sich Preußen zu dem effizienten, puritanischen und militarisierten Staat entwickelt, den Friedrich der Große begründet hatte. Er war 1786 gestorben, vier Jahre vor Möbius' Geburt. In den österreichischen Landen endete Anfang 1790 mit dem Tod des aufklärerischen Philosophen König Joseph II., des Habsburger Kaisers des Heiligen Römischen Reiches, die Epoche des Josephinismus. Im Westen befand sich Frankreich seit 1789 in einer blutigen Revolution, die drei Jahre später, 1793, auch Ludwig dem XVI. das Leben kosten sollte. Die Auswirkungen der Revolution überschatteten in Möbius' Kindheits- und Jugendjahren ganz Europa.

Es war eine Zeit der Veränderungen nicht nur in der Politik, sondern auch in der Kunst und in der Wissenschaft. In Wien komponierte Mozart Streichquartette für den König von Preußen und hatte nur noch ein Jahr seines kurzen Lebens zur Verfügung. In Bonn war der zwanzigjährige Beethoven Bratschist und Cembalist der Kurfürstlichen Hofkapelle. In Weimar, nicht weit von Schulpforta entfernt, war der einundvierzigjäh-

10   *John Fauvel*

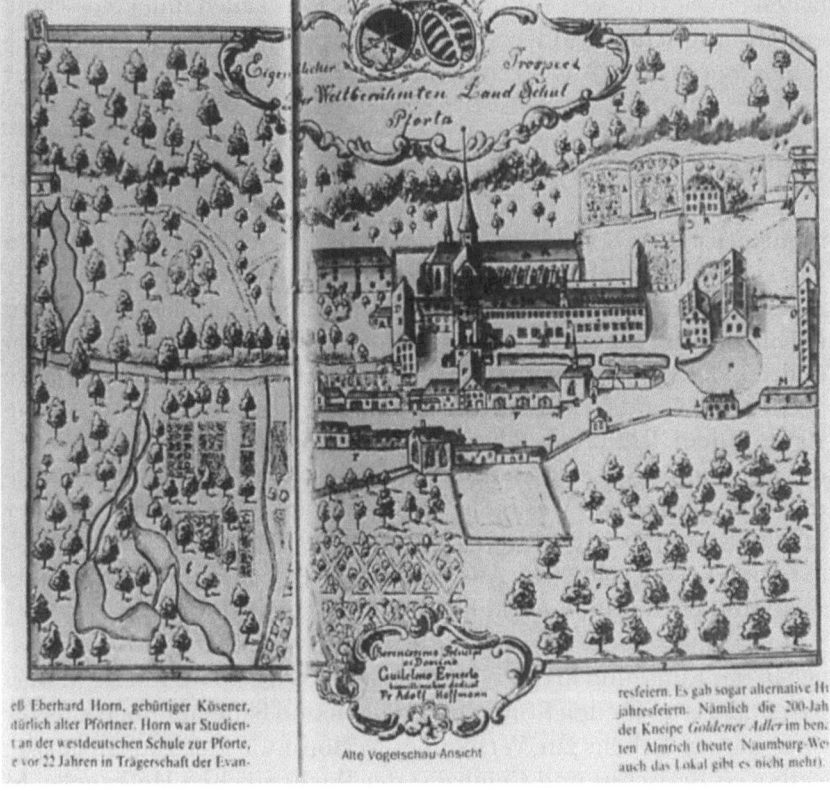

eß Eberhard Horn, gebürtiger Kösener, dürlich alter Pförtner. Horn war Studient an der westdeutschen Schule zur Pforte, e vor 22 Jahren in Trägerschaft der Evan-

Alte Vogelschau-Ansicht

resfeiern. Es gab sogar alternative Hi jahresfeiern. Nämlich die 200-Jah der Kneipe *Goldener Adler* im ben ten Almrich (heute Naumburg-We auch das Lokal gibt es nicht mehr).

Möbius stammt aus Schulpforta, einer Schulgemeinde, in der sein Vater Tanzlehrer war. Schulpforta gehörte während Möbius' Kindheit zu Sachsen, wurde jedoch 1815 preußisch.

rige Goethe gerade von seiner Bildungsreise durch Italien zurückgekehrt und befand sich auf dem Höhepunkt seiner Schaffenskraft. Und im Gymnasium des nordwestlich gelegenen Braunschweigs erlernte und erkundete ein dreizehnjähriger Sohn eines Kleinbauern namens Carl Friedrich Gauß wißbegierig die Mathematik.

Die Französische Revolution wurde in ganz Europa durch liberal denkende Leute mit Engagement und Enthusiasmus unterstützt. Viele ihrer Errungenschaften haben noch heute Bestand – zum Beispiel hatte die französische Nationalversammlung im Mai 1790 ein Gesetz verabschiedet, durch das die Maße und Gewichte standardisiert wurden, aus dem sich das heute von uns verwendete metrische System entwickelte. Erst später wurde das Klima gespannter: Österreich und Preußen drangen 1792 in Frankreich ein. Die Invasion wurde zwar zurückgeschlagen, aber König Ludwig XVI. wurde wie erwähnt 1793 hingerichtet, und die Revolution wandelte sich zu innerem Terror und einer permanenten Kriegsgefahr, die ihre früheren ausländischen Sympathisanten in Angst und Schrecken versetzte. Am Ende des Jahrhunderts hatte Frankreich

Napoleon nimmt nach der Niederlage der preußischen Armee in der Schlacht von Jena (1806) die Unterwerfung von Berlin entgegen.

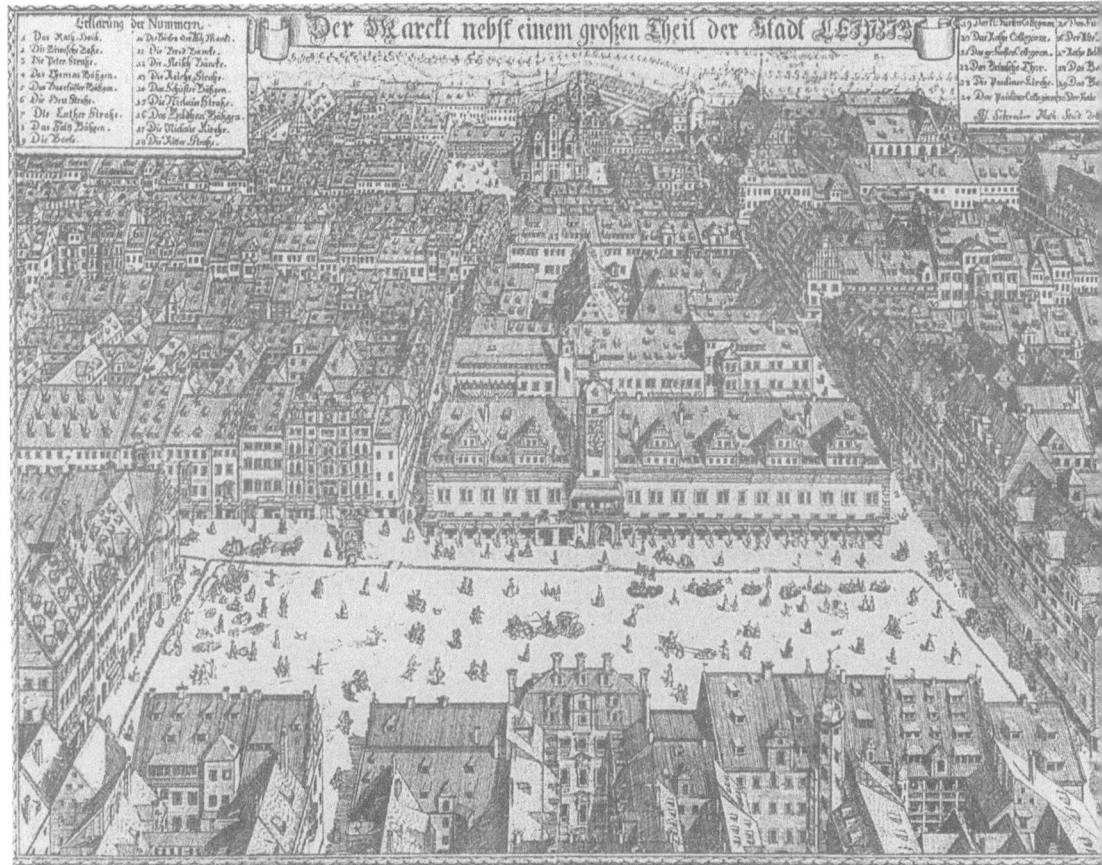

Der Marktplatz von Leipzig auf einem Kupferstich von 1712. Die Universität ist oben im Bild zu sehen.

unter Napoleon Bonaparte zu einer Phase der inneren Stabilität gefunden, obwohl sich die 1792 begonnenen Kriege mit Österreich und Preußen nun auf fast ganz Europa ausgedehnt hatten.

1806, als Möbius ein sechzehnjähriger Schüler in Schulpforta war, brachen die Feindlichkeiten zwischen Frankreich und Preußen erneut aus. Französische Truppen besiegten die Preußen und die Sachsen nur einige Kilometer von Möbius' Heimat entfernt in der Schlacht von Jena. Dies war eine entscheidende Niederlage. Sie hatte auf Preußen eine traumatische Wirkung und führte seltsamerweise doch zu einem erneuten Aufblühen des preußischen Staates, wie wir im nächsten Kapitel darlegen werden: Aus dem Schock der Niederlage resultierte schließlich ein Aufschwung des Patriotismus und die Erneuerung der Erziehung und des intellektuellen Lebens in Preußen.

In Sachsen jedoch war die Wirkung zunächst eine andere. Napoleon wollte den Herrscher von Sachsen wegen der exponierten Lage zwischen Preußen und Österreich auf seine Seite bringen. Daher machte er Sachsen zu einem Königreich und ging mit ihm eine Allianz ein. Sachsen wurde so für einige Jahre zu einem von Frankreich abhängigen Staat. Während dieser Zeit, nämlich 1809, kam Möbius im Alter von 18 Jahren an die Universität von Leipzig. Auf Anraten der Familie hin studierte er zunächst Rechtswissenschaft. Nach einem Semester jedoch folgte er seinen eigenen Neigungen und studierte Mathematik, Physik und Astronomie. Sein Astronomielehrer, dessen Nachfolger er später wurde, war Karl Mollweide. An diesen erinnert man sich heute hauptsächlich wegen einer von ihm erdachten konformen (winkeltreuen) Projektionsabbildung, der Mollweide-Projektion.

Leipzig ist eine der ältesten deutschen Universitäten. Sie wurde 1409 von deutschen Studenten gegründet, die von der Prager Universität abgewandert waren. Zu Möbius' Zeit hatte sie normalerweise etwa tausend Studenten und 23 hauptamtliche Professoren und war hiermit eine ziemlich tonangebende Institution in einer Stadt von etwas mehr als 30 000 Seelen. Die Leipziger Universität beherbergte im Laufe der Jahrhunderte einige ausgezeichnete Lehrer. In den mathematischen Wissenschaften hatte sie mehrere wohlklingende Namen hervorgebracht: Regiomontanus, der große Astronom des fünfzehnten Jahrhunderts, war dort Student, Kopernikus' Freund Rheticus lehrte dort im sechzehnten Jahrhundert, bis er nach einer homosexuellen Affäre mit einem Studenten gehen mußte, und Gottfried Wilhelm Leibniz studierte von 1661–1663 in Leipzig. Später, nämlich von 1739–1756, lehrte Abraham Kästner in Leipzig Mathematik. Danach ging er nach Göttingen, wo er für den jungen Gauß zum maßgebenden Lehrer wurde. Bemerkenswerterweise beeinflußte Kästner entweder direkt oder durch seine Schüler alle drei Mathematiker, die als Erfinder der nichteuklidischen Geometrie gelten – Gauß, Bolyai und Lobachevsky. Daher war mit Leipzig in gewissem Sinn eine lang etablierte mathematische und astronomische Tradition verbunden, die Möbius fortführen sollte.

Die sächsische Allianz mit Frankreich gedieh einige Jahre gut, aber später wendete sich Napoleons Glück. 1813 wurden die französischen und sächsischen Truppen in der Schlacht von Leipzig geschlagen, und der König von Sachsen wurde gefangengenommen. Dies war eine entscheidende Schlacht, die sogenannte Völkerschlacht. Durch sie wurde das Ende der Napoleonischen Vorherrschaft in Europa angekündigt.

Eine zeitgenössische französische Karikatur über den Wiener Kongreß von 1815. Der König von Sachsen (zweiter von rechts) hält seine Krone krampfhaft fest.

1815, nach Napoleons endgültigem Niedergang, erhielt der sächsische König sein Reich zurück, auch wenn dies an Umfang verloren hatte.

Diese historischen Gegebenheiten bilden den wichtigen Hintergrund für die Entwicklung der Mathematik in Deutschland und insbesondere für das Leben und das Schaffen von Möbius. Möbius war Sachse, und das war für ihn und seinen Werdegang von Bedeutung. Einige Monate vor der Völkerschlacht von Leipzig hatte er Sachsen verlassen und war nach Göttingen gereist. Er war nach Göttingen gegangen, um bei dem damals größten deutschen Mathematiker, Carl Friedrich Gauß, der Direktor des dortigen Observatoriums war, theoretische Astronomie zu studieren. Danach besuchte er Halle, wo er bei einem der zu jener Zeit wichtigsten Mathematiker in Deutschland, Gauß' Lehrer Johann Friedrich Pfaff, Mathematik studierte.

1814 hörte Möbius, daß Mollweide auf den Lehrstuhl für Mathematik wechseln würde, und er hoffte, daß er dessen Nachfolge auf dem Lehrstuhl für Astronomie übernehmen könnte. Aber als er zurückkehrte, um an seiner Habilitation zu arbeiten – an der Qualifikation, die ihm zur

Nach der Schlacht von Jena besetzten französische Truppen Leipzig. Dieses zeitgenössische Gemälde zeigt sie auf der Suche nach Konterbanden.

Lehre an der Universität befähigen würde –, holte ihn die Welt der Politik erneut ein. Er wurde für die Armee aufgeboten, die die siegreiche preußische Administration begründet hatte. In einem Brief an seine Mutter findet sich hierzu ein aufschlußreicher Kommentar:

> *Ich finde es vollkommen unmöglich, daß mich jemand zum Rekrut machen will, mich, einen anerkannten Magister der Leipziger Universität. Das ist die schrecklichste Vorstellung, die mir je zu Ohren gekommen ist; und jeder, der es wagen, sich erdreisten, es riskieren, sich herausnehmen und die Unverfrorenheit besitzen sollte, dies vorzuschlagen, wird vor meinem Dolch nicht sicher sein. Ich gehöre nicht den Preußen. Ich bin im sächsischen Dienst.*

In diesen Worten können wir mehrere faszinierende Elemente entdecken. Zum einen zeigt sich in ihnen der Schreck eines jeden jungen Mannes, der zum Militär eingezogen wird, und zum anderen der etwas

---

August Ferdinand Möbius

1790	Geboren am 17. November in Schulpforta in Sachsen.
1809	Student an der Leipziger Universität.
1813–1814	Reisen zu Gauß in Göttingen und zu Pfaff in Halle.
1815	Doktorarbeit *De computandis occultationibus fixarum per planetas* und Habilitationsschrift *De peculiaribus quibusdam aequationum trigonometricarum affectionibus disquisitio analytica*.
1816	Ernennung zum außerordentlichen Professor der Astronomie in Leipzig.
1818–1821	Das Leipziger Observatorium wird unter seiner Aufsicht erweitert.
1820	Heirat. Aus der Ehe gingen eine Tochter und zwei Söhne hervor.
1827	*Der barycentrische Calcul* erscheint.
1829	Ernennung zum Korrespondierenden Mitglied der Berliner Akademie der Wissenschaften.
1834	Die populärwissenschaftliche Abhandlung *Die wahre und die scheinbare Bahn des Halley'schen Kometen* erscheint.
1836	Erscheinen der populärwissenschaftlichen Abhandlung *Die Hauptsätze der Astronomie*.
1837	Das *Lehrbuch der Statik* erscheint.
1843	*Die Elemente der Mechanik des Himmels* erscheint.
1844	Ernennung zum ordentlichen Professor der Astronmie in Leipzig.
1848	Ernennung zum Direktor des Observatoriums in Leipzig.
1855	*Die Theorie der Kreisverwandtschaft in rein geometrischer Darstellung* erscheint.
1858	Entdeckung des Möbiusbandes.
1868	Gestorben am 26. September in Leipzig.

wichtigtuerische Stolz eines Sproßes der unteren Mittelklasse, der durch seine akademischen Leistungen in eine höhere soziale Schicht aufgestiegen ist. Aber es liegt in ihnen auch der offensichtlich nationale Stolz, ein Sachse zu sein.

Und die Geschichte ging tatsächlich glücklich aus. Möbius gelang es, sich der Einberufung zu entziehen, beendete seine Habilitationsschrift und reichte sie mit Empfehlungen von Gauß und Pfaff ein. Dem König von Sachsen gelang es beim Wiener Kongreß, in dem die Gestalt Europas nach Napoleon festgelegt wurde, die Hälfte seines Reiches zu retten, und er kehrte 1815 zurück. Anfang 1816 wurde Möbius zum außerordentlichen Professor für Astronomie an der Universität von Leipzig berufen, wo er für den Rest seines Lebens bleiben sollte.

1816–1868

Die von Möbius eingenommene außerordentliche Professur stand im akademischen Leben auf einer eher niederen Stufe. Es bedeutete, daß er Vorlesungen halten durfte, für die er von den Studenten Geld verlangen konnte. Er besaß als Lehrer keine besondere Ausstrahlung, und offenbar besuchten die Studenten seine Vorlesungen nur dann, wenn er sie umsonst anbot. Er kam nur langsam auf der akademischen Leiter voran. Erst 1844 wurde seine Stellung zu einem ordentlichen Lehrstuhl aufgewertet, und dies geschah nur, weil ihn die Universität von Jena abwerben wollte. Neben seiner Lehrtätigkeit wurde Möbius 1816 zum Beobachter am Observatorium ernannt. Diese Stellung hatte er viele Jahre inne, bis er schließlich 1848 zum Direktor des Observatoriums befördert wurde.

Obwohl August Möbius heute hauptsächlich wegen seiner mathematischen Entdeckungen bekannt ist, verbrachte er sein berufliches Leben als Astronom. Auch Gauß, der größte Mathematiker seiner Zeit, war als Direktor eines astronomischen Observatoriums angestellt. Dies scheint für uns am Ende des zwanzigsten Jahrhunderts paradox zu sein, läßt sich jedoch teilweise durch die unterschiedlichen sozialen Stellungen erklären, die die Mathematiker und die Astronomen im Deutschland des frühen neunzehnten Jahrhunderts innehatten. Zu jener Zeit war ein Mathematiker im wesentlichen ein armes Arbeitstier, das seine Zeit damit verbrachte, grundlegende Rechenschemen in schlecht vorbereitete und unmotivierte Schüler zu trichtern. War er etwas ehrgeiziger, war er bestenfalls ein Verwaltungsbeamter. Ein Astronom dagegen war von Beruf Wissenschaftler. So war es kein Zufall, daß zwei ehrgeizige brillante junge Männer aus armen Verhältnissen die Astronomie wählten, um Sicherheit und Ansehen zu gewinnen. Die Bedeutung der Astronomie

Das Leipziger Observatorium (1909).

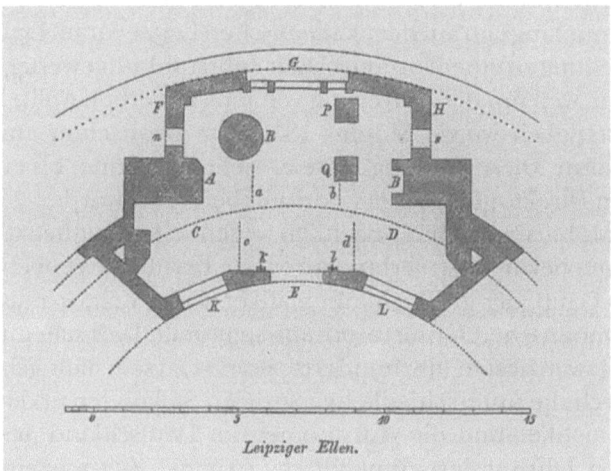

Plan des Leipziger Observatoriums (um 1820).

und ihre Entwicklung im 19. Jahrhundert werden wir im dritten Kapitel behandeln. Das Ansehen der Mathematik war zwar im Wachstum begriffen, aber zu der Zeit, als Gauß und Möbius ihre Karrierepläne schmiedeten, war es noch nicht sehr weit fortgeschritten.

Das mathematische Leben in Deutschland und Frankreich

Während Möbius' Schaffensperiode passierte etwas sehr Bemerkenswertes. Die deutschsprechende Mathematik bewegte sich von ihrem elementaren Niveau hinweg und brachte eine relativ große Zahl von brillanten Mathematikern hervor. In den dreißiger und vierziger Jahren des 19. Jahrhunderts und danach gab es unzählige deutsche Mathematiker, die in Kompetenz und Produktivität unerreicht blieben. Nur dreißig oder vierzig Jahre früher konnte man sie mit zwei Fingern abzählen. Die Gründe für diesen spektakulären Wandel werden wir im nächsten Kapitel ausführlicher darlegen. An dieser Stelle wollen wir den Gegensatz zwischen Deutschland und Frankreich darstellen, indem wir die französische Haltung gegenüber der Mathematik während der Kindheit und des Heranwachsens von Möbius mit der deutschen vergleichen.

Die Ideologie der revolutionären Französischen Republik hielt die Mathematik für ausgesprochen wichtig und förderte sie entsprechend. Das Erziehungssystem wurde neu strukturiert, und die mathematische Ausbildung wurde auf jeder Ebene erweitert. Mathematische Fähigkeiten waren eine gute Voraussetzung zum Weiterkommen. Die Mathematik wurde sowohl als Wissenschaft an sich wie auch zum Wohle des Staates sehr ernstgenommen. Während der Jahrhundertwende konzentrierte sich in Europa die kreative Mathematik vor allem auf Frankreich. Der größte reine Mathematiker dieser Zeit, der in Italien geborene Joseph Louis Lagrange, lebte während der Revolution in Paris. Er war ein sehr angesehener Lehrer an der neuen École Polytechnique und inspirierte die jüngeren Mathematiker Frankreichs. Viele große Mathematiker, wie Laplace, Monge, Legendre usw., schrieben zu jener Zeit Lehrbücher, unterrichteten, lehrten und forschten in Frankreich.

In Deutschland hingegen besaßen die mathematischen Aktivitäten weder diese Breite noch diese Qualität. Es ist sehr bezeichnend, daß Lagrange in Berlin an der Akademie der Wissenschaften wirkte und 1786 nach dem Tod von Friedrich dem Großen nach Paris gelockt wurde. Mit dem von Friedrich hinterlassenen preußischen Königreich ging es unter seinem Nachfolger rapide bergab, bis es 1806 den Schock der preußischen Niederlage in der Schlacht von Jena gegen Napoleons Truppen gab. Im nachhinein erwies sich dies als ausgesprochen vorteilhaft, denn es führte zu einem Aufblühen des Patriotismus und zu einer Erneuerung der Moral des Landes. Das intellektuelle Leben erhielt wieder Ansehen, und die Erziehungsreform, neue Einrichtungen sowie neue soziale und berufliche Strukturen bewirkten ein Aufblühen der nationalen Kultur. Die Universität von Berlin wurde 1809 gegründet, in dem Jahr, in dem Möbius nach Leipzig kam. Sie entwickelte sich im Laufe des neunzehnten Jahrhunderts zu einer führenden Einrichtung, die sich mit akademischen Themen, nicht zuletzt auch mit der Mathematik, auf eine neue, forschungsorientierte Art und Weise befaßte.

In Deutschland versuchte man während dieser Zeit nicht, den Rückstand zu Frankreich einzuholen. So blieb eine Pariser Ausbildung während der nächsten zwanzig oder dreißig Jahre für jeden ambitionierten deutschen Mathematiker ein Wunsch. Dagegen etablierte sich ein neuer Stil an den Instituten, eine neue Art und Weise, Mathematik zu betreiben – gewissermaßen der Vorläufer unserer universitären Welt, in der die Professoren forschen, lehren und Seminare abhalten. In diesen Instituten entwickelte sich eine Gilde von Berufsmathematikern, wie wir im nächsten Kapitel näher ausführen werden. In diesen Jahrzehnten entstand in Deutschland die Auffassung, daß die Aufgabe eines Professors nicht nur darin bestehen konnte, Wissen zu vermitteln, sondern dieses auch zu erweitern. Die durch diese Strukturen geförderte Art von Mathematik ist am ehesten das, was wir heute «reine» Mathematik nennen. Man entfernte sich von der althergebrachten Einbindung der Mathematik in praktische und empirische Probleme. Die reine Forschung wurde für wertvoller und für Geist und Erziehung nützlicher gehalten.

Möbius' mathematisches Werk

Möbius war Astronomieprofessor und arbeitete sein ganzes Leben lang in Sachsen und nicht in Preußen. Doch der Funke der neuen Entwicklungen sprang auf die gesamte deutschsprachige Welt über. Möbius beschäftigte sich in seinen Arbeiten mit mathematischen Entdeckungen und Neuerungen aus vielen Bereichen. Sein Biograph aus dem ausgehenden neunzehnten Jahrhundert, Richard Baltzer, beschrieb seine Arbeitsweise sehr plastisch:

Die Anregung zu seinen Forschungen findet er aber zumeist in dem reichen Born seines ursprünglichen Geistes. Seine Anschauungen, die Aufgaben, welche er sich stellt, die Lösungen, welche er findet, haben etwas ungewöhnlich Sinniges, ungesucht Ursprüngliches. Er arbeitet mit ruhiger Stetigkeit, still und einsam, fast verschlossen, bis Alles in die rechte Ordnung gefügt ist. Frei von Ueberhastung, fern von Prunksucht und Anmassung, lässt er die Früchte seines Geistes reifen, bis er nach Horazischer Frist in vollendeter Form sie veröffentlicht. ... Ueberall ist in Möbius' Arbeiten das Bestreben sichtbar, seine Ziele auf kürzesten Wegen, bei geringstem Aufwand von Mitteln, durch die angemessensten Mittel zu erreichen.

Es ist hier nicht unsere Aufgabe, Möbius' sämtliche mathematische Arbeiten zusammenzufassen und einzuordnen, sondern einige der Resultate zu erklären, derentwegen man sich an ihn erinnert, vor allem die, die seinen Namen tragen.

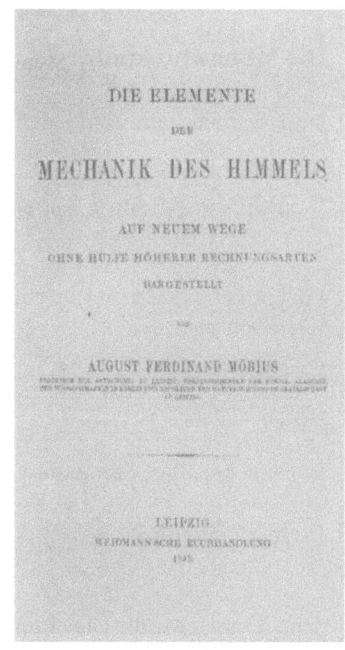

Sein weitaus bekanntestes mathematisches Vermächtnis ist natürlich das Möbiusband. Dies ist ein Band mit nur einer Seite, das man sehr leicht konstruieren kann, indem man die Enden eines Papierstreifens gegensinnig zusammenklebt. Es entstand Ende der fünfziger Jahre des neunzehnten Jahrhunderts aus seinen Forschungen für einen Preis der Pariser Akademie über die geometrische Theorie der Polyeder. Das Band wurde unabhängig von Möbius einige Monate vorher auch von Johann Benedict Listing konstruiert, wie wir im fünften Kapitel erläutern werden. Es ist jedoch eine durch die Zeit geheiligte mathematische Tradition, die Dinge nicht nach ihrem ersten Entdecker, sondern nach einer anderen Person zu benennen! Das Möbiusband besitzt mehrere interessante Eigenschaften, die man mit einem Streifen Papier und einer Schere leicht demonstrieren kann. Sie können es längsseits in der Mitte durchschneiden oder versuchen, es längs zu dritteln, und andere Leute vorhersagen lassen, was dann mit dem Band passieren wird.

Weniger bekannt, aber auf ihrem Gebiet sehr nützlich sind die Möbiusfunktion und die Möbiussche Umkehrformel, die Möbiustransformation und das Möbiusnetz. Diese Begriffe werden in den nachfolgenden Kästen und im Kasten auf Seite 117 erläutert.

Möbius wurde ferner etwas zugeschrieben, mit dem er nichts zu tun hatte, nämlich die Vierfarbenvermutung. Diese Vermutung besagt, daß jede beliebige Landkarte (auf einer ebenen Fläche) mit höchstens vier Farben so eingefärbt werden kann, daß benachbarte Länder unterschiedliche Farben besitzen. 1976 wurde schließlich bewiesen, daß dies möglich ist. Der Beweis auf diese so einfach zu formulierende Vermutung stellte sich als ausgesprochen schwierig heraus. Für den endgültigen Beweis wurden neben 124 Jahren mathematischer Arbeit auch viele hundert Stunden Rechenzeit auf einem Computer benötigt. Die Vermutung wurde zuerst von einem jungen britischen Mathematiker namens

Die Möbiusfunktion

Für jede natürliche Zahl n definieren wir

$$\mu(n) = \begin{cases} 1, & \text{falls } n = 1 \\ (-1)^r, & \text{falls } n = p_1 p_2 \ldots p_r \text{ (mit verschiedenen Primzahlen } p_i) \\ 0, & \text{sonst} \end{cases}$$

Die Funktion μ wird Möbiusfunktion genannt. Folgende Tabelle zeigt einige Werte von $\mu(n)$:

n	1	2	3	4	5	6	7	8	9	10	11	12
$\mu(n)$	1	-1	-1	0	-1	1	-1	0	0	1	-1	0

Ist f eine beliebige Funktion und

$$F(n) = \sum_{d \mid n} f(d),$$

dann können wir die Gleichung mit Hilfe der Möbiusfunktion und der Möbiusschen Umkehrformel nach $f(n)$ «auflösen»:

$$f(n) = \sum_{d \mid n} F(d) \, \mu(n/d).$$

Zum Beispiel ist für $n = 10$

$$F(10) = f(10) + f(5) + f(2) + f(1),$$
$$F(5) = f(5) + f(1), \quad F(2) = f(2) + f(1) \quad \text{und} \quad F(1) = f(1).$$

Durch Invertieren erhalten wir somit

$$f(10) = F(10) - F(5) - F(2) + F(1)$$
$$= F(10) \, \mu(1) + F(5) \, \mu(2) + F(2) \, \mu(5) + F(1) \, \mu(10).$$

Möbius war an dem Thema interessiert, weil er Reihen invertieren wollte.

$$\text{Für } F(x) = \sum_{s=1}^{\infty} f(sx)/s^n \text{ ist } f(x) = \sum_{s=1}^{\infty} \mu(s) F(sx)/s^n.$$

Möbiustransformationen

Sei C* die komplexe Zahlenebene zusammen mit dem Punkt im Unendlichen. Eine Möbiustransformation ist eine Funktion $f\colon C^* \to C^*$ der Gestalt

$$f(z) = \frac{az+b}{cz+d} \quad \text{mit} \quad ad \neq bc.$$

Beispiele für Möbiustransformationen sind:

Translationen: $a = d = 1$, $c = 0$, $f(z) = z + b$.
Lineare Abbildungen: $b = c = 0$, $d = 1$, $f(z) = az$.
Die Kehrwertabbildung: $a = d = 0$, $b = c$, $f(z) = 1/z$.

Jede Möbiustransformation bildet Kreise auf Kreise und Geraden auf Geraden ab. Die Transformation

$$f(z) = \frac{z-i}{z+i}$$

bildet zum Beispiel den Kreis $\{\,z : |\,z-i\,| = 1\,\}$ mit dem Mittelpunkt i und dem Radius 1 auf den Kreis $\{\,z : |\,z+\tfrac{1}{3}\,| = \tfrac{2}{3}\,\}$ mit dem Mittelpunkt $-\tfrac{1}{3}$ und dem Radius $\tfrac{2}{3}$ ab.

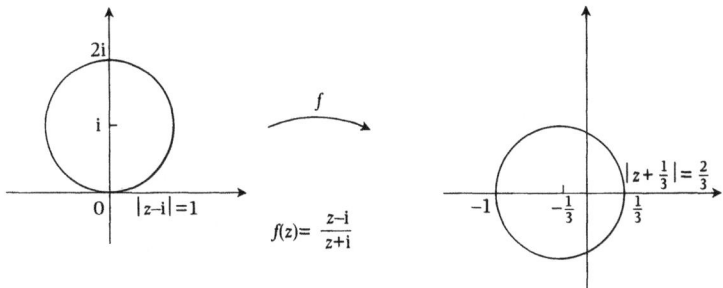

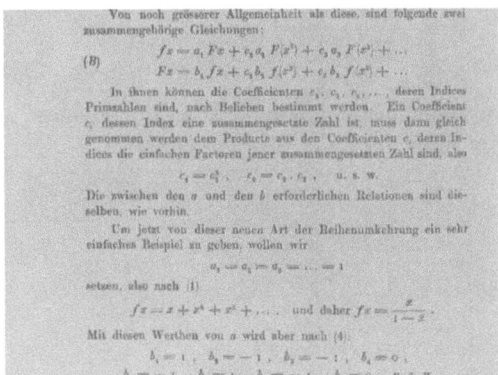

Die Möbiusfunktion erschien erstmals in *Ueber eine besondere Art von Umkehrung der Reihen*, 1831.

Francis Guthrie aufgestellt. Er hat sie als Frage formuliert, deren Antwort einen mathematischen Beweis benötigte. Im ausgehenden neunzehnten Jahrhundert machte sich die Ansicht breit, daß Möbius die Frage als erster aufgeworfen hätte, nämlich etwa zwölf Jahre vor Guthrie, und so wurde sie ihm im zwanzigsten Jahrhundert in mehreren populärwissenschaftlichen mathematischen Büchern zugeschrieben. Was Möbius jedoch 1840 in einer Vorlesung präsentiert hatte, war folgendes mathematisches Rätsel:

Es war einmal ein König, der hatte fünf Söhne. In seinem Testament legte er fest, daß seine Söhne nach seinem Tod das Reich so in fünf Teile teilen sollten, daß jedes Teil eine Grenze zu den vier anderen Teilen besitzt. Kann man den letzten Willen des Königs erfüllen?

Die Antwort auf dieses Problem lautet «nein», und dies kann man mit einem einfachen geometrischen Argument beweisen. Aber unglücklicherweise hat dies weniger mit der Vierfarbenvermutung zu tun, als ein oberflächlicher Blick vermuten läßt. Falls die Antwort ja gewesen wäre, dann wäre die Vierfarbenvermutung falsch. Eine negative Antwort jedoch beweist weder, daß die Vermutung richtig noch daß sie falsch ist.

Einen wenig bekannten, aber interessanten Einblick in Möbius' Funktion in der interdisziplinären Forschung bietet seine Zusammenarbeit mit einem seiner Leipziger Kollegen, dem Physiker Gustav Theodor Fechner. Fechner verfolgte ein Programm zur Mathematisierung der experimentellen Psychologie und arbeitete an einem neuen Thema oder einem neuen Zugang, den er Psychophysik nannte. Er befaßte sich vor allem damit, Wahrnehmungsschwellen zu quantifizieren, also die Beziehung zwischen den äußeren Reizen und der mentalen Wahrneh-

»Der halbe Ton $\frac{135}{128}$ möchte sich noch in Melodieen vorfinden, in welchen
»z. B. die Tonfolge *f fis g* mit den Duraccorden über *f d g* begleitet gedacht wird;
»vorausgesetzt, dass diese Basstöne der *C*-durscala angehören, also

»Das unmelodischeste Intervall, das in Ihrer Tonleiter vorkommt, ist die unver-
»meidliche Quinte $\frac{1024}{675}$, welche zwischen *fis* und *cis* liegt, und hier ist es unmög-
»lich eine Melodie zu ersinnen, die dies Intervall in seiner Reinheit darstellte;
»freilich ist es nur um einen zehntel Ton (um $\frac{2048}{2025}$) grösser als die reine Quinte,
»entspricht also den gewöhnlichen Anforderungen angenäherter Reinheit.
»Die Primzahl 7 haben Sie gewiss mit Recht ausgeschlossen, da sie keine
»anderen melodischen Intervalle liefert als $\frac{8}{7}$, $\frac{7}{6}$, $\frac{15}{14}$ und allenfalls $\frac{7}{5}$.

Möbius interessierte sich auch für musikalische Intervalle.

mung. Teilen von Fechners Analyse der Empfindlichkeit lag ein wahr-
scheinlichkeitstheoretisches Modell zugrunde, nach dem das Urteil von
Leuten, zum Beispiel darüber, welche von zwei Strecken länger ist, auf
natürliche Art und Weise gemäß einer unterliegenden Fehlerfunktion
variiert, die neben einem Heer von anderen Faktoren ebenfalls zu
berücksichtigen ist. Möbius konnte Fechner helfen, indem er ein mathematisches Modell aufstellte, das Schlußfolgerungen aus der Normal-
verteilung beinhaltete. Dies ist nur ein kleines Beispiel, aber es ruft doch
den Teil des akademischen Lebens in Erinnerung, der darin besteht,
auch interdisziplinär mit Kollegen zusammenzuarbeiten und Fach-
kenntnisse auszutauschen.

Möbius' Ansehen in der Öffentlichkeit

Möbius verbrachte ein erfülltes und akademisch aktives Leben, das nach
außen hin nicht besonders ereignisreich war. Er starb 1868, nur kurz
nachdem er das fünfzigste Jahr seiner Lehrtätigkeit in Leipzig gefeiert

hatte. Sein mathematischer Einfluß lebt in den Themen weiter, die er untersucht hatte, und in der Art und Weise, wie er dabei vorging. Einige dieser Themen werden wir im vierten und fünften Kapitel, seine Vorgehensweise im letzten Kapitel behandeln. Das Möbiusband wurde im außermathematischen Leben ebenso bekannt wie andere mathematische Dinge, von denen jeder schon in irgendeiner Form gehört hat, wie der Satz des Pythagoras oder die Quadratur des Kreises. Maurits Escher hat das Möbiusband bildlich dargestellt, Max Bill hat eine Skulptur von ihm geschaffen, in der Literatur taucht es bei William Upson in *A. Botts and the Moebius strip*, bei A. J. Deutsch in *A subway named Möbius* und bei Martin Gardner in *The no-sided professor* auf; es erscheint sogar auf Briefmarken (vgl. S. 136). In der Technologie bildet das Möbiusband die Grundlage für Patente einer Endlosschallplatte (Lee de Forest, 1920 zu den Akten gelegt), eines Schleifriemens (1949) und eines Förderbands für heißes Material (1952). Die Durchdringung unserer Kultur mit dem Begriff Möbiusband scheint vollkommen, denn wie einige andere populäre mathematische Metaphern wird es allmählich in allen möglichen Zusammenhängen verwendet, für die es ausgesprochen ungeeignet ist.

Wenn die Welt Saddam Hussein wegen seines Einfalls in Kuwait verurteilt, kann sie Israel für seinen Einfall in Palästina nur dann nicht verurteilen, wenn sie in einem ethischen Möbiusband Zuflucht sucht, das bei einer Moralebene beginnt und auf einer anderen endet.
Brief im «The Independent» vom 17. Oktober 1990.

Dieser Roman ist ein Möbiusband: ein Thriller, der sich in der Mitte zu einem Gedankenroman verdreht und schließlich zu einer Romanze wird. Auf diese Weise bricht er sein Rückgrat der psychologischen Wahrheit.
Rezension im «The Observer» vom 13. Oktober 1991.

Manchmal werden August Möbius und sein Enkel Paul verwechselt; letzterer war ein Leipziger Neurologe, nach dem in seinem Forschungsgebiet ebenfalls viele Dinge benannt sind: das Möbiussyndrom, das Möbiuszeichen, akinesia algera (Möbius) und andere mehr. Die Arbeit des Enkels berührte sich mit der des Großvaters allerdings nur an einem einzigen Punkt: Als Paul Möbius eine Abhandlung von Franz Joseph Gall über Phrenologie las, fiel ihm die Tatsache auf, daß die Stelle des Schädels, die Gall mathematisches Organ nannte – der Höcker der Stirn über der linken Augenhöhle –, am Kopf seines Großvaters besonders ausgeprägt war. Daraufhin untersuchte er die Gestalt der Schädel von Mathematikern. Er fing an, sie zu sammeln, lebend und tot, und schrieb eine reich bebilderte, 340 Seiten lange Abhandlung, um den Zusammenhang zwischen mathematischen Fähigkeiten und den Höckern des Schädels nachzuweisen. Zu dieser Zeit wurde der Leipziger Friedhof erneuert, und so konnte er den Schädel seines Großvaters ausgraben, um den Beweis zu erbringen. Aber seine Hypothese hat die Zeit leider nicht so gut überdauert wie die Mathematik des Großvaters mit dem ausgeprägten Höcker über der Stirn.

Paul Julius Möbius (1853–1907).

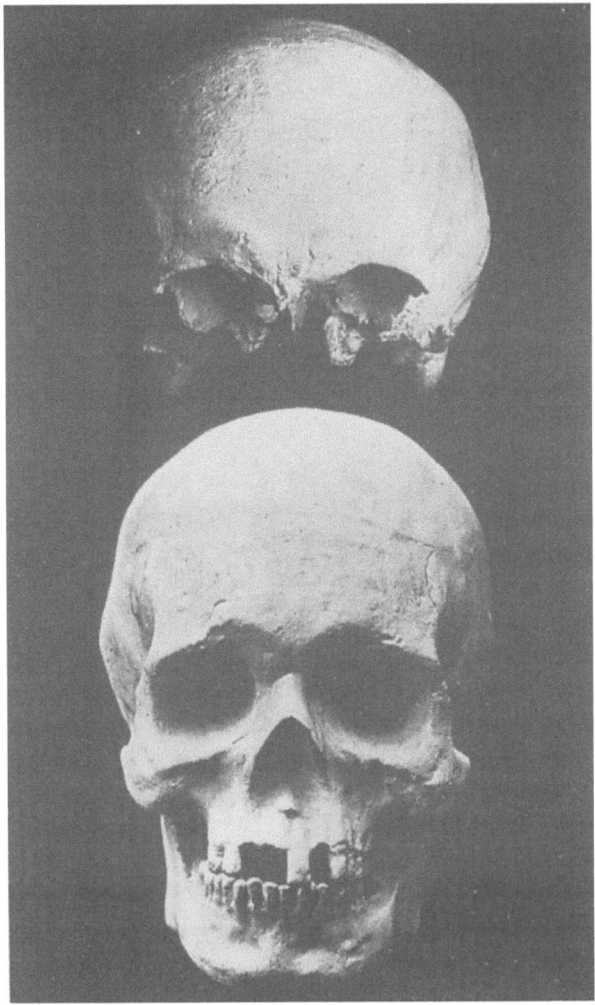

Die Schädel von A. F. Möbius (oben) und L. van Beethoven (unten). Paul Möbius kommentiert im Untertitel dieser Photographie folgendermaßen den Schädel seines Großvaters: «Der Schädel von A. F. Möbius von vorne gesehen. Die Entwicklung der linken Seite seiner Stirn ist bemerkenswert; direkt dahinter sieht man das Organ der Mechanik.»

Danksagung

Ich danke Costel Harnasz, daß er mir seine Kenntnisse über Paul Möbius mitgeteilt hat.

Eine ausgewählte Liste von Möbius' Werken

1815 *De computandis occultationibus fixarum per planetas* (Doktorarbeit).
1815 *De peculiaribus quibusdam aequationum trigonometricarum affectionibus disquisitio analytica* (Habilitationsschrift).
1823 *Beobachtungen auf der Königlichen Universitäts-Sternwarte.*
1827 *Der barycentrische Calcul.*
1829 *Von den metrischen Relationen im Gebiete der Lineal-Geometrie.*
1829 *Beweis eines neuen, von Herrn Chasles in der Statik entdeckten Satzes nebst einigen Zusätzen.*
1829 *Kurze Darstellung der Haupteigenschaften eines Systems von Linsengläsern.*
1831 *Entwickelung der Bedingungen des Gleichgewichts zwischen Kräften, die auf einen freien festen Körper wirken.*
1833 *Ueber eine besondere Art dualer Verhältnisse zwischen Figuren im Raume.*
1834 *Die wahre und die scheinbare Bahn des Halley'schen Kometen.*
1836 *Die Hauptsätze der Astronomie.*
1837 *Ueber den Mittelpunkt nicht paralleler Kräfte.*
1837 *Lehrbuch der Statik.*
1838 *Ueber die Zusammensetzung unendlich kleiner Drehungen.*
1840 *Anwendungen der Statik auf die Lehre von den geometrischen Verwandtschaften.*
1843 *Die Elemente der Mechanik des Himmels.*
1845 *Elementare Herleitung des Newton'schen Gesetzes aus den Kepler'schen Gesetzen der Planetenbewegung.*
1847 *Verallgemeinerung des Pascal'schen Theorems, das in einem Kegelschnitt beschriebene Sechseck betreffend.*
1848 *Ueber die Gestalt sphärischer Curven, welche keine merkwürdigen Punkte haben.*
1849 *Ueber das Gesetz der Symmetrie der Krystalle und die Anwendung dieses Gesetzes auf die Eintheilung der Krystalle in Systeme.*
1850 *Ueber einen Beweis des Satzes vom Parallelogramm der Kräfte.*
1851 *Ueber symmetrische Figuren.*
1852 *Beitrag zu der Lehre von der Auflösung numerischer Gleichungen.*
1853 *Ueber eine neue Verwandtschaft zwischen ebenen Figuren.*
1853 *Ueber die Involution von Punkten in einer Ebene.*
1854 *Zwei rein geometrische Beweise des Bodenmiller'schen Satzes.*
1855 *Die Theorie der Kreisverwandtschaft in rein geometrischer Darstellung.*
1855 *Ueber Involutionen höherer Ordnung.*
1856 *Theorie der collinearen Involution von Punktepaaren in einer Ebene und im Raume.*
1857 *Ueber imaginäre Kreise.*
1858 *Ueber conjugirte Kreise.*
1862 *Geometrische Entwickelung der Eigenschaften unendlich dünner Strahlenbündel.*
1863 *Theorie der elementaren Verwandtschaft.*
1865 *Ueber die Bestimmung des Inhalts eines Polyeders.*

Aus dem Nachlaß
- *Zur Theorie der Polyeder und der Elementarverwandtschaft.*
- *Theorie der symmetrischen Figuren.*
- *Ueber eine akustische Aufgabe.*
- *Ueber die Berechnung des Reservefonds einer Lebensversicherungsgesellschaft.*
- *Ueber geometrische Addition und Multiplication.*

Die deutsche mathematische Gemeinde

Gert Schubring

Im neunzehnten Jahrhundert erreichte die deutsche Mathematik einen Höhepunkt ihrer Geltung. Während dieser Zeit wandelte sich die Mathematik, insbesondere die reine Mathematik, unter dem deutschen Einfluß zu einer modernen wissenschaftlichen Disziplin. Die deutschen Mathematiker überholen im Ansehen die Franzosen und wurden international führend. Sie setzten das Programm zur Erlangung von Exaktheit fort, das in Frankreich nach der Revolution seinen Anfang genommen hatte.

Zwischen 1800 und 1820 gab es in Deutschland nur einen wirklich bedeutenden Mathematiker – Carl Friedrich Gauß –; junge Mathematiker gingen für weiterführende Studien gewöhnlich nach Paris. Aber nur zehn Jahre später hatte sich die Situation gründlich geändert. Folgende von Georg Simon Ohm im Jahr 1838 angefertigte Liste der bedeutenden zeitgenössischen Mathematiker vermittelt einen Eindruck von dieser Veränderung:

Deutschland		*Frankreich*	*andere Länder*
Gauß	Möbius	Navier	Santini
Bessel	Schweins	Poisson	Plana
Jacobi	Schwerd	Cauchy	Ivory
M. Ohm	v. Staudt	Poinsot	Airy
Dirichlet	Desberger	Poncelet	Quetelet
Steiner	Littrow		
Plücker			

<

August Leopold Crelle (1780–1855) war ein Ingenieur, dessen Liebe zur Mathematik der mathematischen Gemeinde viele bleibende Beiträge brachte. 1826 gründete er die einflußreiche Zeitschrift, die man noch heute unter dem Namen *Crelles Journal* kennt. Er förderte viele junge deutsche Mathematiker. Crelle war beim Erziehungsministerium angestellt, um das Unterrichten der Mathematik an Schulen und Akademien zu lehren.

Nach Ohms Ansicht übertraf Deutschland mit 13 Namen alle anderen Länder. Die anderen Länder hatten insgesamt nur zehn führende Mathematiker – fünf Franzosen, zwei Italiener, zwei Briten und einen Belgier; zusätzlich erwähnte er Sturm und Lamé als vielversprechenden Nachwuchs. Diese Liste war ganz offenbar sehr subjektiv gefärbt, denn Ohm schloß auch seinen Bruder Martin mit ein! Sie besaß auch einen politischen Unterton; denn sie wurde für den bayrischen Kronprinzen angefertigt und enthielt weniger bedeutende Namen aus Süddeutschland und Österreich. Nichtsdestotrotz zeigte sie, daß sich aus der Sicht eines deutschen Mathematikers das Zentrum der mathematischen Aktivität nach Deutschland verlagert hatte – die Deutschen mußten sich den Franzosen in der Mathematik nicht länger unterlegen fühlen.

Institutionelle Veränderungen

Was verursachte eine derart einschneidende Veränderung? Wir müssen natürlich institutionelle Faktoren betrachten. So wurden in einem der größeren deutschen Staaten – in Preußen – die Universitäten und Schulen 1810 radikal reformiert. In den Universitäten versuchten die Reformer, die Arbeit wissenschaftlicher und die Vorlesungen weniger dogmatisch zu gestalten. Die Funktion des Professors wurde neu definiert; er hatte nun zwei Aufgaben, nämlich die Lehre und die Forschung. Diese beiden Aufgaben waren üblicherweise getrennt, die Forschung wurde zuvor ausschließlich an Akademien betrieben.

Die Neuorientierung nahm ihren Anfang an der Universität von Göttingen im Königreich Hannover. Hier konzentrierte sich Gauß fast ausschließlich auf die Forschung. Dies konnte er tun, weil er für die Vorlesungen, die er als Professor regelmäßig halten mußte, hohe Gebühren verlangte. Auf diese Art und Weise hielt er die Studenten davon ab, sich in seine Vorlesungen einzuschreiben. Gauß war nicht daran interessiert, Studenten in neue Forschungsgebiete einzuführen. Er betrachtete das Unterrichten als eine Last und wälzte so viel er konnte auf seine Kollegen ab. Es gab aber auch Professoren, die für ihre Vorlesungen über elementare Mathematik bekannt waren, wie zum Beispiel A. G. Kästner und sein Nachfolger B. F. Thibaut, die eine große studentische Zuhörerschaft anzogen.

Die protestantischen Universitäten von Halle und Göttingen waren die ersten, die die Forschung als Teil der Aufgabe eines Professors definierten. Aber wieso wurde diese Doppelfunktion akzeptiert? Wie entstand die Pflicht des Professors zur Forschung, in der Mathematik wie

Die Göttinger Universität.

in anderen Fachgebieten? Es war das Ergebnis neuhumanistischer Reformen in Preußen.

In Preußen verstand man unter Neuhumanismus einen Plan, die Gesellschaft durch bessere Ausbildung zu reformieren. Die Niederlage durch die französische Armee von 1806 demoralisierte die Preußen; sie verloren große Gebiete ihres Territoriums. Aber sie erwies sich auch als Ansporn zur Selbstprüfung und bewirkte den Beginn eines intensiven Programms von inneren Reformen. Dies wurde im Gegensatz zu einer politischen Revolution zu einer intellektuellen Revolution.

Das Thema der Reformen war Autonomie, Selbsttätigkeit, also die wirtschaftliche und kulturelle Unabhängigkeit des einzelnen. Das Ausbildungssystem erhielt eine zentrale Rolle in der Gesellschaft, und die Lehrer wurden die zentralen Vermittler. Gymnasiallehrer erhielten ein hohes soziales Ansehen – sie standen für wissenschaftliche Werte und hatten den Status eines Gelehrten inne.

Das ursprüngliche Gebäude der Universität von Halle.

A. G. Kästner (1719–1800).

Es war die Reform der philosophischen Fakultäten, die diese Veränderung bewirkte. Sie lieferten ursprünglich eine Grundlage zum Studium an den höheren Fachfakultäten, jetzt jedoch erhielten sie die unabhängige Funktion, Gymnasiallehrer auszubilden.

Die Mathematik wurde zu einem eigenständigen Fach, während sie zuvor als Teilbereich an der philosophischen Fakultät unterrichtet wurde, aber weder die Professoren noch die Studenten waren auf Mathematik spezialisiert. Die Studenten besuchten deshalb Mathematikkurse üblicherweise nur, um ihre Allgemeinbildung zu vervollständigen. Die Mathematik war kein Fach für ein langes und spezialisiertes Studium. Die Professoren, die wie gesagt keine Mathematiker waren, unterrichteten neben Mathematik auch andere Fächer oder nahmen später eine Professur an einer der höheren Fakultäten an.

W. J. G. Karsten
(1732–1787).

Ein eindrucksvolles Beispiel für dieses alte System war Wenzeslaus Karsten, ein führender deutscher Mathematiker des achtzehnten Jahrhunderts. Er hatte sich seit seiner Jugend der Mathematik gewidmet, aber weil es in der Mathematik keine Gelegenheit für eine Karriere gab, wurde er Geistlicher. Dennoch eignete er sich weiterhin Mathematik im Selbststudium an und wurde schließlich Privatdozent an der einzigen Universität im winzigen Herzogtum Mecklenburg-Schwerin, in Rostock, seiner Heimatstadt. Privatdozent, üblicherweise der erste Posten der Universitätslaufbahn von wissenschaftlich qualifizierten Personen, war keine bezahlte Position, und der Inhaber war vollständig auf die Gebühren der Studenten angewiesen – er pflegte die Studenten auszubilden, die nicht von den festangestellten Professoren unterrichtet wurden.

Da es keine Mathematikstudenten gab, mußte Karsten einen Lehrstuhl für Philosophie annehmen. Erst im Jahre 1778, als er auf den Lehrstuhl für Mathematik in Halle berufen wurde, konnte er sich voll und ganz seiner Wissenschaft widmen. Doch wurde Mathematik damals in sehr weitreichenden Grenzen definiert, sie enthielt auch alle Anwendungen, wie Hydraulik oder das Festungsbauwesen.

Wir können nun verstehen, daß die preußischen Reformen eine grundlegende Veränderung des vorher niedrigen Stellenwerts der Mathematik bewirkt hatten. Durch die Reformen wuchs das Ansehen des Fachs und es wurde eines der drei Hauptfächer, die an Gymnasien unterrichtet wurden. Diese Hauptfächer waren nun klassische Sprachen, Geschichte und Geographie sowie Mathematik. An den Universitäten und Schulen entstand eine mathematische Gemeinde, die ich im folgenden den erzieherisch-beruflichen Komplex nennen werde.

Die Entwicklungen an den Universitäten

Weil die Mathematik in der neuhumanistischen Allgemeinbildung ein Hauptfach wurde, wurden die Gymnasiallehrer zu einer gewichtigen Berufsgruppe. Sie erhielten ihre inneren Werte und ihre Identität aus einem aktiven Interesse an der laufenden Forschung, zu der sie neben den Professoren beitrugen.

Zur gleichen Zeit entwickelten die Professoren die Mathematik zu einer eigenständigen Disziplin innerhalb der Universitäten. Die gesellschaftliche Funktion dieser Disziplin war die Ausbildung der Lehrer. Sie stellten die These auf, daß die reine Mathematik eine philosophische Grundlage des Wissens liefern würde, was gut zur Wissenschaftsideologie der neuhumanistischen Universitäten paßte.

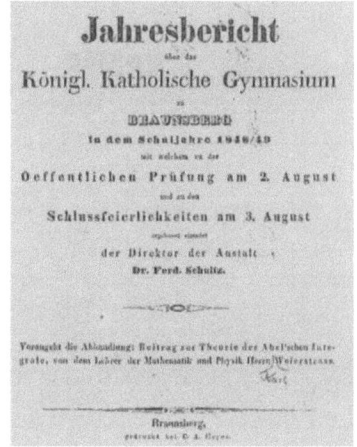

Schulprogramme von E. E. Kummer, F. Grashof und K. Weierstraß.

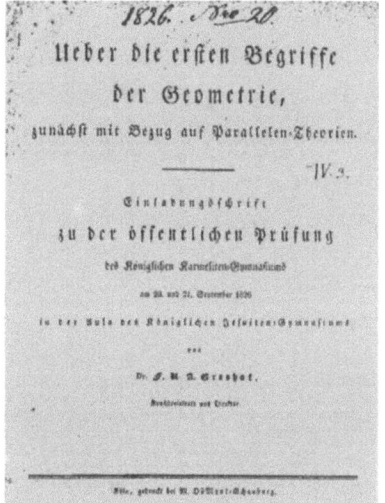

Die Gymnasien funktionierten nach denselben gesellschaftlichen und methodologischen Prinzipien wie die Universitäten. Um sich an einer Universität immatrikulieren zu können, mußten die Studenten zuerst die Abschlußprüfungen der Gymnasien bestehen; später gewannen Versuchstypen von höheren Schulen, die Realschulen, an Bedeutung, und 1900 erhielten sie schließlich ebenfalls das Recht, Schüler für den Universitätseintritt vorzubereiten.

Die Professionalisierung der Lehrer und die Institutionalisierung der Mathematik als eigenständige Disziplin hingen sehr eng zusammen, und dementsprechend gab es viele Querverbindungen zwischen Universi-

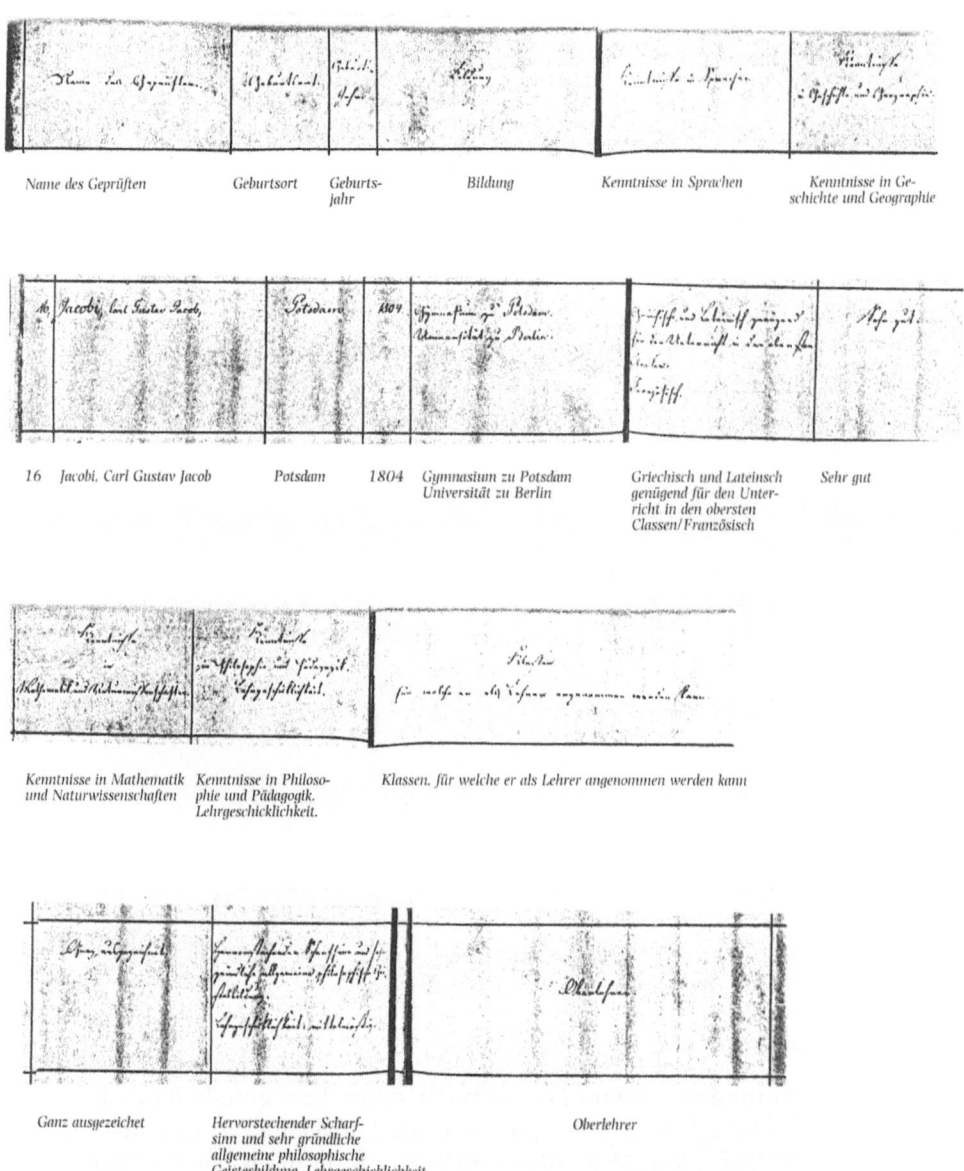

Bericht des Berliner Prüfungsausschusses über Jacobis Lehrerexamen.

tätslaufbahnen und dem Unterrichten an Schulen. Bis zu den sechziger Jahren des 19. Jahrhunderts gab es mehrere Mathematiker (wie Kummer oder Weierstraß), die Universitätsprofessoren wurden, nachdem sie von Beruf Schullehrer waren.

Eine weitere Entwicklung, die ihren Ursprung ebenfalls in den preußischen Universitäten hatte, wurde für die mathematische Gemeinde wichtig. Dies war das Seminar, in dem einmal pro Woche zusätzlich zu den normalen Vorlesungen Übungen abgehalten wurden. Es bot dadurch eine Alternative zum passiven Zuhören bei den Vorlesungen. An den Universitäten waren die Seminare die einzigen Gelegenheiten, bei denen die Studenten wissenschaftlichen Kontakt zu ihren Professoren hatten, und die Professoren konnten die Studenten führen und

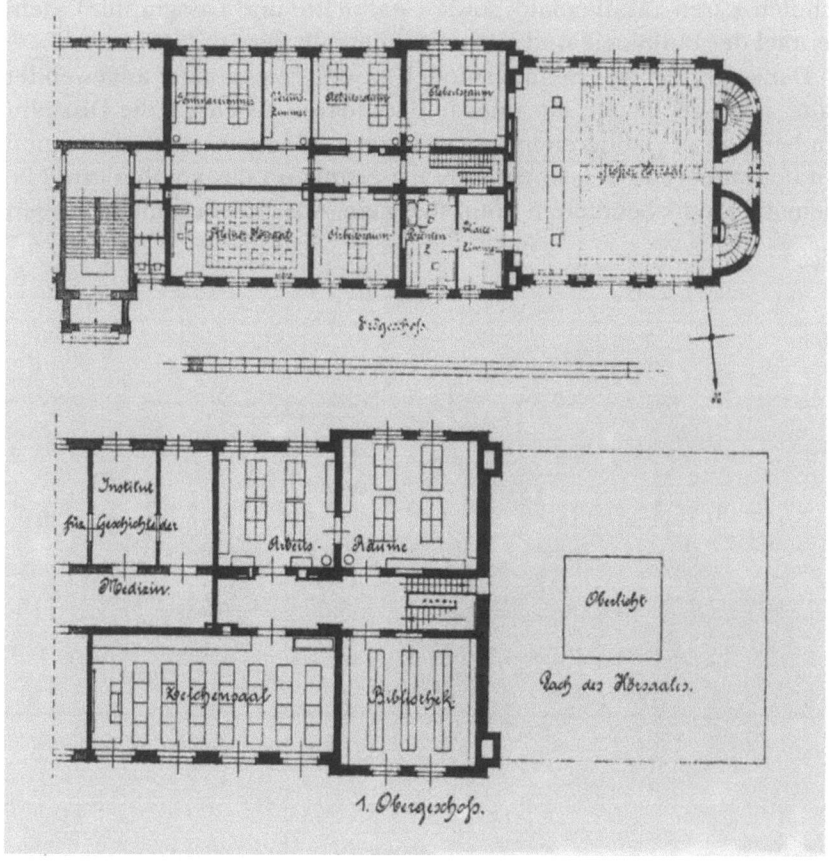

Plan des Leipziger Mathematischen Instituts.

anleiten. Die teilnehmenden Studenten mußten einen Vortrag über ein Thema halten, das ihnen vom Professor gegeben worden war, und der Professor (und in geringerem Ausmaß auch die anderen Teilnehmer) kommentierte und kritisierte die Präsentation. Weiterhin wurden die Seminare mit einer kleinen Bibliothek ausgestattet, die den Teilnehmern Zugang zu aktuellen Forschungspublikationen bot.

Das Seminar wurde seit 1810 zunächst für Philologie in allen preußischen Universitäten eingerichtet. Es erwies sich als nutzbringende Einrichtung, nicht nur, um den Studenten die neuere Forschung nahezubringen, sondern auch, um ihnen systematisch Forschungstechniken beizubringen. Dies ist geschichtlich und sozial von Bedeutung, denn nun konnten auch Studenten, die keine außergewöhnliche Begabung mitbrachten, zum wissenschaftlichen Arbeiten angeleitet werden. Etwas später folgten die beiden anderen Disziplinen, die Hauptfächer an den Schulen waren (Mathematik sowie Geschichte und Geographie), dem Beispiel der Philologie und richteten ebenfalls Seminare ein.

Der erste, der das Seminarmodell in der Mathematik angewendet hatte, war Carl Jacobi, der unermüdlich daran arbeitete, die Disziplin Mathematik zu etablieren und zu erweitern. 1834 richtete er zusammen mit dem theoretischen Physiker Franz Neumann das kombinierte Mathematik-Physik-Seminar in Königsberg ein. Aus diesem Seminar gingen

C. G. J. Jacobi (1804–1851).

G. P. L. Dirichlet
(1805–1859).

schließlich neben einer Menge von hochqualifizierten Lehrern auch berühmte Mathematiker hervor. In Halle wurde das Seminarsystem 1839 eingeführt. Die anderen Universitäten folgten erst in den sechziger Jahren des 19. Jahrhunderts, als die Zahl der Studenten allgemein anwuchs. Diese Seminare waren die Keimzellen der späteren mathematischen Institute.

Die Entwicklung der Mathematik als erzieherisch-beruflicher Komplex führte dazu, daß sie als reines und nicht als angewandtes Fach studiert wurde. Daraus ergeben sich mehrere Aspekte.

An den Schulen wurde beim Mathematikunterricht Wert auf das formale geistige Training gelegt. Dadurch waren die Lehrer bestrebt, Klarheit in den Grundlagen sowie logische Ordnung und Reinheit in der Verwendung von Methoden zu vermitteln. Dies bedeutete, daß sie beim Unterricht kein spezielles, angewandtes Ziel verfolgten, sondern auf einer abstrakten Ebene das methodische Denken trainieren wollten.

An den Universitäten konnte sich eine Disziplin natürlich am besten durchsetzen und sogar vergrößern, wenn sie keine Hilfswissenschaft, sondern autonom war. Wir können deshalb gut verstehen, warum Jacobi dermaßen militant von außen an die Mathematik herangetragene Werte wie Anwendungsmöglichkeiten zurückwies und den Selbstzweck der

Disziplin betonte. Stolz berichtete er seinem Bruder, wie er 1842 die Konferenz der Naturwissenschaftler in Manchester geschockt hatte:

Dort besaß ich den Mut, meine Ansicht vorzutragen, der Ruhm der Wissenschaft sei es, unnütz zu sein. Hierauf erntete ich heftiges Kopfschütteln.

In seiner Antrittsvorlesung als ordentlicher Professor in Königsberg im Jahre 1832 kritisierte Jacobi die französischen Mathematiker, weil sie zuviel Wert auf die angewandte Mathematik legten und die wahren und die nebensächlichen Gründe für den Fortschritt der Wissenschaft vermischten:

Wir sind betrübt, daß die meisten französischen Geometer, die aus der Schule des berühmten Laplace stammen, derzeit diesem Irrtum anheimgefallen sind. Während sie danach streben, das alleinige Heil der Mathematik in physikalischen Problemen zu suchen, verlassen sie diesen wahren und natürlichen Weg der Disziplin, der ... die analytische Kunst zu der Bedeutung, die sie heute genießt, geführt hat.

Deshalb fügte Jacobi hinzu:

Auf diese Art und Weise ist es nicht so sehr die reine Mathematik, sondern ihre Anwendung auf physikalische Probleme, die Schaden nimmt.

Einer, der dies wiederholt hervorgehoben hatte, war August Leopold Crelle. Seit 1828 war er Berater für Mathematik am preußischen Erziehungsministerium und hatte hierdurch großen Einfluß auf die Berufungen und Beförderungen an den Universitäten. Crelle verstand die Beziehung zwischen reiner und angewandter Mathematik als Hierarchie. Die reine Mathematik lieferte die methodologische Grundlage für bedeutungsvolle und logisch zusammenhängende Anwendungen. Dies erklärt, warum er sich leidenschaftlich für einen Ausbau der reinen Mathematik einsetzte, als er seine Expertise für ein in Berlin geplantes polytechnisches Institut abfaßte. Er erklärte, daß die reine Mathematik ein System mit einem besonderen Grad an logischem Zusammenhang bilde und fuhr fort:

Daher ist es auch wichtig, daß reine Mathematik zunächst ohne Rücksicht auf ihre Anwendungen gelehrt und sie nicht durch sie unterbrochen werden sollte. Sie sollte rein aus sich selbst und für sich selbst entwickelt werden, denn nur auf diese Art und Weise kann sie sich frei in alle Richtungen bewegen und entfalten. ... Beim Lehren der Anwendungen der Mathematik

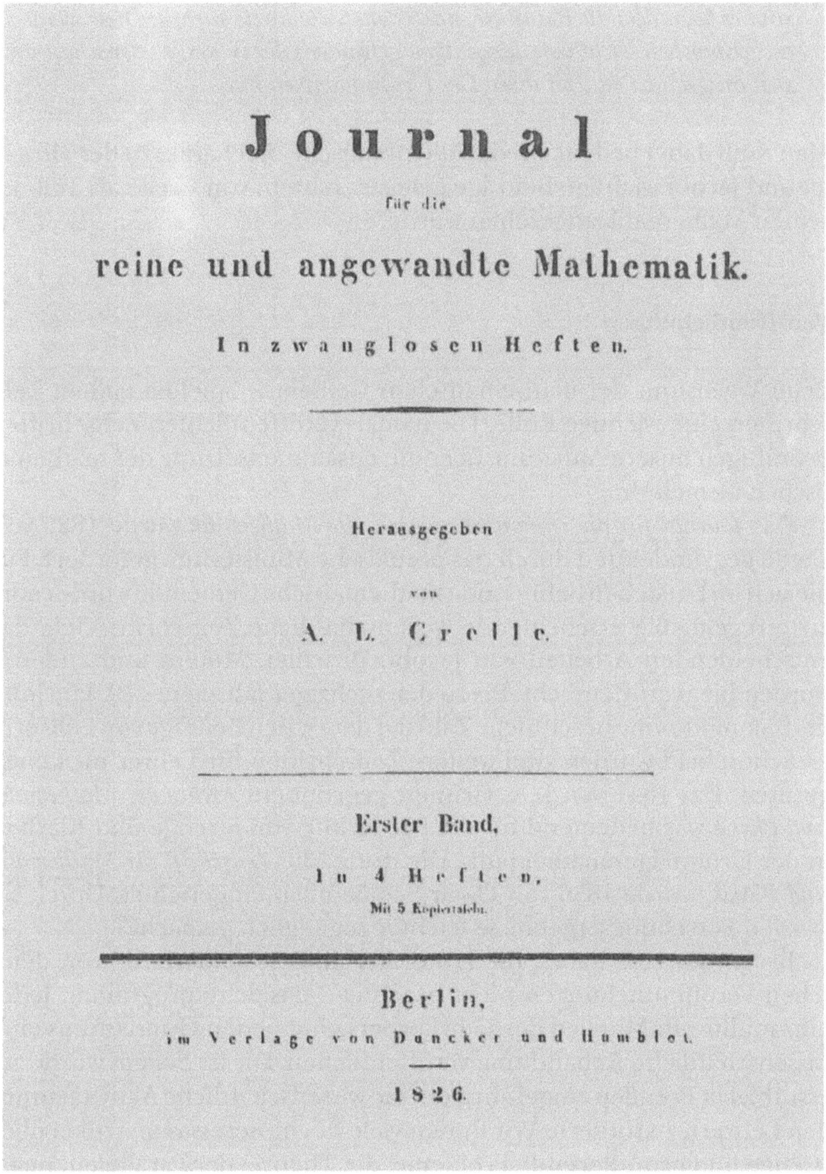

Journal
für die
reine und angewandte Mathematik.
In zwanglosen Heften.

Herausgegeben

von

A. L. Crelle.

Erster Band.
In 4 Heften.
Mit 5 Kupfertafeln.

Berlin,
im Verlage von Duncker und Humblot.
1826.

sind es besonders die Resultate, nach denen die Leute suchen. Diese werden ausgesprochen leicht von demjenigen gefunden, der in der Wissenschaft an sich ausgebildet ist und ihren Geist aufgenommen hat.

Man muß dabei bedenken, daß die praktische Mechanik, zu der Dirichlet und Jacobi wichtige Beiträge geleistet hatten, von Crelle als Teil der reinen Mathematik angesehen wurde.

Veröffentlichungen

Beim Wachstum der mathematischen Gemeinde spielten zudem Zeitschriften eine wichtige Rolle. Die damals veröffentlichten Zeitschriften bekräftigen unsere Annahme über die Zusammensetzung der mathematischen Gemeinde.

Das *Journal für die reine und angewandte Mathematik* wurde 1826 von Crelle gegründet und durch das preußische Ministerium gefördert. Für die sich im Entstehen befindende mathematische Gemeinde wurde es die erste regelmäßig erscheinende wissenschaftliche Zeitschrift. Viele der entscheidenden Arbeiten von Jacobi, Dirichlet, Möbius und anderen wurden hier veröffentlicht. Bis zu den sechziger Jahren des 19. Jahrhunderts stammte eine beachtliche Zahl der deutschen Beiträge von Lehrern.

Schon bald wurden zwei weitere Zeitschriften für Lehrer ins Leben gerufen. Das 1841 von J. A. Grunert gegründete *Archiv der Mathematik und Physik* war bedeutend für die Förderung von Strenge und Klarheit in der Grundlagenmathematik. Die dritte, die *Zeitschrift für Mathematik und Physik*, wurde 1856 von Oscar Schloemilch eingerichtet. Durch sie wurden Forschungsergebnisse leichter zugänglich gemacht.

Bis vor kurzem haben die Historiker eine besondere Art von deutschen Veröffentlichungen nicht beachtet – das Schulprogramm. Jedes Jahr mußte ein Mitglied des Lehrkörpers eines jeden Gymnasiums eine wissenschaftliche Abhandlung veröffentlichen. Dieses System wurde zuerst 1824 in Preußen eingeführt, um die wissenschaftliche Aktivität unter den Lehrern zu fördern. Wir finden viele hochinteressante Artikel über strenge und grundlegende Probleme: die Theorie der Parallelen, negative Zahlen, grundlegende Begriffe der Infinitesimalrechnung usw. Diese auf Exaktheit und Systematik bedachten Lehrer lieferten auch einen wesentlichen Beitrag zur Darstellung der Elemente der Mathematik. Es ist klar, daß von ihnen unterrichtete spätere Mathematiker stark durch diesen Mathematikstil geprägt wurden.

Das Schulprogramm enthüllt noch eine weitere wichtige Eigenschaft. Es enthielt zu ungefähr gleichvielen Anteilen Veröffentlichungen über

Arithmetik, Algebra und Analysis wie über Geometrie. Daher müssen wir die allgemein übliche Ansicht revidieren, daß es im neunzehnten Jahrhundert nur den Trend zur Arithmetisierung gegeben hätte.

Vielmehr gab es zu dieser Zeit auch eine Wiederbelebung der Geometrie. Diese neue Blüte wurde durch die Betonung der Reinheit der Methode hervorgebracht. Seit den zwanziger Jahren des 19. Jahrhunderts gab es in Preußen eine wachsende Bewegung weg von der algebraischen Geometrie, weil sie gemischte Methoden verwendete. Als Ergebnis finden wir eine Rückkehr zu den rein geometrischen Methoden für Kegelschnitte mittels geometrischer Orte und gleichzeitig eine wachsende Akzeptanz der neuen synthetischen Geometrie. Insbesondere die Methoden von Jacobi und Steiner haben die Schulen nachhaltig beeinflußt.

Der Trend zur Geometrie

Es gab noch einen weiteren Faktor, der die Geometrie gegen den Trend zur Arithmetisierung gestärkt hatte. Ich habe mich bisher hauptsächlich mit Preußen beschäftigt, doch in anderen Teilen Deutschlands wurde mehr Wert auf die Geometrie gelegt, und dies hatte ebenfalls seinen Einfluß. In den anderen deutschen Staaten gab es keine vergleichbaren Erziehungsreformen. An den Universitäten und Schulen fanden keine tiefgreifenden institutionellen Reformen statt, und die Mathematik blieb ihrem Wert als Hilfswissenschaft verhaftet.

Ein charakteristisches Beispiel bildete Bayern. In den klassischen Gymnasien war Mathematik ein untergeordnetes Fach, dessen Zweck darin bestand, einige bekannte Begriffe und Grundlagen der Astronomie weiterzugeben. In den Landwirtschafts- und Handelsschulen besaß die Mathematik einen etwas besseren Stellenwert, wurde aber auch dort als Hilfsmittel betrachtet. Für diese Schulen und das zentrale Polytechnikum in München war nicht das Erziehungsministerium, sondern das Handelsministerium zuständig.

Es ist bemerkenswert, daß wir in einem so anders gearteten kulturellen und institutionellen Umfeld noch einen weiteren Mathematikstil finden können. In Bayern gab es kein Lob der reinen Mathematik und keine hervorstechenden Arbeiten über algebraische Analysis. Es war vielmehr die Geometrie, die gepflegt wurde, und sie gipfelte in Christian von Staudts Forschungen über synthetische und projektive Geometrie. Ausgehend von dem in Bayern existierenden polytechnischen Umfeld wuchs die Betonung der beschreibenden Geometrie. Daß die beschreibende Geometrie in Bayern und Österreich gepflegt wurde, ist um so bemerkenswerter, da es in Norddeutschland so gut wie kein Interesse daran gab.

Diese Periode des Aufschwungs der deutschen Mathematik, die man auch als Revolution bezeichnen könnte, wurde durch die Einheit von Ausbildung und Beruf in Preußen charakterisiert. Seit 1870, während der Zeit, die wir die «normale Phase» nennen könnten, fiel diese Einheit auseinander. Es gab eine Spaltung in eine Gemeinschaft von Universitätsmathematikern, die sich mehr und mehr auf Teilbereiche spezialisierten, und einer Gemeinschaft von schulorientierten Mathematikern, die sich nicht länger zu Forschungstätigkeiten verpflichtet fühlten.

1869 forderte Friedrich Richelot, Jacobis Nachfolger in Königsberg, daß man bei den Abschlußprüfungen zwischen zukünftigen mathematischen Forschern und zukünftigen Mathematiklehrern unterscheiden müsse. Das Ministerium bewilligte diese Forderung, und die Spaltung von Ausbildung und Beruf war perfekt.

Ebenso entstand eine Trennung zwischen reiner und angewandter Mathematik. Crelles ursprüngliche Auffassung einer hierarchischen Rangordnung, in der die reine Mathematik die methodologische Grundlage für angewandte Mathematik lieferte, hatte sich nun in eine Trennung der Disziplinen gewandelt. Die Mathematiker konnten nicht länger in beiden Richtungen arbeiten, wie dies in der Vergangenheit Gauß, Jacobi oder Plücker getan hatten.

Was einmal eine vereinigte Disziplin gewesen war, war nun getrennt. Diese Trennung führte dazu, daß Felix Klein später nach Mitteln und Wegen suchte, die Mathematik wieder zu vereinheitlichen und erneut die Verbindung zwischen der theoretischen reinen Forschung und den Anwendungen der Mathematik zu finden.

Danksagung

Ich danke Johannes Karsten, Wismar, daß er mir den 1766 geschriebenen autobiographischen Bericht seines Vorfahren Wenzeslaus Karsten geschickt hat.

Die astronomische Revolution

Allan Chapman

Die 78 Jahre von Möbius' Leben bezeugten einen grundlegenden Wandel im Status Deutschlands als «große Kraft» im Bereich des Intellekts. Während der Staatenbund, den man kollektiv Deutschland nannte, viele der theologischen Geistesgrößen des sechzehnten Jahrhunderts hervorgebracht hatte, die den Weg für die Reformation bahnten, wurde das Land durch den Dreißigjährigen Krieg verwüstet, der im siebzehnten Jahrhundert tobte. Das Deutschland des frühen und mittleren achtzehnten Jahrhunderts galt immer noch als europäische Provinz; in den meisten Dingen, ausgenommen in der Musik und vielleicht einigen Zweigen der Literatur, wurde es für hinterwäldlerisch gehalten.

Deutschland und die Aufklärung

Doch die zahlreichen geistlichen und weltlichen Territorien besaßen eine große Anzahl von akademischen Einrichtungen, selbst wenn viele von ihnen für die Begriffe der weiteren Welt obskur waren. Im späten achtzehnten Jahrhundert dagegen zeigte Deutschland mit Kant, Goethe, Schiller und Beethoven in Philosophie und Kunst, mit Mayer, Humboldt, Olbers und Schröter in der Wissenschaft alle Anzeichen einer kulturellen und wissenschaftlichen Aufwärtsentwicklung.

Obwohl die deutschen Staaten politisch nicht vereint waren und sich immer noch verschiedenen Graden der Selbstbestimmung erfreuten, machte es die deutsche Sprache und die akademische Universalität den lateinischen Professoren und anderen talentierten Männern leicht, Posten in Staaten anzunehmen, aus denen sie nicht stammten. Die Napoleonischen Kriege verwüsteten das Land noch mehr, aber selbst während der Konflikt mit Frankreich ausgefochten wurde, fand ein bemerkenswerter Prozeß der gesellschaftlichen und wissenschaftlichen Erneuerung statt. In allen Bereichen des intellektuellen Lebens, von der linguistischen Analyse alter Texte bis zur Experimentalchemie, wurde ein streng wissenschaftlicher methodologisch fundierter Zugang wesentlich. In gewisser Weise enthielt diese intellektuelle Erneuerung auch eine patriotische Dimension, indem sie in einer Region, die sich aus innerem Chaos und äußerer Aggression erhob, eine neue nationale Identität im Geistesleben vorbereitete.

Die Universitäten in der deutschen intellektuellen Renaissance

Die Erneuerung der institutionalisierten höheren Ausbildung in Deutschland wurde 1809 begonnen, als Friedrich Wilhelm, der König von Preußen, die Universität von Berlin gründete. Weil sie der König persönlich gegründet hatte, und wegen ihrer politischen Bedeutung erhielt sie große Summen an öffentlichen Geldern, so daß sie bewußt die besten Professoren und Studenten abwerben konnte. Kaiser Wilhelm gründete darüber hinaus 1818 auch die Rheinische Universität von Bonn; die Münchener Universität wurde, wie viele andere, die wegen der Kriege schließen mußten, neugegründet.

Fast von Anfang an besaßen diese gut ausgestatteten neuen Universitäten ausgezeichnete Einrichtungen mit Bibliotheken, Observatorien und bald danach auch Laboratorien. Vielleicht war es das erste Mal in der Geschichte der Universitäten, daß die Naturwissenschaften selbstverständlicher Teil des Lehrplans waren und neben den klassischen Fächern studiert wurden.

Der wachsende Wohlstand und das prinzliche Patronat der Berliner Universität hatten zur Folge, daß viele Akademiker, die sich an anderen akademischen Einrichtungen ausgezeichnet hatten, nach Berlin gelockt wurden. Insbesondere Franz Encke (nach 1825) und Johann Galle verbrachten den größten Teil ihres Arbeitslebens am Berliner Observatorium, obwohl es auch andere gab, die den Berliner Verlockungen durchaus widerstehen konnten und ihren eigenen Gründungen treu blieben. Wilhelm Bessel, vielleicht der größte Astronom dieser Zeit, weigerte sich, Königsberg zu verlassen, obwohl Königsberg ebenfalls eine königlich preußische Gründung war. Carl Friedrich Gauß blieb in Göttingen, während Möbius als loyaler Sachse verlockende Angebote aus Greifswald und dem Dorpater Observatorium (bevor das Berliner Observatorium seine eigentliche Bedeutung erlangt hatte) ablehnte, um sein gesamtes Arbeitsleben in Leipzig zu verbringen.

<
Das 10-Inch-Heliometer von Adolf Repsold für das Radcliffe Observatorium, Oxford, 1848. Dieser großartige Refraktor besitzt wie alle Heliometer ein geteiltes Objektivglas, bei dem die Ausrichtung der Teile von feinen Schraubenstangen am Okularende gesteuert wird. Es war auf eine von einer Uhr angetriebene Scheibe nach «deutscher» Äquatorialmontierung angebracht. Die präzise Verfolgung der Sterne war für das Messen von Winkeln von einer Bogensekunde äußerst wichtig.

Die Universität von Berlin, die heutige Humboldt-Universität.

Die höhere Ausbildung in Britannien

Die deutschen Universitäten des frühen neunzehnten Jahrhunderts unterschieden sich wesentlich von denen in England, von denen in Schottland dagegen nicht so stark. Vor der Gründung der Londoner Universität im Jahre 1828 waren Oxford und Cambridge die einzigen englischen Universitäten. Sie versorgten eine ziemlich eingeschränkte Klientel von jungen anglikanischen Gentlemen. In vieler Hinsicht waren sie die abschließenden Schulen, an denen jungen Männern aus wohlhabenden Schichten ein intellektueller und sozialer Schliff gegeben wurde, bevor sie in die Welt entlassen wurden. Ihr Hauptzweck bestand im Unterrichten und nicht im Betreiben von Forschung. Welche Forschung auch immer in Oxford und Cambridge betrieben wurde, sie ging gewöhnlich auf private Initiative zurück und wurde nicht als Teil der Aufgabe eines Professors erwartet.

Die vier schottischen Universitäten waren wesentlich billiger als Oxford und Cambridge und auch für Nichtanglikaner offen. Sie zogen sehr viele Studenten an, obwohl auch hier die Hauptaufgabe der Professoren in der Ausbildung der Studenten und nicht in der Forschung bestand.

Das Primat der Forschung

Eine der dynamischsten Eigenschaften der neuen deutschen Universitäten war, daß sie neben der Lehre auch Gewicht auf die Forschung legten. Weil für eine Professur ein Doktorgrad erforderlich war, besaßen alle deutschen Akademiker einige Forschungserfahrung. Die deutschen Universitäten dieser Zeit haben den modernen Doktorgrad und die Forschungsabteilungen, in denen Studenten auf seine Erlangung vorbereitet wurden, erfunden. In allen Fachbereichen, von der Theologie über die Geschichte bis zur Mathematik und Medizin, wurde der untersuchende Geist der kritischen Forschung gepflegt, und die wissenschaftliche Ausbildung wurde als Synonym zum Vordringen an die Grenzen des Wissens betrachtet.

Die großen deutschen Universitäten – Berlin, Heidelberg, Göttingen, Leipzig und München – zogen Studenten aus der ganzen Welt an; Engländer, Franzosen, Italiener und Amerikaner kamen, um die Vorlesungen zu besuchen. Sie alle waren von dem deutschen Modell tief beeindruckt, und häufig versuchten sie nach ihrer Rückkehr, ihre Heimatuniversitäten neu zu strukturieren. Auch die zahlreichen neuen Universitäten der Vereinigten Staaten mit ihren Ph.D.-Semestern, Observatorien und wissenschaftlichen Forschungsinstituten kopierten oftmals die deutschen Gründungen. Die neuen englischen Universitäten von Manchester, Leeds und Birmingham übernahmen ebenfalls entscheidende deutsche Organisationselemente, obwohl ihre Anlage noch durch Oxbridge inspiriert war. Überdies war die deutsche Sprache im Begriff, Latein als internationale akademische Sprache zu verdrängen, und spätestens in der Jahrhundertmitte lernte jeder junge Mann, der eine wissenschaftliche Laufbahn einschlagen wollte, selbstverständlich Deutsch.

Die deutsche wissenschaftliche Renaissance

Die Naturwissenschaften spielten in dieser akademischen Renaissance eine entscheidende Rolle und genossen aus den verschiedensten Grün-

Heinrich Olbers (1758–1840).

den ein ausgesprochen hohes Ansehen. Ihre Bedeutung stammte zum einen aus einer neuen intellektuellen Autorität, zum anderen jedoch aus ihren hohen Kosten. Insbesondere die Observatorien verschlangen große Geldsummen. Sogar ein wohlhabender Amateur wie Johann Schröter aus Lilienthal bei Bremen war schließlich dazu gezwungen, sein Observatorium an König Georg III. von England (und immer noch Herrscher von Hannover) zu verkaufen. Als Preis dafür erhielt er das Recht, die Instrumente zeit seines Lebens benutzen zu dürfen, bevor sie zur Bremer Universität gebracht wurden.

Heinrich Olbers: Deutschlands großer Amateurastronom

Heinrich Olbers aus Bremen war vielleicht der einzige große deutsche Astronom dieser Zeit, der weder an einer Universität angestellt war noch in finanziellen Schwierigkeiten steckte. Seine Unabhängigkeit rührte einerseits von dem großen Gewinn her, den seine Praxis abwarf – er war

Die astronomische Revolution 53

Kometen wurde viel Beachtung geschenkt; Astronomen, die sie untersuchten, waren hoch angesehen. Dieses Bild zeigt den von Olbers untersuchten großen Kometen von 1811.

einer der führenden Augenärzte seiner Zeit –, und andererseits von dem spezialisierten Charakter seiner astronomischen Forschungen. Olbers war vielleicht der herausragendste Kometenexperte seiner Generation (1758–1840); er hat tatsächlich mehrere Kometen entdeckt. Obwohl er für seine Arbeit eine ausgezeichnete Sammlung von Instrumenten besaß, benötigte er ein paar Teile, die massiv teurer waren, als wenn er in einem anderen Bereich der Astronomie gearbeitet hätte. Diese Instrumente lagen wie seine ausgezeichnete Bibliothek innerhalb der finanziellen Möglichkeiten eines wohlhabenden Arztes. Olbers' Bibliothek

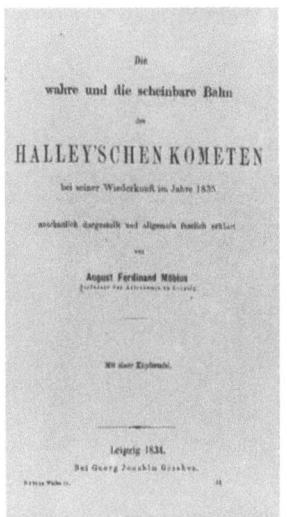

Möbius trug ebenfalls zur Popularisierung der Kometen bei. Diese Titelseite stammt aus seinem Buch von 1834 über den Halleyschen Kometen.

war bezüglich Kometen die vollständigste, die damals existierte, und als er 1840 starb, wurde sie vom russischen Observatorium in Pulkowa bei St. Petersburg erstanden.

Observatorien als astronomische Institute

Einen entscheidenden Anteil an der wachsenden Bedeutung der astronomischen Forschung in Deutschland hatten die neu- oder wiedergegründeten institutionellen Observatorien der Ära nach Napoleon. Friedrich Wilhelm von Preußen gründete 1813 das Observatorium von Königsberg im äußersten Nordosten seines Reiches, nicht weit von der Grenze zu Rußland. Dieses sollte die Forschungsheimat von Friedrich Wilhelm Bessel werden (1784–1846). Das Altonaer Observatorium bei Hamburg mit Schumacher als Direktor wurde 1823 fertiggestellt. Das Berliner Observatorium existierte seit 1705. Es wurde neugegründet und zwischen 1832 und 1835 mit den besten Instrumenten ausgestattet, und der König von Preußen bewilligte 1836 ferner auch ein neues Observatorium für die Bonner Universität.

Möbius' Universität zu Leipzig besaß seit 1790 ein Observatorium, an das er 1816 als außerordentlicher Professor und Beobachter (dies ist ein Nachwuchsposten) berufen wurde. 1848 wurde er dessen Direktor. In den sechziger Jahren wurde das Observatorium schließlich umgebaut. Daß sich Möbius nur langsam auf der akademischen Leiter bewegte, liegt

Wilhelm Struve (1793–1864), Direktor des Observatoriums von Dorpat und später desjenigen von Pulkowo.

teilweise an besonderen Umständen. Einerseits war er der Leipziger Universität treu und mochte keine Reisen, andererseits lagen seine wahren Interessen in der Mathematik und nicht in der Astronomie, obwohl er bei dem Versuch scheiterte, den Lehrstuhl für Mathematik in Leipzig zu erlangen. Daher war er ein bißchen wie ein mathematischer Fisch im astronomischen Wasser: Diese Unvereinbarkeit konnte seiner Karriere nicht gerade förderlich sein.

Ironischerweise befanden sich zwei der berühmtesten Observatorien des frühen neunzehnten Jahrhunderts nicht in Deutschland, sondern in Rußland. Sie waren jedoch auf deutsche Art ausgestattet und wurden von Deutschen geleitet. 1809 unterhielt die Universität von Dorpat in der russischen Provinz Livonia ein kleines Observatorium. Dieses wurde 1813 neu ausgestattet, und Wilhelm Struve (1793–1864), der in Norddeutschland geboren und ausgebildet wurde, wurde zum Direktor ernannt. Er war der erste einer bekannten Dynastie von Astronomen dieses Namens, die bis auf den heutigen Tag fortlebt. 1839 verließ Wilhelm Struve Dorpat, um die Leitung des neuen Observatoriums in Pulkowo

Das Observatorium von Dorpat in Estland. Es wurde von 1809 bis 1810 erbaut; sein Mittelteil trug ursprünglich eine Kuppel.

zu übernehmen. Obwohl Pulkowo eine russische Einrichtung unter der Schirmherrschaft der St. Petersburger Akademie der Wissenschaften war, war es wie Dorpat durch seine Direktion, Ausstattung und seinen Forschungsstil deutsch geprägt.

Die Astronomie in Frankreich und in Britannien

Frankreich besaß im achtzehnten Jahrhundert einen ausgezeichneten Ruf in der Astronomie. Dieser gipfelte in den neunziger Jahren in der Himmelsmechanik von Laplace. Doch bereits um 1835 herum war das Pariser Observatorium (ganz zu schweigen von denen in der Provinz) den deutschen Einrichtungen unterlegen. Symptomatisch für diesen

Die astronomische Revolution 57

Zustand war Urban Le Verriers Bitte im Jahr 1846 um deutsche (und englische) Hilfe bei der Suche nach seinem Planeten X, dem Neptun. Daraufhin wurde der neue Planet zum ersten Mal am 23. September 1846 am Berliner Observatorium gesichtet.

Im Jahre 1845 war Großbritannien das einzige Land, das eine bedeutende eigene astronomische Tradition vorweisen konnte. Aber auch dort wurden die deutschen Leistungen und Verfahren bewundert und manchmal übernommen. Überdies wurde die Royal Society und das Inspektionskomitee durch nachteilige Vergleiche mit der deutschen Arbeit in den zwanziger und dreißiger Jahren des neunzehnten Jahrhunderts dazu bewogen, die Arbeitsweisen des Royal Observatory in Greenwich zu überprüfen. George Biddell Airy, der 1835 Astronomer Royal

Das königliche Observatorium in Greenwich (ungefähr 1870).

wurde, war von Kopf bis Fuß ein Cambridgemann. Er wurde jedoch dazu erzogen, die Leistungen der zeitgenössischen kontinentalen Wissenschaften nicht aus den Augen zu lassen. Während seines Studiums im späten zweiten Jahrzehnt des neunzehnten Jahrhunderts bestanden diese in der französischen mathematischen Analysis und (um 1835) in der deutschen Mathematik und Astronomie.

Die neuen Verfahren der systematischen Beobachtung und Fehleranalyse, die Airy nach 1835 in Greenwich eingeführt hatte, erinnerten an die von Dorpat oder Königsberg, obwohl Airy in Greenwich wichtige eigene Elemente zufügte. Eines davon war seine Treue zu in England hergestellten Instrumenten, denn England war 1835 das einzige Land in Europa, dessen astronomische Instrumente den Vergleich mit den deutschen nicht scheuen mußten. Das zweite war die hohe Effizienz des Royal Observatory, das den Himmel 24 Stunden lang überwachte und seine Beobachtungen jährlich zum Nutzen der forschenden Welt veröffentlichte. Airy hatte wie an den englischen Mitentdecker des Neptun, an John Couch Adams, auch an Le Verrier in Paris astronomische Beobachtungen geliefert, obwohl er sich nicht dazu verpflichtet fühlte, nach Planeten anderer Leute zu suchen, seien diese nun Engländer oder Franzosen.

Obwohl Airy und seine Freunde in der Royal Astronomical Society zu den wenigen bedeutenden Astronomen dieser Zeit gehörten, die außerhalb des deutschen Einflußbereichs wirkten, fühlte er sich dennoch in Deutschland zu Hause und hatte regelmäßig deutsche Wissenschaftler zu Gast. Ich weiß nicht, ob Airy auf einer seiner vielen Deutschlandreisen jemals Möbius getroffen hat, obwohl dies sehr wahrscheinlich ist. Mit Sicherheit hat er eine Menge von Möbius' Kollegen getroffen und war mit vielen freundschaftlich verbunden, so mit Schumacher, Encke, D'Arrest (Möbius' Schwiegersohn), Hansen und Struve. Und er erhielt als Anerkennung seiner Leistungen in Greenwich deutsche, französische und russische Auszeichnungen.

Doch der schnelle Fortschritt Deutschlands in der Herstellung von astronomischen Instrumenten machte sich auch in England spürbar.

>
Joseph Fraunhofers Refraktor mit einer Öffnung von 9,6 Inch von 1824 für das Observatorium von Dorpat. Beachten Sie bitte Fraunhofers «deutsche» Montierung, bei der das Gewicht des Teleskops auf der Äquatorialachse ins Gleichgewicht gebracht war, um die genaue Verfolgung der Objekte zu erleichtern. Fraunhofers Prototyp eines großen Refraktors und der deutschen Montierung wurde in Königsberg, Berlin und vielen anderen großen europäischen Observatorien verwendet.

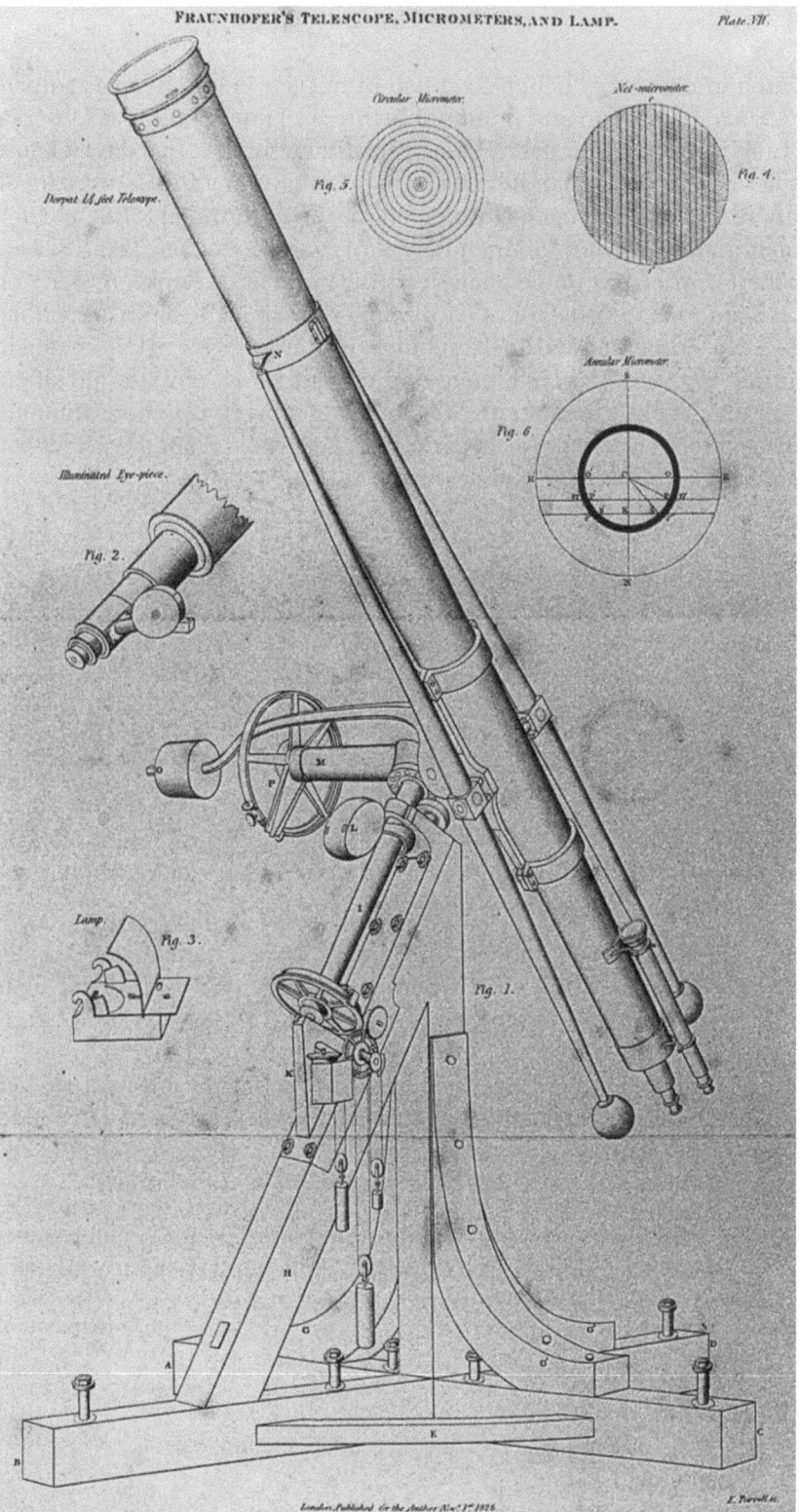

Mitten in einem häßlichen Rechtsstreit mit der englischen Instrumentenfirma Troughton and Simms besuchte Sir James South das Observatorium in Dorpat, um nach Beweisen dafür zu suchen, daß das Gehäuse seines neuen 11,75-Inch-Refraktors von Troughton and Simms mangelhaft war. South ging nach Dorpat, um Joseph Fraunhofers vorzüglichen äquatorialmontierten 9,6-Inch-Refraktor zu untersuchen, der 1824 installiert worden war und damals der größte und beste Refraktor der Welt war. Das Observatorium der Oxforder Universität hatte dann tatsächlich 1842 bei Adolf Repsold in Hamburg ein neues großes Heliometer in Auftrag gegeben. Das Heliometer war ein Präzisionsrefraktor mit einem geteilten Objektiv, das für entscheidende Messungen zwischen Himmelskörpern verwendet wurde. Es war ein Instrument, das fast ausschließlich von den Deutschen hergestellt wurde.

Die Schwerpunkte der deutschen Astronomie

Zu Möbius' Lebzeiten wurde die Astronomie intellektuell von mehreren Themen beherrscht. Diese können grob gesprochen in vier Hauptbereiche eingeteilt werden:

(a) Die Messung und Quantifizierung des Sonnensystems gemäß den Newtonschen Gesetzen.

(b) Die Astrometrie, also die Messung von Sternpositionen, um Karten und Tafeln anzufertigen, mit denen man vielfältige Untersuchungen durchführen konnte.

(c) Die Kosmologie und die Astrophysik, die auf die Arbeiten von Sir William Herschel in England aufbauten und durch die neue Techniken zur «Knebelung» der Struktur des Universums hergeleitet wurden – aber im Gegensatz zu Herschels rein visuellen Techniken entwickelte die neue Wissenschaft Astrophysik (die auf neuen optischen und chemischen Entdeckungen basierte) Methoden, mit denen die physikalische Zusammensetzung von weit entfernten Himmelskörpern untersucht werden konnte.

(d) Die physikalische Untersuchung von Sonne, Mond, Planeten und Kometen mittels hoher optischer Auflösung, um ihre Oberflächen zu kartographieren und zu untersuchen.

Die Messung des Sonnensystems

Der Zusammenhalt der Astronomie des achtzehnten Jahrhunderts beruhte auf den zuerst von Sir Isaac Newton im Jahre 1687 aufgestellten Gravitationsgesetzen. Die Newtonschen Gesetze lieferten sowohl eine theoretische als auch eine berechnungsmäßige Grundlage für ein völlig neues Verständnis der Dynamik der Planeten. Vor allem nach Leibniz' von Newton unabhängiger Erfindung der Infinitesimalrechnung wurde Newtons «Fluxionstechnik» zur Berechnung der Anziehungskraft zwischen sich umkreisenden Körpern verbessert und vereinfacht.

Die Aufmerksamkeit der Astromomen des achtzehnten Jahrhunderts galt vor allem den kunstvollen Windungen der Mondbahn. Man hatte nämlich bemerkt, daß die Mondbewegung mit den Newtonschen Techniken sehr präzise vorausgesagt und dazu verwendet werden konnte, den Längengrad eines Schiffs auf dem Meer zu bestimmen. Die britische Regierung hatte für Astronomen und Mechaniker, die die Längengradtechnik perfektionieren konnten (sei dies mit Hilfe des Mondes oder mit Chronometren), einen hohen Betrag ausgesetzt. Ein Teil dieses Geldes wurde an die Witwe des Göttingers Tobias Meyer gezahlt. Mit Meyers Tafeln der Mondbahn, die auf den von dem Engländer John Bird mit einem Quadranten durchgeführten Beobachtungen basierten, konnte die Position eines Schiffes zum ersten Mal mit Hilfe des Mondes bestimmt werden.

Bodes Gesetz und die Asteroiden

Eine der bemerkenswertesten Leistungen der Astronomie des achtzehnten Jahrhunderts war die genaue Bestimmung der Dimensionen des Sonnensystems. In Übereinstimmung mit den Vorhersagen Newtons wurden die Entfernungen der Planeten, die Massen und die Geschwindigkeiten gefunden. Die Planetenabstände stimmten mit einer präzisen Skala überein, die von der Sonne nach außen ragte. In dieser Folge schien jedoch zwischen Mars und Jupiter ein Bruch zu sein, und

deshalb äußerte der ehemalige Professor Bode aus Berlin die Vermutung, daß sich zwischen Mars und Jupiter ein weiterer Planet befinden könnte.

Johann Bode (1747–1826), der Direktor des Berliner Observatoriums, hatte 1772 ein empirisches mathematisches Modell aufgestellt (das auf einer Verfeinerung einer Vermutung von Titius von Wittenburg basierte), in dem die Zahlenfolge $4 + 3 \cdot 2^{n-2}$, $n \geq 2$, ausgesprochen genau mit den bekannten Abständen der Planeten von der Sonne übereinstimmte. Seine Folge lautete:

4	7	10	16	28	52	100
Merkur	Venus	Erde	Mars	?	Jupiter	Saturn

Dieses Bodesche «Gesetz» wurde 1781 scheinbar bekräftigt, als man herausfand, daß der von William Herschel kürzlich entdeckte äußere Planet Uranus fast genau den nächsten vorhergesagten Platz in der Folge einnahm. Uranus besetzte die 192, während Bodes nächste Zahl 196 gelautet hätte.

Es ist überflüssig zu erwähnen, daß sich das Problem auf die Zahl 28 konzentrierte, die den unbesetzten Platz in der Folge repräsentierte und die Bode dazu veranlaßte, die Existenz eines bis dato unbekannten Planeten zu postulieren. Falls ein solcher Planet existierte, mußte er offenbar ein teleskopisches Objekt sein, das den bloßen Augen der Beobachter seit der Antike verborgen geblieben war. Daher traf sich ein kleines Komitee von Astronomen, dem meistens der Lilienthaler Johann Schröter vorstand, in der Absicht, die Tierkreiszeichenebene des Himmels zu überwachen, in der sich alle bekannten Planeten bewegten und wo ein unbekannter gefunden werden sollte.

Doch Schröter, Olbers, von Zach und die anderen «himmlischen Wachmänner», die in den letzten Monaten des Jahres 1800 tätig waren, fanden bei ihrer systematischen Suche nichts. Es war im äußersten Süden Europas, weit entfernt von den Hauptzentren der astronomischen Forschung, wo durch Zufall die entscheidende Entdeckung gemacht wurde. Man könnte sagen, daß die Astronomie der «unbedeutenden Planeten», der Asteroiden, fast kein Teil des neunzehnten Jahrhunderts gewesen ist, denn es war in der Nacht des 1. Januars 1801, in der ersten Nacht des neuen Jahrhunderts, als Giuseppe Piazzi in seinem Observatorium in Palermo auf Sizilien die ersten derartigen Körper entdeckte. Das Observatorium in Palermo war für solche Forschungen bestens geeignet, denn wegen seiner extrem südlichen Lage auf dem 38. Breitengrad steht der Tierkreis weiter oben und an einem klareren Himmel, als es in England, Frankreich oder Deutschland der Fall ist. Das Observatorium von Palermo war daher ideal gelegen für die Suche nach trüben Planetenkörpern. Es war auch sehr gut ausgestattet: Neben anderen Instrumenten enthielt es Jesse Ramsdens berühmten 5-Fuß-Kreis von 1789, das erste große kreisförmige Instrument der Welt, das für die Grundlagenforschung verwendet wurde.

Dieses neuentdeckte Objekt, das Piazzi nach der klassischen Ackergöttin Siziliens Ceres genannt hatte, nahm eine Stelle zwischen Mars und

Azimutkreis von 1789 von Jesse Ramsden für das Observatorium von Palermo. Mit diesem revolutionär gestalteten Instrument konnte man auf kreisförmigen (nicht quadrantischen) Skalen horizontale und vertikale Winkel messen.

Jupiter ein, und bevor es sich aus einer für Beobachtungen besonders günstigen Lage wegbewegte, wurden mehrere Winkelmessungen seiner Position gegenüber den Fixsternen durchgeführt.

Zu diesem Zeitpunkt stiegen die deutschen Astronomen erfolgreich in die Suche nach den kleinen Planeten ein. Piazzis relativ kleine Anzahl von Messungen der Bewegung der Ceres waren nicht dazu geeignet, mit den existierenden mathematischen Techniken die richtige Umlaufbahn zu berechnen. Der 23jährige Carl Gauß in Göttingen wendete eine selbstentwickelte mathematische Technik auf Piazzis Werte an und berechnete eine Bahn. Genau ein Jahr nach Piazzis Entdeckung, am 1. Januar 1802, fand Olbers in Bremen Ceres an genau der Stelle wieder, die Gauß vorhergesagt hatte. Dieses Ereignis leitete nicht nur eine

Carl Friedrich Gauß (1777–1855) auf der Terrasse des Göttinger Observatoriums. Hinter ihm steht ein tragbares Heliometer, möglicherweise eines von Repsold.

glänzende Karriere für Gauß ein, es war auch der Beginn einer lebenslangen Freundschaft zwischen ihm und Olbers.

Im März 1802 entdeckte Olbers den zweiten Asteroiden, Pallas, und Karl Harding entdeckte 1804 im nahegelegenen Observatorium von Schröter in Lilienthal einen dritten namens Juno. Olbers war von der Ähnlichkeit der Bahnen dieser drei Asteroiden beeindruckt, und er postulierte, daß sie vielleicht von einem zerstörten Planeten stammten. Diese Meinung wurde bestärkt, als Olbers im Frühling 1807 die drei bekannten Asteroiden beobachtete, wie sie sich nahe aufeinander zu bewegten, und dabei einen vierten entdeckte, den er Vesta nannte.

Die Astronomie der kleinen Planeten wurde schnell zu einer deutschen Spezialität. Sie repräsentierte einen genauen Zusammenhang zwischen Vorhersage, Beobachtung und Bahnberechnung, der die Newtonschen Gesetze durch ihre Anwendung auf bislang unbekannte Körper voll und ganz bestätigte. Obwohl Bodes Gesetz vollständig empirisch und nichts weiter als ein Jonglieren mit Zahlen war, war es dennoch bemerkenswert, daß die neuentdeckten Asteroiden die leere «28er Stelle» auf seiner Skala einnahmen, die vielleicht einmal zu der Bahn des zerstörten Planeten gehört hatte. Wir besitzen bis heute noch keine theoretische Erklärung für Bodes Gesetz. Als die Asteroiden jedoch erst einmal entdeckt waren, stellte man fest, daß sie genau die Bahnen beschrieben, die für sie durch die Newtonsche Dynamik vorhergesagt worden waren.

Möbius und die Planetenbahnen

Möbius hat 1813 bei Gauß in Göttingen studiert, und es ist interessant, daß sich zwei seiner ersten Veröffentlichungen mit den Bahnen von Pallas und Juno befassen. Möbius' astronomische Interessen lagen bei der Himmelsmechanik. 1816 schrieb er einen Artikel über die Analyse der Variation des Azimuts in der Position der Fixsterne. Wie bei seinen Artikeln über Juno und Pallas schenkte er auch den Techniken der Bahnberechnung für neuentdeckte Asteroiden und Kometen Beachtung. Das Wiedererscheinen des Halleyschen Kometen im Jahre 1835 veranlaßte Möbius, zwei populäre Abhandlungen zu verfassen, in denen er die Bahn des Kometen und umfassendere Gesetze der Astronomie analysierte.

Wir dürfen nicht vergessen, daß der Halleysche Komet bei seiner Rückkehr im Jahre 1835 für wissenschaftlich höchst bedeutend gehalten wurde. Dies war schließlich erst die zweite der vorhergesagten Wiederankünfte des Kometen, und die Charakteristika seiner Bahn fußten damals auf Messungen, die Astromomen von 1758–1759 durchgeführt hatten. Das erneute Erscheinen ermöglichte es den Astronomen, wesentlich verläßlichere Messungen zu machen, als dies 76 Jahre früher möglich gewesen war, und mit ihrer Hilfe die Newtonschen Gesetze zu prüfen und ihr Wissen über die Dynamik des Sonnensystems zu erweitern.

Möbius war nicht nur daran interessiert, rein mathematische Abhandlungen für Wissenschaftskollegen zu schreiben, er wollte auch die damals wachsende Gemeinde der Amateurastronomen erreichen. Seine *Mechanik des Himmels* von 1843 legt dem Amateur die grundlegenden (und weniger grundlegenden) Informationen der Himmelsmechanik dar.

Astrometrie

Die Astrometrie oder die Messung der Winkeltrennungen zwischen Himmelskörpern ist eines der ältesten Anliegen der Astronomie. Seit den ältesten Sternkarten des Hipparch aus dem zweiten Jahrhundert v. Chr. versuchten die Astronomen, die Abstände zwischen den Sternen genau zu bestimmen. Ein entscheidender Fortschritt wurde jedoch erst im späten siebzehnten Jahrhundert gemacht. Dieser gelang den Astronomen durch die Anwesenheit eines grundlegenden kosmologischen Problems: Falls sich die Erde in Übereinstimmung mit der Kopernikanischen Theorie tatsächlich um die Sonne bewegte, dann müssen einige Sterne eine kleine Verschiebung oder Parallaxe zeigen, wenn sich die Erde alle sechs Monate über die Grundlinie ihrer Bahn bewegt.

Die Sternparallaxe

Das Problem wurde tatsächlich durch die Messung dieses winzigen Winkels aufgeworfen. Um 1700 bemerkten die Astronomen, daß der nächste Stern im Vergleich zur Größenordnung des Sonnensystems ziemlich weit entfernt sein und daher einen sehr kleinen Winkel aufweisen mußte, selbst wenn die Sterne gleichmäßig im Raum verteilt waren. Die Astronomen des achtzehnten Jahrhunderts versuchten, die Parallaxe zu bestimmen, indem sie die Positionen von leuchtenden Sternen gegenüber weniger hellen maßen. Sie gingen von der Annahme aus, daß Gott allen Sternen die gleiche Leuchtkraft gegeben hat (so wie er allen Eichen und allen Kühen die gleiche allgemeine Größe verliehen hat). Daher müßten die leuchtenden Sterne näher an der Erde sein und größere Parallaxenwinkel aufweisen.

Aber alle Versuche, diese Parallaxen zu messen und solche Abstände zu bestimmen, scheiterten. 1728 behauptete der englische Astronom James Bradley, die Sternparallaxe müsse kleiner als eine halbe Bogensekunde sein, denn sein Instrument konnte bis zu diesem Winkel messen und er hatte nichts gefunden.

Alle diese frühen Arbeiten über die Parallaxe wurden in England durchgeführt. Ermöglicht wurden sie durch die Entwicklung von Meßinstrumenten, die mit Zielfernrohren ausgestattet und bis zu einem Mikrometer genau waren. Die wesentlichen Neuerungen im Instrumentenbau gelangen ungefähr 1670 Tompion, Sharp, Graham, Bird und Ramsden in England, und um 1800 galt London allgemein als die Heimat der Hersteller der besten astronomischen Instrumente der Welt. Durch die sich im achtzehnten Jahrhundert rasant entwickelnden Fort-

Friedrich W. A. Argelander (1799–1875), Direktor des Bonner Observatoriums.

schritte im Instrumentenbau wurde eine neue hochentwickelte Astonomie erst möglich.

Während dieser Zeit beteiligten sich die großen deutschen Observatorien wie die von England, Frankreich oder anderen Ländern an der astronomischen Forschung. Der Routineteil der Astronomie bestand in der Bestimmung der exakten Positionen aller Sterne am Himmel bis zu einer gegebenen Magnitude, um so immer genauere Karten und Tafeln anzufertigen. Das erschöpfendste Himmelskartenwerk in Deutschland wurde vielleicht am Bonner Observatorium angefertigt, wo Friedrich Argelander zwischen 1837 und 1862 die Koordinaten von 324 189 Sternen bis hinunter zur neunten Magnitude bestimmte. Diese himmelskartographischen Messungen wurden mit großen graduierten Umlaufinstrumenten durchgeführt, die Winkel bis zu einem Bruchteil einer Bogensekunde messen konnten. Waren diese Tafeln einmal fertig, konnte man sie dazu verwenden, anhand der Sterne die Positionen von Asteroiden, Kometen und Planeten festzulegen.

Weiterhin konnte man sie dazu benutzen, geeignete Sterne zu messen und zu identifizieren, die die begehrte Parallaxe aufweisen könnten, um hierdurch eine Meßlatte im Raum auszubreiten. Auf diese Weise können die genauen Ausmaße des stellaren Universums auf die gleiche Art und Weise bestimmt werden, auf die die Astronomen des achtzehnten Jahrhunderts das Sonnensystem quantifiziert hatten. Diese Aktivitäten bildeten den wirklichen Wendepunkt in der deutschen Astronomie zu Möbius' Zeit. Bevor man jedoch hoffen konnte, eine Parallaxe zu messen, mußte man sich für einen bestimmten Stern entscheiden, dessen jahreszeitlich bedingte Bewegung aufspürbar sein könnte. Obwohl 1830 einige wohldefinierte Richtlinien aufgestellt worden sind, war es nicht leicht, aus den Tausenden von sichtbaren Sternen, die selbst durch ein bescheidenes Teleskop noch wahrnehmbar waren, einen geeigneten auszuwählen. Denn zum einen war es nun klar, daß die Helligkeit nicht unbedingt ein Hauptfaktor war, denn wie schon Olbers gezeigt hatte, war es wegen der Anwesenheit von verdunkelndem interstellarem Staub nicht garantiert, daß weniger helle Sterne weiter entfernt waren als leuchtende.

William Herschel, der in den frühen achtziger Jahren des achtzehnten Jahrhunderts in England wirkte, hatte versucht, die Parallaxe mit einer neuen Methode zu messen. Um 1781 hatte er die Positionen von zahlreichen auf der nördlichen Hemisphäre sichtbaren Doppelsternpaaren aufgezeichnet, und er hatte aus ihnen diejenigen ausgewählt, die er für geeignete «Blickrichtungdoppel» hielt, die also nicht durch die Schwerkraft zueinander in Beziehung standen, sondern nur aus unserem Blickwinkel nahe beieinander zu liegen scheinen. In diesem Stadi-

William Herschel (1738–1822). Nachdem er bei den Hannoveranischen Fußtruppen als Musiker gedient hatte, siedelte er nach England über. Er schuf die Grundlagen für die Astronomie entfernter Objekte und realisierte die Bedeutung der «Lichtsammelkraft» großer Spiegelungsteleskope für seine Untersuchungen.

um wählte Herschel Sternpaare, bei denen ein leuchtender und ein weniger heller nahe zusammenlagen. Zu jener Zeit hatte weder er noch ein anderer Astronom realisiert, daß der Raum undurchsichtigen verdunkelnden Staub enthält. Herschel glaubte, daß die Helligkeit der

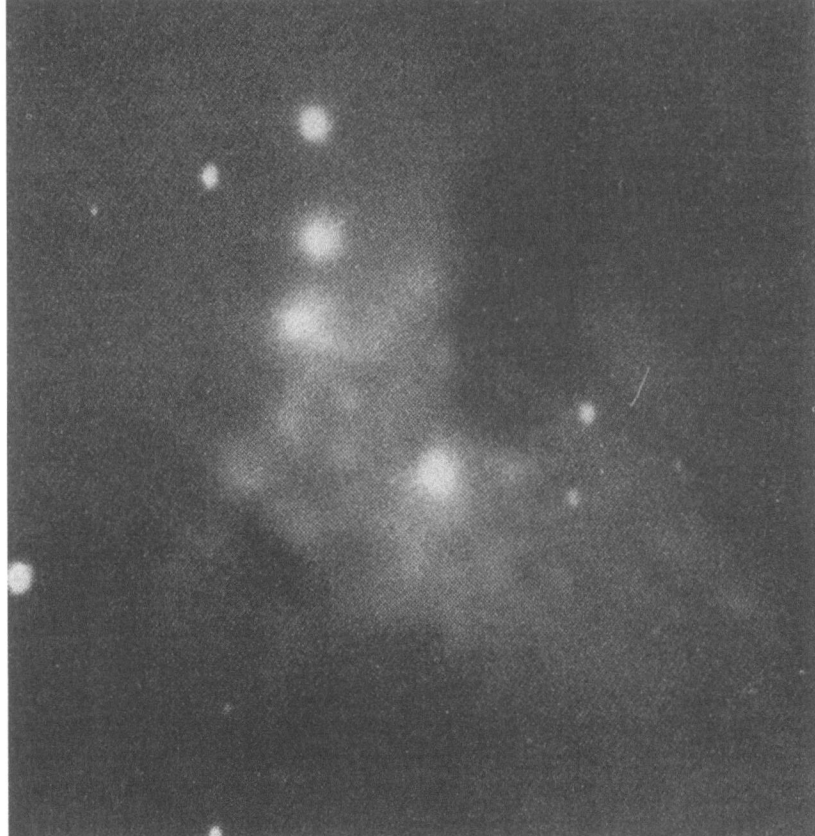

Eine frühe Photographie eines Doppelsterns (1857).

Sterne nur wegen der unterschiedlichen Entfernungen unterschiedlich groß war.

Herschels Technik bestand darin, das ausgewählte Sternpaar im gleichen Teleskopbereich zu beobachten und sechs Monate lang jede ihrer offensichtlichen Bewegungen zueinander bis auf ein Mikrometer genau zu messen. Es stellte sich jedoch bald heraus, daß zwischen keinen von ihnen eine Parallaxe meßbar war. Trotzdem rief Herschels systematische Untersuchung der Doppelsterne einen Forschungsbereich ins Leben, der für die Astronomie des neunzehnten Jahrhunderts grundlegend werden sollte.

Die Untersuchung der Doppelsterne sollte schließlich doch einen Schlüssel zur Sternparallaxe liefern, obwohl sie auf anderen theoretischen Grundlagen fußte, als die, die Herschel verfolgt hatte. Aber auch

Die astronomische Revolution

sie führten zu einem Beweis der Newtonschen Gravitation im stellaren Raum, denn es wurde gezeigt, daß physikalische Sternpaare oder Doppelsterne sich gegenseitig beeinflussen. In dieser Hinsicht konnte ein weiteres Beispiel für die wahre Universalität der Newtonschen Gravitation aufgestellt werden, denn es wurde nun deutlich, daß dieselben Gesetze über Masse und Abstand, die die Erde an den Mond und die Planeten an die Sonne binden, viele Lichtjahre entfernt mit ähnlichen Effekten zwischen leuchtenden Sternkörpern wirken. Der Mann, der in beiden Forschungsbereichen erfolgreich war, war Friedrich Wilhelm Bessel vom Königsberger Observatorium in Preußen (1784–1846).

Bessel und 61 Cygni

Bessel gehört zu den größten Astronomen Deutschlands. Er war sicherlich derjenige, der zu seinen Lebzeiten die Grundlagen der modernen Astronomie gelegt hat. In seiner Person waren die beiden großen Bereiche der astronomischen Kreativität vereinigt, die bei den meisten Kollegen nur einzeln vorhanden waren – er war sowohl ein ausgezeichneter

F. W. Bessel (1784–1846) in romantischer «Beethoven-Pose».

Theoretiker als auch ein peinlich genauer Beobachter. Bessel besaß die wissenschaftliche Vorstellungskraft zu sehen, auf welchem Weg die theoretische Lösung des Parallaxenproblems gefunden werden könnte, und er ging diesen Weg konsequent zu Ende, indem er als Beobachter und Mechaniker dazu in der Lage war, die Lösung experimentell zu bestimmen. Ich glaube, daß nur William Herschel sowohl in der Theorie als auch in der Praxis gleichermaßen begabt war.

In seiner Jugend hatte Bessel keine hervorstechenden Talente besessen. Erst als er in Bremen eine Lehre im Büro eines Kaufmanns machte, entdeckte er bei der Buchhaltung sein Flair für Zahlen. Dieses Interesse führte ihn zur Navigation, zur Astronomie und zur Kosmologie. 1804 erregte seine Arbeit die Aufmerksamkeit von Heinrich Olbers, der in Bremen wohnte und ihm half, 1806 eine Stelle an Schröters nahegelegenem Observatorium in Lilienthal zu erlangen. Von nun an war Bessels Aufstieg kometenhaft, und 1810 wurde er Direktor des preußischen

Die erste Photographie einer Sonnenfinsternis wurde 1851 am Königsberger Observatorium aufgenommen.

königlichen Observatoriums in Königsberg (obwohl dessen Instrumente bis 1813 nicht vollständig waren), das für die nächsten 36 Jahre die Bühne seiner außerordentlichen Leistungen werden sollte. In Bessels Karriere darf man Olbers nicht vergessen, denn durch die außerordentliche Großzügigkeit und die guten Verbindungen dieses Bremer Arztes und «Amateurastronoms» wurden sowohl Bessel als auch Gauß international bekannt gemacht; keiner der beiden hat ihm dies jemals vergessen.

Die Grundlagen von Bessels astrometrischen Forschungen waren sowohl historisch als auch zeitgenössisch. Er bemerkte, daß die vom Royal Observatory in Greenwich veröffentlichten Sternkarten seit 1750, als die königlichen Astronomen James Bradley (1692–1762) und Nevil Maskelyne (1732–1811) als erste begannen, auf ihre Beobachtungen weitreichende und detaillierte Fehlerrechnungen anzuwenden, hinreichend genau waren. Bessel verglich ihre Messungen für gewisse wichtige Sterne mit denen seiner Zeit. So erhielt er entscheidende Werte für ihre Positionen und konnte feststellen, ob eine Bewegung bemerkbar war.

Bessel hatte einen anderen Zugang zum Problem der Sternparallaxe als seine Vorgänger, und hierfür waren die Sterne der Greenwichbeobachtungen sehr wichtig. Er versuchte nicht, die angenommenen Parallaxen zwischen leuchtenden und weniger hellen Sternen zu messen, sondern er suchte nach Sternen beliebiger Helligkeit, die große echte Bewegungen zeigten. Die echten Bewegungen einiger ausgewählter Sterne wurden erstmals 1718 von Edmond Halley entdeckt. Es waren die unabhängigen Bewegungen, die einige Sterne an den Tag legten, wenn ihre Positionen über lange Zeiträume hinweg gemessen wurden. Nach Bessels Ansicht war die echte Bewegung vielleicht eine Auswirkung des Blickwinkels, wenn sich die Position des gesamten Sonnensystems gegenüber einem speziellen Stern verschob, während sich die Sonne durch den Raum bewegte. Er argumentierte, wenn dies der Fall wäre (und das ist es tatsächlich), dann würden die Sterne, die die größten echten Bewegungen zeigten, vielleicht dem Sonnensystem am nächsten sein und daher wahrscheinlich auch die größten Parallaxen aufweisen.

Die größte echte Bewegung, die in den dreißiger Jahren des neunzehnten Jahrhunderts bekannt war, war die des relativ schwachen 61 Cygni, oder des 61ten Sterns im Sternbild Schwan von Flamsteeds Katalog aus dem Jahr 1725. Seine echte Bewegung betrug 5,2 Bogensekunden pro Jahr, zusätzlich handelte es sich um einen Doppelstern mit einem etwas schwächeren Begleiter.

Nach 18 Monaten der Beobachtung hatte Bessel im Herbst 1838 genug Daten über 61 Cygni, seinen Begleiter und andere Sterne mit geringerer echter Bewegung im gleichen Bereich gesammelt, um eine

Parallaxe von 0,314 Bogensekunden zu berechnen. Dieser Wert liegt sehr nahe bei den 0,292 Bogensekunden, die man heute mit modernen photographischen Messungen des gleichen Sterns erhält. Bessel führte seine Messungen mit einem ausgezeichneten Fraunhoferschen Heliometer durch (auf dieses Instrument werden wir in Kürze näher eingehen). Mit Hilfe dieser Messung konnte die Entfernung von 61 Cygni mit etwa 10 Lichtjahren angegeben werden.

Endlich war die Entfernung wenigstens eines Sterns gemessen worden; allerdings war Wilhelm Struve in Dorpat 1839 Bessel dicht auf den Fersen und gab eine Parallaxe für Vega bekannt. Gleichzeitig stellte der britische Astronom Thomas Henderson am Observatorium am Kap der Guten Hoffnung eine Parallaxe für den Südhimmelstern α Centauri fest, von dem wir heute wissen, das es der der Sonne am nächsten gelegene Stern ist.

Die erfolgreiche Bekanntgabe von drei Parallaxen innerhalb weniger Monate zeigte, wie die internationale Verbreitung astronomischer Daten und die Verfügbarkeit von Instrumenten, die in Übereinstimmung mit den neuesten Genauigkeitsstandards angefertigt worden waren, es plötzlich möglich machte, die alten begrenzten Schwellen der astronomischen Forschung zu überschreiten.

Bessels Beobachtungstechniken

Bessels astrometrische Arbeiten setzten völlig neue Maßstäbe. Wie ich bereits dargelegt habe, verglich er immer wieder seine Messungen von Sternpositionen mit den besten Messungen der gleichen Objekte aus dem vorhergehenden Jahrhundert – und dies war noch nicht alles. Bessel hat als einer der ersten Astronomen realisiert, daß man jeden möglichen Fehler, der ein Ergebnis beeinflussen kann, abschätzen muß, bevor man sich auf eine Positionsbestimmung verlassen darf. Er verwendete Bradleys und Maskelynes Greenwichbeobachtungen aus dem achtzehnten Jahrhundert, weil diese beiden Astronomen als erste neben der Untersuchung von Temperatur und Druck der Atmosphäre, bei denen die Messungen stattfanden, auch ausgedehnte Analysen der Fehler ihrer eigenen Instrumente durchgeführt hatten. Indem er alle Fehlerquellen eliminierte – optische, mechanische und meteorologische –, war Bessel in der Lage, astrometrische Ergebnisse von erstaunlicher Genauigkeit zu erhalten, aus denen eine ganze Menge neuer Daten hergeleitet werden konnten.

Ein gutes Beispiel für diesen Zugang bot sich, als Bessel Sirius und Procyon untersuchte, die in Maskelynes Katalog Grundsterne waren.

Indem er seine Beobachtungen dieser Sterne mit denen Maskelynes verglich, fand er regelmäßige Veränderungen in ihren echten Bewegungen, die er sehr richtig der Gegenwart von «dunklen Begleitsternen» zuschrieb, deren Anziehungskraft eine wackelnde Bewegung ihrer Vatersterne verursachten. Man hat später gefunden, daß sowohl Sirius als auch Procyon Begleitsterne besitzen.

Viele der astrometrischen Arbeiten, die zu jener Zeit an den bedeutenden Observatorien durchgeführt wurden, konzentrierten sich auf die Untersuchung von Doppelsternen, deren Zweckmäßigkeit als «geschlossene Systeme» es erleichterte, alle möglichen Daten herauszufiltern. Parallaxen, echte Bewegungen und der mögliche Nachweis der Gravitation, die zwischen Paaren (oder Tripeln) wirkte, machten Doppelsterne für die Astronomen des frühen neunzehnten Jahrhunderts überaus brauchbar.

Zusätzlich zu diesen astrometrischen Möglichkeiten bildeten die doppelten und zusammengesetzten Sterne ideale Testobjekte für die Auflösungsstärken von Teleskopen. Der amerikanische Optiker Alvan Clark entdeckte zum Beispiel beim Testen eines neuen 18-Inch-Objektivs den «B»-Begleiter des Sirius – den kleineren Begleitstern, der zuerst von Bessel aufgrund der Charakteristik der echten Bewegung des Sirius vorhergesagt worden war! Auf diese Art und Weise wurde die mathematische Analyse von der große Fortschritte machenden Optik entscheidend unterstützt, und die theoretischen und praktischen Abteilungen der Astronomie arbeiteten Hand in Hand. Schließlich lieferten die Doppelsterne auch ein ausgezeichnetes Beispiel für die Gültigkeit der Newtonschen Gravitation zwischen Sternkörpern.

Franz Encke und die Berliner Schule der Astrometrie

Während Bessels Observatorium in der verfeinerten Astrometrie in Deutschland Pionierarbeit leistete, wurde Astrometrie in der anderen preußischen Gründung, dem Observatorium in Berlin, konsequent mit fast automatischen Abläufen betrieben. Bessel wurde 1825 die Nachfolge Bodes als Direktor des Observatoriums der preußischen Akademie der Wissenschaften in Berlin angeboten. Er lehnte jedoch ab, denn er befürchtete, dieses Amt würde eine Flut von administrativen Aufgaben mit sich bringen. Er blieb also in Königsberg und empfahl den 34jährigen Preußen Johann Franz Encke für den Posten. Encke besaß genau die Kombination von Fähigkeiten, die benötigt wurden: Er war ein ehemaliger Schüler von Gauß in Göttingen, bereits ein angesehener Astronom, Direktor des Observatoriums in Seeberg und hatte die Bahn

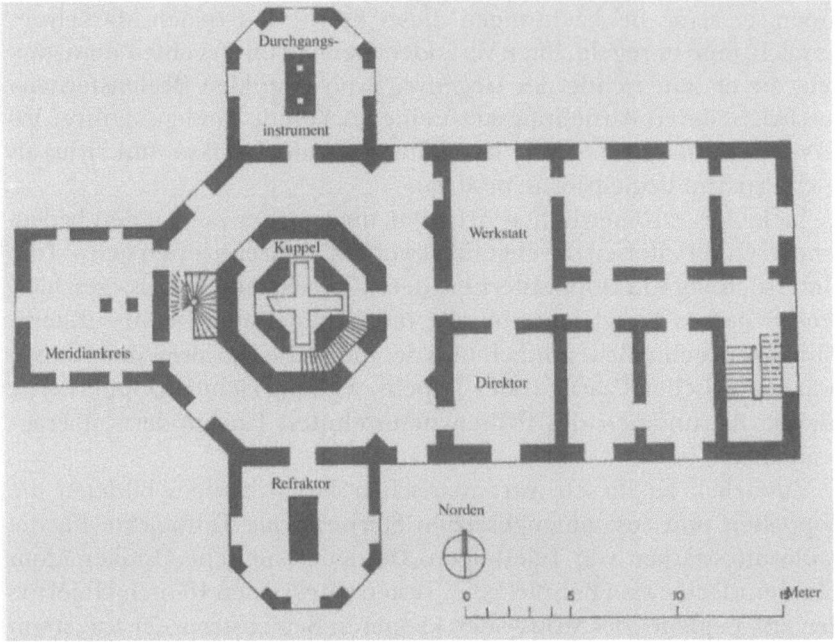

Das Berliner Observatorium zu Ende des neunzehnten Jahrhunderts.

des Kometen berechnet, der später seinen Namen tragen sollte. Überdies war er gründlich und energisch, ein ausgezeichneter Organisator, Lehrer und Inspirator, der das Berliner Observatorium zu einer Ausbildungsstätte einer ganzen Generation von europäischen Astronomen wandelte. Seine Effektivität wurde nach 1835 noch größer, als Mittel gewährt wurden, um das Observatorium umzubauen und mit den besten Instrumenten auszustatten.

Encke war in vieler Hinsicht seinem jüngeren Zeitgenossen, dem englischen königlichen Astronom G. B. Airy, ähnlich. Dieser hatte sich 1835, in demselben Alter, in dem Encke zehn Jahre früher nach Berlin gekommen war, aufgemacht, das Greenwicher Observatorium vollständig zu revidieren. Die beiden Männer waren sich nicht nur äußerlich sowie in Temperament und Talent ähnlich, sie erkannten auch beide, daß die konsequente astrometrische Überarbeitung der Sternkoordinaten den Kern einer zukünftigen Präzisionsastronomie bildete. War Encke ein hervorragender Lehrer von jungen akademischen Astronomen, so war Airy nicht weniger geschickt im «Drillen» von nicht graduierten Assistenten in der peinlich genauen Durchführung von astronomischen und mathematischen Routinearbeiten.

Der auffallendste Unterschied zwischen Airy und Encke bestand in ihrer Einstellung zur astronomischen Beobachtung. Encke mochte wie Bessel, Olbers und viele andere führende deutsche Astronomen jener Zeit die praktische Beobachtungstätigkeit und übte diese mit großer Geschicklichkeit aus. Airy dagegen bekannte ziemlich offen, daß die Beobachtung eine vollkommen unintellektuelle Tätigkeit sei und daß «ein Idiot mit einigen Tagen praktischer Erfahrung sehr gut beobachten könnte». Airy litt jedoch an chronischem Astigmatismus und konnte allgemein schlecht sehen. Dies raubte ihm vielleicht die Freude an der Beobachtung und veranlaßte ihn, eine Tätigkeit unterzubewerten, die die meisten seiner besser sehenden kontinentalen Kollegen sehr gerne ausführten. Airy und Encke unterhielten über dreißig Jahre lang eine angenehme und kooperative Beziehung.

Am 23. September 1846 fanden Enckes Assistenten Johann Galle und Heinrich D'Arrest mit Hilfe der Koordinaten, die von Le Verrier in Paris berechnet worden waren, die Position des neuen Planeten Neptun. Diese schnelle Identifikation war nur möglich geworden durch die glückliche Fertigstellung einer neuen und bisher unveröffentlichten Sternkarte der Berliner Astronomen von genau der Region, in der der Planet vermutet worden war.

Es ist bezeichnend für Airys Haltung gegenüber dem internationalen Charakter von wissenschaftlichen Entdeckungen, daß er «Le Verriers Planet» und seine Entdeckung durch die Deutschen akzeptierte, ohne darauf zu drängen, daß sein Landsmann John Couch Adams aus Cam-

In dieser französischen Karikatur wird die Behauptung der Briten, die Position des Neptun entdeckt zu haben, lächerlich gemacht.

bridge den ersten Anspruch darauf hatte oder daß Greenwich die Suche veranlaßt und deshalb größere Rechte als Berlin haben könnte. Adams hatte sich jedoch nie die Mühe gemacht, seine vollständigen Ergebnisse mitzuteilen, wohingegen Le Verrier dies getan hatte; das Berliner Observatorium war eine akademische Gründung zu Forschungszwecken, Greenwich dagegen eine Einrichtung der Regierung, die routinemäßig die Marine mit Koordinaten versorgen sollte.

Es sagt auch etwas über die internationalen Kreise aus, in denen sich Airy bewegte, daß er die Nachricht über die Berliner Entdeckung erhielt, als er 1846 bei einem Besuch in Gotha mit Professor Hansen dinierte. Unglücklicherweise waren jedoch viele seiner patriotischeren Londoner Kollegen erzürnt über seine Bereitwilligkeit, eine französisch-deutsche Entdeckung anzuerkennen, während er gleichzeitig eine weniger genaue Behauptung eines Engländers nicht akzeptierte.

Kosmologie und Astrophysik

Während Möbius' Lebenszeit war das Hauptanliegen der Astronomen international auf die heikle Winkelmessung gerichtet, wie wir oben-

William Herschels 48-Inch-Spiegelungsteleskop mit einer Brennweite von 40 Fuß. Der Spiegel besaß einen Durchmesser von 4 Fuß. Herschel baute ihn 1789 in England, um damit Nebel aufzulösen. Das Teleskop war über 50 Jahre lang das größte Teleskop der Welt.

John Herschels Photographie des Teleskops seines Vaters William. Das Bild stammt von 1839 und ist eine der ersten Photographien überhaupt.

stehend dargelegt haben. Auf der anderen Seite war die kosmologische Dimension niemals weit enfernt, denn die Wissenschaftler spekulierten nicht so sehr über die Entfernung der Sterne, sondern über die physikalische Struktur des Universums, von dem sie ein Teil waren.

Dieser Aspekt der Astronomie war vor etwa 1850 durch das Fehlen von soliden meßbaren Daten, aus denen man im Gegensatz zu Spekulationen wissenschaftliche Schlußfolgerungen hätte ziehen können, sehr eingeschränkt.

Herschel hatte in den achtziger und neunziger Jahren des achtzehnten Jahrhunderts die ersten Schranken gebrochen, als er bemerkt hatte, daß Spiegelteleskope mit einer großen Öffnung mehr optische Daten sammeln und hierdurch weiter in den Raum eindringen können als kleine Refraktoren. Er hatte gezeigt, daß die Milchstraße eine flache Ebene bildet, daß interstellarer Nebel oder «leuchtendes Fluidum» existiert, und er hatte gemeint, daß die Dynamik der Sternhaufenbildung unter dem Einfluß der Gravitation stattfindet.

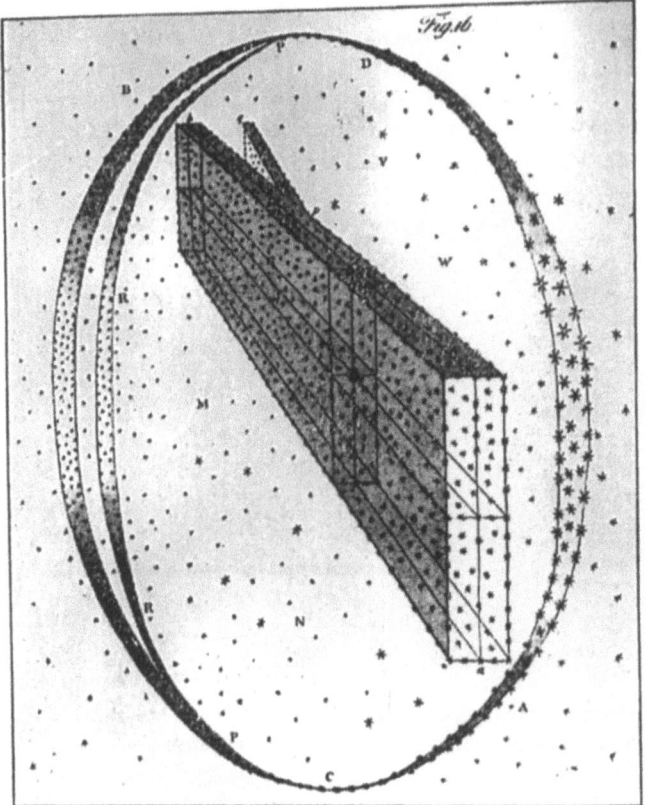

William Herschels Konstruktion der Gestalt der Milchstraße aus der Verteilung der sichtbaren Sterne. Der scheinbare «Spalt» in der Milchstraße kann heute erklärt werden. Die Sterne trennen sich nicht, sondern sie werden durch undurchsichtigen interstellaren Staub verdunkelt.

Querschnitt durch die Milchstraße mit ihrem «Spalt». William Herschel lokalisierte das Sonnensystem fälschlicherweise in ihrem Mittelpunkt.

Die astronomische Revolution 81

Das Spiegelteleskop von Lord Rosse auf Birr Castle, Irland, 1845. Es hatte einen Durchmesser von 6 Fuß.

Manchmal spekulierte Herschel jedoch jenseits seiner tatsächlichen Beweise, indem er seine Himmelsmodelle mit philosophischen und ästhetischen Komponenten durchsetzte, die er aus nicht naturwissenschaftlichen Ideen ableitete. So nahm er an, daß alle Sterne die generell gleiche Größe und dieselbe innere Helligkeit besäßen und daß sie zusammenstürzten und so dichte Kugelhaufen bildeten, während das gesamte Universum von zwei Kräften beherrscht würde: der Verdichtung unter dem Einfluß der Gravitation und dem Recycling der sich hieraus ergebenden Trümmer zu neuen Sternen gemäß einem Steady-state-Modell.

Zur Zeit seines Todes im Jahr 1822 hatte Herschel die Kosmologie so weit vorangebracht, wie sie mit den damals zur Verfügung stehenden rein visuellen Beobachtungsinstrumenten gehen konnte. Es stimmt, daß die Astronomen endlos über die Grenze der meßbaren Wahrnehmung gerätselt hatten, wohingegen einige, wie Lord Rosse in Irland, versuchten, die Wahrnehmung zu verbessern, indem sie immer größere Spiegelteleskope des Herscheltyps bauten. Rosse untersuchte, ob die Nebel in einzelne physikalische Komponenten auflösbar seien, während Olbers sein berühmtes Paradox formulierte: «Wenn sich die Sterne endlos durch unseren Raum verbreiten, warum ist dann ihr gesamtes Licht bei Mitternacht nicht heller als die Mittagssonne?» Heute weiß man, daß ein Teil der Lösung darin besteht, daß viel Sternlicht durch undurchsichtigen interstellaren Staub absorbiert wird. Ferner wissen wir heute, daß auch viel Licht durch die wachsende Rotverschiebung von sich immer weiter entfernenden Sternen verlorengeht und daß vor allem die Sterne sich eben nicht endlos durch den Raum verbreiten, da sie einer Evolution unterworfen sind.

Aber auch die Entdeckung des Begriffs Rotverschiebung im frühen zwanzigsten Jahrhundert war ein Produkt dieser Kette von Durchbrüchen in der Physik und der Chemie des neunzehnten Jahrhunderts, die der Kosmologie einen neuen Maßstab setzten und die neue Wissenschaft Astrophysik möglich machten. Der wichtigste war die Konstruktion des Spektroskops. Obwohl die Entdeckung, daß Licht in seine Farbbestandteile zerlegt werden kann, wenn es durch ein Prisma fällt, zuerst von Newton im Jahre 1666 gemacht wurde und 1802 durch Francis Wollaston neu bewiesen wurde, war das Spektroskop als Werkzeug der physikalischen Untersuchung ein Produkt der deutschen optischen Forschung und Technologie.

Joseph Fraunhofers optische Forschungen

1814 begegnete Joseph Fraunhofer, der damals bereits als führender Optiker und Teleskopbauer in Deutschland etabliert war, ein Phänomen, das als Nebenprodukt von anderen Forschungen auftrat. Bei seinem Versuch, eine Quelle von rein einfarbigem Licht zu finden, mit dem er die Brechungsindizes von optischen Gläsern ohne Überlagerung von chromatischen Störungen analysieren konnte, beobachtete er neben den Farben schwarze Linien im Sonnenspektrum. Fraunhofer war nicht der erste, der diese Linien gesehen hatte, denn sie wurden schon 1802 von dem Engländer Francis Wollaston bemerkt, als er ein Sonnenspektrum im Gegensatz zum klassischen Newtonschen Nadelloch durch einen Schlitz beobachtete. Wollaston hatte gefunden, daß der Schlitz zusätzlich zu den klassischen Newtonschen Farben einige dunkle Linien produzierte, die das Spektrum kreuzten. Er hatte die Sache jedoch nicht weiterverfolgt.

Fraunhofer entdeckte diese Linien mit Hilfe einer Vorrichtung neu, die der Wollastons weit überlegen war. Er plazierte ein feines Flintglas-

Großes Glasprisma, das vor einem Objektiv angebracht wurde. Mit einer derartigen Vorrichtung erhielt Fraunhofer das Spektrum des Sirius und anderer heller Sterne.

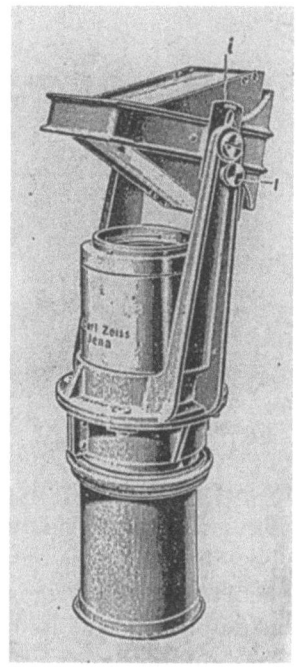

prisma vor das Objektiv eines kleinen Theodolitteleskops und fand heraus, daß hierbei Hunderte von dicken und dünnen Linien auftraten, die das resultierende Sonnenspektrum kreuzten. Diese Linien waren

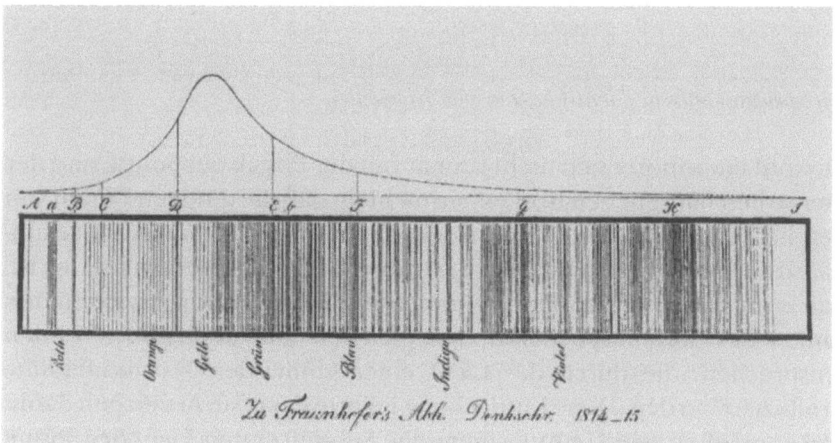

Fraunhofers Spektralkarte der Sonne von 1814–1815. Sie zeigt die schwarzen Linien, die seinen Namen tragen, die charakteristischen Farben und die Buchstaben, mit denen er sie bezeichnete.

Joseph Fraunhofer (1787–1826).

immer da und kein Produkt des Glases oder der Luft. Als er ein größeres Prisma auf das Objektiv eines 4,5-Inch-Refraktorteleskops setzte und das Sonnenlicht untersuchte, das vom Mond und von den Planeten gespiegelt wurde, fand er heraus, daß die Linien an genau derselben Stelle blieben. Als er dagegen den Sirius und andere helle Sterne betrachtete, befanden sich die Linien an anderen Stellen.

Fraunhofer markierte die Positionen von über 574 schwarzen Linien der Sonne und bezeichnete die auffälligsten mit *A, B, C, ..., H*. Diese Bezeichnung hat sich bis auf den heutigen Tag gehalten. Die schwarzen «Fraunhoferlinien» bildeten nützliche neutrale Bezugsgrößen, um optische Gläser und fertige Linsen zu testen, und sie wurden eines der Haupthilfsmittel der Astrophysik zum Bestimmen von chemischen und physikalischen Daten strahlender Quellen.

Die spektroskopische Identifikation von Elementen

Obwohl Fraunhofer sich nicht primär mit der Physik der Sonne und der Sterne beschäftigte, zeigte er experimentell, daß die dunklen Linien von den lichtaussendenden Körpern selbst stammten und nicht auf sekundäre Effekte der Erdatmosphäre beruhten. Noch bemerkenswerter ist, daß er herausfand, daß die Positionen der beiden mit *D* bezeichneten Linien des Sonnenspektrums den gleichen leuchtendgelben Linien entsprechen, die durch das Licht einer glühenden Natriumflamme produziert werden. Diese Entdeckung lieferte das erste Anzeichen dafür, daß es möglich sein könnte, chemische Substanzen im Licht der Sonne und der Sterne zu entdecken.

Fraunhofer sah jedoch nicht den entscheidenden Zusammenhang zwischen den schwarzen «Absorptionslinien» und den farbigen «Emis-

Die astronomische Revolution 85

Spektroskopische Vorrichtung zum experimentellen Vergleich der Linien von Sonne und Metallen im Labor. Der äquatorial montierte und von einer Uhr angetriebene einfache Spiegel an der Fensterbank leitet einen Sonnenstrahl in das Laborteleskop. Der Kohlenstoffbogen, der im Weg des Sonnenlichts zwischen zwei Sammellinsen angebracht ist, wird dann angeschaltet. Wenn metallische Elemente in seiner Flamme brennen, erscheinen sie als farbige «Emissionsspektren» statt als charakteristische schwarze «Absorptionslinien» im Sonnenspektrum. Auf diese Art und Weise konnten Kirchhoff, Bunsen und Higgins leuchtende Elemente im Sonnenlicht identifizieren.

sionslinien», um Natrium im Sonnenspektrum zu identifizieren. Diese Arbeit wurde in den vierziger Jahren des neunzehnten Jahrhunderts von Foucault in Paris und unabhängig davon von Miller in London geleistet. Foucault erhielt die leuchtenden gelben Linien durch brennende Natriumsalze in der Flamme eines Lichtbogens. Wurde dagegen Sonnenlicht durch dieselbe helle Flamme geschickt, intensivierten sich die D-Linien im Absorptionsspektrum. Hieraus schloß er, daß die glühenden Elemente sowohl farbige Spektren aussenden als auch das durch sie verlaufende Spektrallicht absorbieren (und somit schwärzen) konnten.

In Britannien führten Sir David Brewster und die Professoren Forbes, Miller und Stokes viele Untersuchungen über die Natur von Spektren durch. Sie wollten wissen, warum diese Emissions- und Absorptionsspektren (wie sie später genannt wurden) entstehen und wie sie zueinander in Beziehung stehen. Bunsen und Kirchhoff lieferten 1859 die vereinheitlichende Erklärung. Kirchhoff entdeckte, daß die Spektralcharakte-

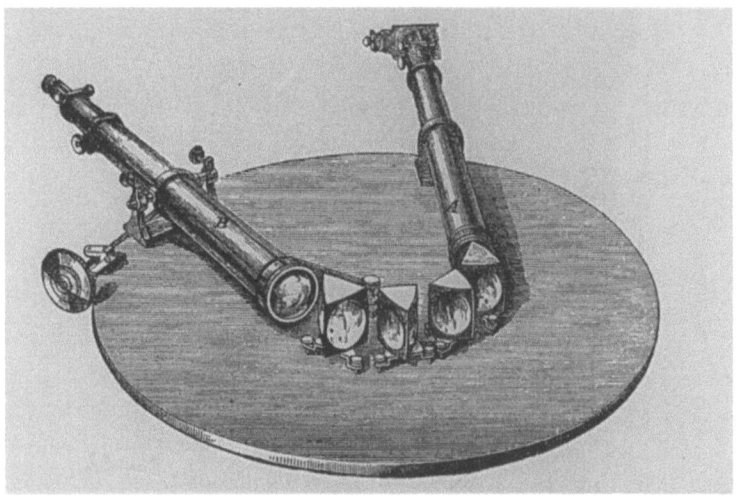

Spektroskop mit vier Prismen des Typs, der im Labor zur Analyse von Licht verwendet wurde.

ristiken der Absorptions- und Emissionslinien von der Temperatur abhängen und daß er im Laboratorium mit unterschiedlichen Flammentemperaturen verschiedene Effekte erzielen konnte. Er zog daher den Schluß, daß die Elemente in der glühenden Sonnenmasse «von einer gasförmigen Atmosphäre etwas niedriger Temperatur umgeben werden ... [und] ... daher aus der Gegenwart dieser [D-] Linien geschlossen werden kann, daß in der Atmosphäre der Sonne Natrium vorhanden ist».

Während der nächsten beiden Jahrzehnte maßen und verzeichneten die Physiker in den Laboratorien die exakten Spektralstellen der meisten bekannten Elemente, und die Astronomen in den Observatorien identifizierten sie in den Spektren der glühenden Himmelskörper. William Huggins und W. A. Miller in England wurden die wichtigsten Pioniere dieser Technik der Spektralanalyse und der chemischen Identifikation der Sterne. Dieser Prozeß schritt im späten neunzehnten Jahrhundert mit bemerkenswerter Geschwindigkeit voran, besonders mit der Entwicklung der photographischen Techniken zum Aufzeichnen feiner Spektrallinien. So zeigt sich erneut, wie ein Durchbruch in der Technologie der Instrumente einen ganzen Bereich von Entdeckungen in der Wissenschaft nach sich ziehen kann.

Die physikalische Astronomie der Planeten

Die astrometrischen und astrophysikalischen Zweige der Astronomie erweiterten das Verständnis von der Struktur des Universums. Ein großer Teil der neuen Erkenntnisse kam durch die physikalische Untersuchung der Planetenkörper zustande.

Das Werk von Johann Schröter

Die führende Persönlichkeit in der beobachtenden Astronomie des späten achtzehnten und frühen neunzehnten Jahrhunderts war Johann Schröter (1745–1816), ein Rechtsanwalt, Ratsherr und «großer Amateur» aus Lilienthal nahe Bremen im Kurfürstentum Hannover. Wie bei seinem Hannoveranischen Kollegen und Briefpartner William Herschel wurde auch bei ihm das Interesse an der Astronomie durch ein Interesse an der Musik ausgelöst. Er erwarb Instrumente von Herschel (der damals bereits in England war), unter anderem ein Spiegelteleskop mit einer Öffnung von 15 Zoll und einer Brennweite von 27 Fuß. Schröter

Schröters 27-Fuß-Reflektor vom Observatorium in Lilienthal, 1793. Die lange Holzröhre und die Optik wurde durch die kunstvolle, mit Rädern versehene Holzkonstruktion bewegt und angehoben.

war einer der wenigen deutschen Astronomen, die mit einem Spiegelteleskop grundlegende Arbeit leisten konnten. Die Deutschen waren sozusagen «Refraktorleute», und Schröters Verwendung des Reflektors hatte vielleicht etwas damit zu tun, daß seine Karriere als Beobachter praktisch beendet war, bevor Fraunhofer Größe, Auflösung und Bildqualität der großen Refraktoren revolutionierte.

Schröters Observatorium in Lilienthal war etwa dreißig Jahre lang der Platz für die grundlegende Erforschung der astrophysikalischen Begebenheiten des Mondes und der Planeten, und es wäre dies vielleicht noch länger geblieben, wenn es nicht durch Napoleons Truppen schwer beschädigt worden wäre. Wie wir bereits weiter oben erwähnt haben, war es auch der Ort, an dem sich am 21. September 1800 sechs Astronomen trafen, um gemäß Bodes Vorschlag einen Planeten zwischen Mars und Jupiter zu suchen.

Schröter beschäftigte sich nicht hauptsächlich mit Astrometrie, sondern mit der ausgedehnten, systematischen und detaillierten Beobachtung der Körper des Sonnensystems. Es war Schröter, der die Mondoberfläche nach Anzeichen von Veränderungen untersuchte und, weil er keine photographischen Vergleichsmöglichkeiten besaß, eine Skala der Intensität des sichtbaren Lichts aufstellte, an der er die Helligkeit topographischer Eigenschaften messen konnte. Er untersuchte auch die Struktur der Sonnenflecken und veröffentlichte 1796 eine Abhandlung über den Planeten Venus. Schröter beobachtete drei Jahrzehnte lang die im allgemeinen eigenschaftslose Oberfläche der Venus. Er war in dieser Zeit davon überzeugt, aus der Wolkendecke ragende Bergspitzen entdeckt zu haben.

Anhand der von ihm angenommenen Merkmale und kleinen Veränderungen in der Schattierung der Wolken schätzte Schröter die Umdrehungsperiode der Venus. Er beobachtete auch den Merkur und berichtete von Linien und geographischen Merkmalen auf der Oberfläche des Mars. Wir wissen heute, daß seine Werte für die Umdrehungsperioden von Merkur und Venus sowie seine Erklärung für verschiedene topographische Merkmale des Mars leider ziemlich falsch waren. Trotzdem dürfen wir nicht vergessen, daß Schröter der erste Astronom war, der den Mond und die Planeten langfristig topographisch untersucht hat.

Schröter klassifizierte als erster viele Merkmale der Mondlandschaft und fertigte ausgezeichnete, wenn auch manchmal grobe Zeichnungen des Mondes an, und er schuf beschreibende Begriffe, die wir noch heute verwenden. Es war zum Beispiel Schröter, der als erster das Wort «Rille» verwendete, um die charakteristischen Spalten zu beschreiben, die man in einigen Bereichen der Mondoberfläche fand. Ihm fehlten jedoch photographische Aufzeichnungen und die analytische Kraft des Spek-

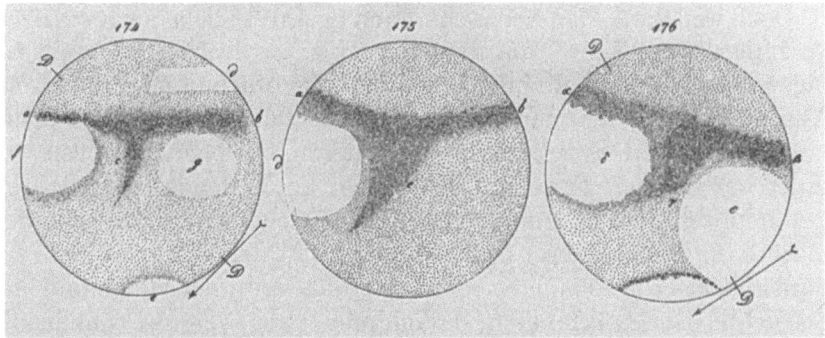

Drei von Johann Schröters Zeichnungen des Mars, die er 1800 mit Hilfe eines Reflektors mit einer Öffnung von 9,3 Inch anfertigte.

troskops; er war daher vollständig auf vergängliche visuelle Eindrücke angewiesen, wie man sie mit bloßem Auge durch ein Teleskop empfangen konnte.

Schröters Einrichtung in Lilienthal war vielleicht das erste deutsche Observatorium, das nicht als Hilfsmittel zum Universitätsunterricht, sondern der reinen Forschung diente. In dieser Hinsicht bildete es einen Mittelpunkt für die astronomische Gemeinde in Norddeutschland. Schröters Observatorium diente nicht nur der Asteroidenforschung und der Untersuchung der Planeten, es bildete auch eine wichtige Ausbildungsstätte und einen Hauptkontaktpunkt für die deutsche Forschung. Schröter war ein bedeutender Förderer von Talenten, und mit seiner Hilfe wurden Karl Harding, Bessel und der Mondforscher J. F. J. Schmidt bekannt.

Deutsche Mondbeobachter

Johann Friedrich Mädler (1794–1874) war vielleicht der herausragendste Beobachtungsastronom der nachfolgenden Generation. Ursprünglich war er bei dem Berliner Bankier und Amateurastronom Wilhelm Beer beschäftigt. Unter Verwendung eines 95-mm-Fraunhofer-Refraktors und eines guten Mikrometers konstruierte er die erste wirklich genaue topographische Karte der Mondoberfläche, die er 1837 veröffentlichte. Er begann bei der Mondtopographie dort, wo Schröter aufgehört hatte. Mädler suchte nach Beweisen für Veränderungen der toten Landschaft und untersuchte den Zusammenhang zwischen Kratern, Seen, Rillen und Bergen. Mädler wurde 1840 Professor in Dorpat, kehrte jedoch 1865 von Rußland nach Deutschland zurück.

Doch weil diese Planetenastronomen bei ihrer Suche nach winzigen Veränderungen keine unvoreingenommenen Aufzeichnungsinstrumente besaßen und ihnen die soliden wesentlichen Techniken der Astrometrie fehlten, unterlagen sie oft der Gefahr, ihre Daten auf phantasievolle Art und Weise überzuinterpretieren. Der phantasievollste von ihnen war vielleicht Franz von Gruithusen, der in den dreißiger Jahren des neunzehnten Jahrhunderts einige aufsehenerregende «Funde» machte. Er interpretierte das aschfahle Licht der Venus, in dem der dunkle Körper des Planeten schwach glüht, wenn der Halbmond voll beleuchtet ist, als öffentliche Freudenfeuer der Venusbewohner, die damit periodisch wiederkehrende Feste feierten. Seine lebhafte Phantasie führte auch dazu, daß von Gruithusen eine Ansammlung von geologischen Merkmalen des Mondes für die Konturen einer von Mondbewohnern erbauten Stadt hielt.

Der deutsche Handel mit wissenschaftlichen Instrumenten

Keiner der Bereiche der astronomischen Forschung, die wir bis hierhin erörtert haben, insbesondere die Himmelsmechanik, die Astrometrie und die Astrophysik, wäre ohne die, wie erwähnt, ebenfalls zu dieser Zeit stattfindende Revolution in der Konstruktion und Verwendung der Instrumente möglich gewesen. So wurde um 1800 die Astronomie zu der hochentwickeltsten Wissenschaft. Zu einer Zeit, als die Medizin und die Biologie noch mit ungenauen, unwägbaren Begriffen operierten, besaß die Astronomie bereits eine solide Grundlage von Meßbarkeit und mathematischer Vorhersage, auf die weitere Forschungen aufgebaut werden konnten. Diese Grundlage wurde durch die Entwicklung zweier Klassen von Instrumenten ermöglicht – Winkelinstrumente zum Messen der Himmelsposition, und optische Instrumente, die nicht nur Bilder von immer besser werdender Auflösung lieferten, sondern auch neue analytische Techniken der Spektroskopie und der Photographie boten. Obwohl England um 1800 in diesen beiden Zweigen des Instrumentenbaus vorherrschend war, begann in Deutschland bald eine eigenständige Handwerkstradition, die die für neue astronomische Erkenntnisse nötige Messungstechnologie lieferte.

Reichenbachs Kreise

Zwischen 1791 und 1793 besuchte Georg Friedrich von Reichenbach, ein technischer Offizier der bayerischen Armee, England, um die füh-

Die astronomische Revolution

Reichenbachs Durchgangsinstrument, 1810. Wie alle Durchgangsinstrumente ist das Teleskop zwischen zwei massiven Steinblöcken auf zwei ausbalancierten henkelartigen Zapfen montiert. Wenn es richtig ausgerichtet ist, kann sich das Instrument nur auf einem meridianen Großkreis bewegen, ohne daß eine Links- oder Rechtsbewegung möglich ist. Ein Beobachter mißt die Zeit mit einer Regulatoruhr, wenn die Sterne zum Meridianfadenkreuz kommen, um ihren korrekten Aufstieg zu bestimmen.

renden Männer der Wissenschaft zu treffen und die Errungenschaften der industriellen Revolution kennenzulernen. Insbesondere begegnete er Jesse Ramsden, dem führenden Kreisteiler und Präzisionsinstrumentenbauer dieser Zeit. Reichenbach war sehr beeindruckt von der Qualität der englischen Instrumente, die damals denen deutscher Herkunft überlegen waren. Zu dieser Zeit unterhielten England und einige deutsche Territorien eine sehr enge politische und militärische Beziehung. Das englische Königshaus besaß immer noch Gebiete in Hannover, und beide Länder besaßen in Frankreich, besonders in dem Napoleonischen Frankreich, einen gemeinsamen Feind.

1804 wurde Reichenbach Teilhaber einer Münchener Firma, die mathematische Instrumente herstellte. Indem er eine Technologie verwendete, die auf der der besten englischen Hersteller fußte, stellte er qualitativ hochstehende und einfach zu bauende Instrumente her. Seine Instrumente waren in zweifacher Hinsicht ausgezeichnet. Er arbeitete mit seinem bayrischen Kollegen Joseph Fraunhofer zusammen, und Reichenbachs Technik und Präzisionsgradeinteilung bildete gemeinsam mit Fraunhofers Optik eine eindrucksvolle Kombination. Es ist nicht sehr überraschend, daß die resultierenden Instrumente internationales Ansehen gewannen und praktisch aus dem Nichts bis 1826, dem Jahr, in dem beide Männer starben, in Deutschland eine Tradition in der Herstellung hochqualifizierter astronomischer Instrumente schufen.

Der wichtigste Beitrag Reichenbachs zur Instrumententechnologie war seine Entwicklung des astronomischen Kreises. Um 1800, als der Erfolg von Ramsdens Prototyp für das Observatorium in Palermo bekannt wurde, verdrängte der Kreis den Quadranten als Hauptinstrument des Astronoms zum Messen vertikaler Winkel. Der Vollkreis von 360 Grad besaß gegenüber dem Quadranten strukturelle und geometrische Vorteile. Neben anderen Dingen war seine Form thermisch homogener als der Viertelkreis, daher wurden temperaturbedingte Verziehungen des Metalls gleichmäßig über seine Struktur verteilt. Man konnte den Vollkreis so konstruieren, daß sie sich gegenseitig aufhoben.

Die 360-Grad-Skala bedeutete, daß man nicht nur die Möglichkeit besaß, einen Winkel von nur einer Stelle auf der Skala abzulesen, sondern man konnte auch zwei, vier oder sechs Mikrometermikroskope plazieren, um Winkel an den 180-, 90- und 60-Grad-Stellen abzulesen. Daher konnte man jede Beobachtung von sechs verschiedenen Gesichtspunkten aus überprüfen. Hierdurch konnten die Astronomen umfangreiche Tests über die innere geometrische Konsistenz ihrer Skala durchführen, noch bevor überhaupt eine einzige Beobachtung gemacht wurde, so daß man im voraus bekannte Skalenfehler aufzeichnen und korrigieren konnte. Daher waren mit einem Kreis theoretisch exakte Beobachtungen möglich, da jede einzelne Fehlerquelle im voraus entdeckt und aufgezeichnet werden und man so fehlerfreie Werte für die Neigungs- oder vertikalen Winkel der Himmelsobjekte erhalten konnte. War der Kreis getestet, wurde er auf ein Paar von Präzisionszapfen in der

Die astronomische Revolution 93

Reichenbachs Meridiankreis, 1819. Wie beim Durchgangsinstrument operiert der astronomische Kreis nur im Meridian; ein zusätzlicher an der rechten Achse angebrachter, genau graduierter Kreis macht es jedoch möglich, mit einer einzigen Beobachtung sowohl die vertikalen «Neigungen» als auch die korrekten Aufstiege der Sterne zu bestimmen. Vorher hatte man über ein Jahrhundert lang die korrekten Aufstiege und die Neigungswinkel mit verschiedenen Instrumenten gemessen, Reichenbach konnte durch seine Ingenieurkunst die Belastung in der Struktur ausgleichen, so daß beides gleichzeitig ohne Verzerrungen möglich wurde.

Meridianebene gesetzt, und man zeichnete mit ihm die Neigungswinkel aller Objekte auf, wenn sie sich dem Meridian näherten. Die besten Quadranten waren nur bis zu zwei Bogensekunden genau, die Kreise von Jesse Ramsden und Edward Troughton dagegen mit ihren Mehrfachmessungen erreichten eine Genauigkeit von einer hundertstel Bogensekunde.

Durch Reichenbachs Kreise wurde viel von der deutschen Astrometrie des neunzehnten Jahrhunderts erst möglich, denn viele der neuen und der renovierten Observatorien bestellten seine Instrumente. Struve in Dopat besaß einen ausgezeichneten Reichenbachkreis, und auch Bessel in Königsberg arbeitete sehr oft mit einem solchen.

Die Dynastie Repsold

Es wäre jedoch nicht korrekt zu behaupten, Reichenbach wäre für die Herstellung von Präzisionsmeßinstrumenten ohne Konkurrenz gewesen. Auf lange Sicht besaß die Repsolddynastie von Hamburg und Bremerhaven eine größere Bedeutung. Drei Generationen von Wissenschaftlern und Handwerkern reichten vom späten achtzehnten bis zum frühen zwanzigsten Jahrhundert. Wie Reichenbach und Fraunhofer waren auch die Repsolds mehr als nur geschickte Mechaniker. Sie waren an den Problemen der Naturwissenschaft an sich interessiert und gewillt, mit Wissenschaftlern zusammenzuarbeiten, um für spezielle Forschun-

Wilhelm Struves Observatorium in Pulkowo, Rußland.

gen entwickelte Instrumente herzustellen. Der Firmengründer Johann Georg Repsold (1770–1830) korrespondierte mit Gauß über Optik und stellte 1815 einen Meridiankreis für sein Göttinger Observatorium her. Johann Georg wurden verschiedene wissenschaftliche Ehren zuteil, bevor er ein Held in Hamburg wurde, weil er half, ein Feuer in der Stadt zu löschen und dies mit seinem Leben bezahlte.

Johann Georgs Sohn Adolf (1806–1871) leitete die Firma weiter und stellte für Altona, Gotha und (1831) Edinburgh her. Er erhielt 1838 den Auftrag für den Meridiankreis von Struves neuem Observatorium in Pulkowo, und baute 1839 einen weiteren für Bessel in Königsberg. 1842 erhielt Adolf Repsold den Zuschlag, ein Heliometer für das Observatorium der Oxforder Universität zu liefern; dies war eines der ersten Instrumente dieser Art, das in England verwendet wurde; es befindet sich heute im Science Museum in South Kensington, London.

Fraunhofers Refraktoren

Der berühmteste aller deutschen Wissenschaftler und Handwerker, der die Herstellung astronomischer Instrumente revolutionierte, war Joseph Fraunhofer. Obwohl er zunächst größtenteils Autodidakt war, gelang es ihm, seine nüchterne Lehre als Spiegelglasmacher zu einem bemerkenswerten Erfolg zu bringen, indem er in seiner Freizeit Mathematik lernte und es zu einem Meister der theoretischen Optik brachte, was zu seiner Zeit ohne Parallele war. Wenn man diese Kombination von theoretischem Verständnis der Optik und großer praktischer Geschicklichkeit betrachtet, versteht man die fundamentale Rolle, die er beim Aufstieg der deutschen Astronomie spielte, denn er war dazu in der Lage, neue achromatische Objektive zu bauen, deren Konstruktion er von seinen eigenen experimentellen Untersuchungen herleitete. So konnte er Linsen herstellen, die in der Theorie absolut perfekt und in der Praxis so perfekt waren, wie es die menschliche Hand zuließ. Fraunhofers Revolution in der Konstruktion von Linsen veränderte die Herstellung achromatischer Objektive erstmals vollständig, seit sie John Dollond 1758 in London erfunden hatte. Linsen wurden nicht länger auf einer halbempirischen Grundlage konstruiert, bei der die Elemente durch einen verfeinerten Trial and Error-Prozeß angeordnet wurden; ihre beabsichtigten Funktionen wurden nun im voraus berechnet, und ihre Brechungsindizes und -kurven beruhten auf der Konstruktion.

Im Mittelpunkt von Fraunhofers Werk steht seine Untersuchung der physikalischen Eigenschaften von optischen Gläsern. Er quantifizierte

Brechungs- und Streuungseigenschaften verschiedener Gläser mit einer bislang nicht dagewesenen Präzision. Wenn die Kronglas- und Flintglaskomponenten verschiedener achromatischer Linsen auf diese Art und Weise konstruiert wurden, konnte man sie auf das beabsichtigte Ergebnis hin herstellen. Denn Linsen konnten für unterschiedliche Zwecke konstruiert und so gebaut werden, daß sie in Abhängigkeit von den beabsichtigten Forschungszwecken in speziellen Farben oder Farbbereichen am besten funktionierten. Schließlich war es die Suche nach einem monochromen Farbband, die dazu führte, daß Fraunhofer die Spektrallinien des Sonnenlichts, die heute seinen Namen tragen, wiederentdeckte und systematisch untersuchte.

Zwischen 1809 und 1813 arbeitete Fraunhofer in München mit dem Schweizer Optiker Pierre Louis Guinand zusammen, um Guinands Prozeß zur Herstellung von Teleskopobjektiven mit großem Durchmesser weiterzuentwickeln. Dieser Prozeß hing von der Herstellung mehrerer optisch identischer Glasteile ab, die bei hoher Temperatur zusammengeschweißt wurden und so einen einzelnen Glasrohling bildeten. Mit dieser Technik war es nicht nur möglich, größere optische Rohlinge herzustellen, sondern man konnte auch Rohlinge konstruieren, die weder Streifen noch inhomogene Bereiche besaßen, die unterschiedlichen Bereichen derselben Linse verschiedene Brechungsindizes verliehen und das von ihr produzierte Bild zwangsläufig verzerrten.

1824 stellte Fraunhofer einen 9,6-Inch-Refraktor für Struves Observatorium in Dorpat fertig. Dies war das größte Teleskop dieser Zeit, und es wurde in ganz Europa bewundert. Fraunhofer war wegbereitend für Refraktoren mit großer Öffnung. In den zehn Jahren vor seinem Tod im Jahre 1826 lieferte er sie an viele Observatorien. Durch einen von ihnen sahen Galle und D'Arrest in Berlin als erste den Neptun.

Das Heliometer

Fraunhofer war im frühen neunzehnten Jahrhundert auch in einer neuen Klasse von Refraktoren wegbereitend – dem Heliometer. Das Heliometer war im Prinzip ein Refraktor von hoher Qualität, der äquatorial auf einem von einer Uhr angetriebenen Gestell montiert war (vgl. die Abb. auf S. 97). Es unterschied sich jedoch von einem Refraktor dadurch, daß sein Objektiv in zwei Teile geschnitten war und so zwei Halbkreise bildete. Jeder Halbkreis befand sich in einem halbkreisförmigen Rahmen oder Schlitten am Ende des Teleskops; wenn eine Präzisionsmikrometerschraube gedreht wurde, bewegte sich jeder von ihnen im gleichen Abstand aus der optischen Hauptachse des Teleskops.

Indem die beiden Teile gleichzeitig in entgegengesetzte Richtung glitten, wurde das Bild gespalten und der Beobachter sah doppelt.

Das Doppelbild war im Prinzip dasselbe, das in einem modernen photographischen Entfernungsmesser produziert wird. Wenn der Beobachter die Winkeltrennung zwischen zwei Sternen im Gesichtsfeld des Heliometers messen wollte, justierte er das gespaltene Bild solange, bis sie einen einzigen Stern zu bilden schienen. Die resultierende Verschiebung der beiden Linsenteile wurde mit dem Mikrometer gemessen und lieferte so den exakten Winkel zwischen den Sternen.

Von 1837–1838 maß Bessel in Königsberg mit einem Heliometer von Fraunhofer die Parallaxe von 61 Cygni, und Struve maß in Dorpat die Parallaxe von α Lyra (Vega) mit einem mit einem Okularmikrometer

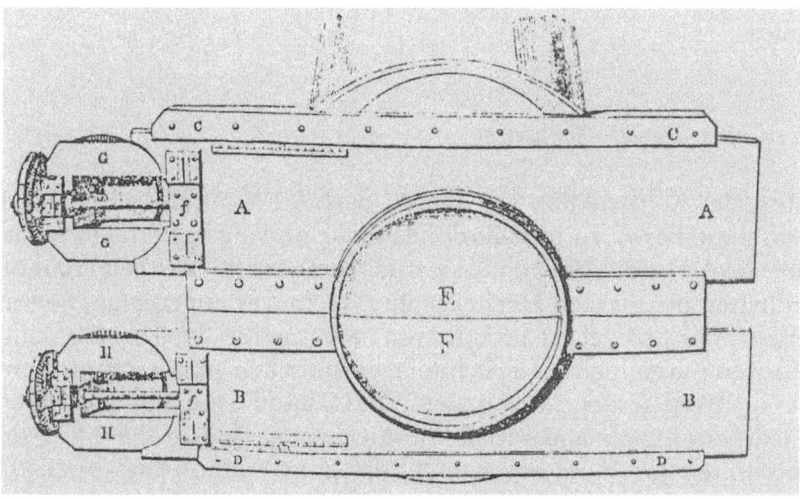

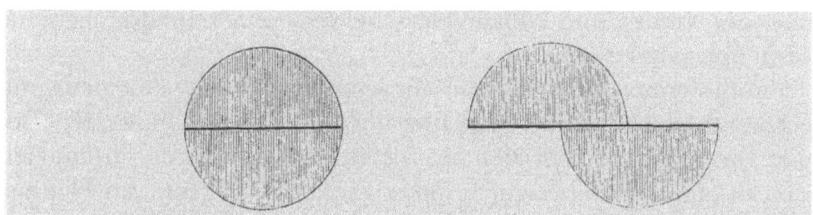

Das Prinzip eines Heliometerobjektivs. Jeder Halbkreis war in einem kupfernen Präzisionsträger montiert, der durch Schrauben justiert wurde. Wurden die Halbkreise geöffnet, bildete sich im Okular wie beim Entfernungsmesser einer Kamera ein doppeltes Bild. Wurde durch Überlagerung erreicht, daß die beiden Sterne eines Doppelsternsystems als ein Stern erschienen, konnte man anhand der Verschiebung der Gläser ihren Trennungswinkel berechnen. Das untere Bild zeigt die Gläser geschlossen (links) und geöffnet (rechts).

ausgestatteten Refraktor von Fraunhofer. Es ist unmöglich, an der Bedeutung von Fraunhofers Optik für die ersten erfolgreichen Messungen der Sternenparallaxe vorbeizukommen.

Nach Fraunhofers Tod im Jahre 1826 brachte Deutschland viele weitere große Optiker hervor, die dem Weg folgten, den er als erster eingeschlagen hatte. Merz, Petzval, Voigtlander, Zeiss und viele andere stellten sowohl für astronomische Zwecke als auch für die verschiedensten Hilfsinstrumente Linsen her. Zum Beispiel maß der Liverpooler Astronom William Lassell mit einem prismatischen Mikrometer von Merz, mit dem er das Okular seines eigenen 24-Inch-Spiegelteleskops ausgestattet hatte, die Bahnen von Mond und Neptun, den er in den späten vierziger Jahren des neunzehnten Jahrhunderts entdeckte. Nach 1850 wandten diese deutschen Meisteroptiker ihre Geschicklichkeit der Entwicklung hochauflösender photographischer Linsen mit großer Öffnung zu.

Fraunhofers deutsche Montierung

Neben der Konstruktion von Linsen dachte Fraunhofer viel darüber nach, diese besser zu montieren, damit seine langen Refraktoren auf optimale Art und Weise genutzt werden konnten. Bis zur Zeit Fraunhofers hatten die meisten Hersteller ihre Techniker angewiesen, bessere Linsen oder Spiegel zu produzieren, während sie gleichzeitig damit zufrieden waren, daß die Früchte ihrer optischen Arbeit auf primitive Art und Weise in der horizontalen oder Azimutebene montiert waren. Es existierten zwar äquatoriale Montierungen, und in der Mitte des achtzehnten Jahrhunderts hatte J. Sisson in London die «englische Montierung» für große Teleskope entwickelt. Aber es dominierte noch immer der Azimut, und William Herschel verwendete ihn für alle seine großen Spiegelteleskope.

Fraunhofer machte sich daran, für seine Instrumente eine neue und mechanisch wirkungsvollere äquatoriale Montierung zu entwerfen. Der große Vorteil der äquatorialen Montierung gegenüber der azimutalen (oder altazimutalen) besteht in ihrer Fähigkeit, Objekte am Himmel anstatt in der horizontalen Ebene auf einer Bahn um eine Polarachse zu verfolgen. Fraunhofers Lösung lag in seiner eleganten «deutschen Montierung», deren empfindliches Gleichgewicht um die Polarachse eine Konstruktion lieferte, die danach für die meisten großen Refraktoren Standard wurde.

Diese Montierung ermöglichte die Produktion wesentlich stabilerer Bilder als mit der azimutalen, die permanent mit Auf- und Untergang der Sterne neu justiert werden mußte. Sie erlaubte auch die Verwendung uhrgetriebener Mechanismen, die die Astronomen von der Aufgabe befreiten, das Teleskop zu justieren, wenn es einmal auf ein Objekt gerichtet und in Bewegung gesetzt worden war.

Daher kann man durchaus der Ansicht sein, daß die exzellente astronomische Arbeit, die von Bessel, Struve und Enckes Astronomen geleistet wurde, ohne Fraunhofers deutsche Montierung und ihrer Fähigkeit, über viele Stunden immerwährender Beobachtung stetige Bilder von sich bewegenden Sternen zu liefern, nicht möglich gewesen wäre.

Schlußfolgerung

In Deutschland trafen im neunzehnten Jahrhundert in einzigartiger Weise Umstände zusammen, die seine bemerkenswerten astronomischen Leistungen möglich machten. Obwohl Möbius von der Begabung her kein Astronom war, fanden seine mathematischen Forschungen in einem Umfeld von intensiver astronomischer Kreativität statt, die das Fach prägte, in dem er einen Lehrstuhl innehatte. Als Direktor des Leipziger Observatoriums, der er nach 1848 war, war er mit den oben beschriebenen Entwicklungen, in denen auch sein Observatorium eine Rolle spielte, aufs engste vertraut. Er nahm sie auf und pflegte sie in der Lehre und in seinen mathematischen Werken weiterzuleiten.

Obwohl zu jener Zeit auch andere Länder wesentliche Beiträge zur Astronomie lieferten – insbesondere England, Frankreich und Amerika –, spielte Deutschland in der Theorie, der Beobachtung und der Herstellung von Instrumenten eine entscheidende Rolle. Dieser Aufschwung der deutschen Astronomie entstand durch ein Zusammentreffen von Umständen, die zum einen aus der im Land neu erwachenden intellektuellen Energie herrührten, die Hand in Hand ging mit der sich ausdehnenden akademischen Förderung und dem Erscheinen von außergewöhnlichen Persönlichkeiten, deren Enthusiasmus eine ganze Generation von Astronomen beeinflußte. Der Einfluß der «Amateure» Olbers und Schröter auf die Karrieren von Bessel, Harding und Gauß war entscheidend, und von diesen «Professionellen», die sowohl als Forscher wie als Lehrer begabt waren, stammt eine weitere und größere Generation talentierter Männer ab. Bessels Observatorium in Königsberg wurde beispielhaft für seine Generation, neben anderen entstammt ihm Argelander. Gauß verlieh Göttingen Glanz, er bildete Encke, Möbius und viele andere aus. Die enge Beziehung, die diese Wissenschaftler mit Fraunhofer, Repsold und anderen Handwerkern unterhielten, ermöglichte diese äußerst fruchtbare Einheit von Theorie, Praxis und der Erfindung neuer Instrumente.

Dieser Zustand dauerte praktisch bis 1914 an, ganze Dynastien und Schulen von Wissenschaftlern und Instrumentenherstellern dominierten die deutsche Astronomie.

Man könnte darauf hinweisen, daß der einzige Bereich, in dem Deutschland eindeutig überholt worden war (aber nicht vor dem ausgehenden neunzehnten Jahrhundert), die weit in den Raum reichende extragalaktische beobachtende Astronomie war. In diesem damals ganz neuen Zweig der Astronomie war Amerika wegen des klaren Wüstenhimmels und der großen industriellen Stiftungen von Millionären der Neuen Welt im Vorteil. In der amerikanischen Astrophysik herrschten zwar offensichtlich deutsche Methoden der Forschung und Instrumentenkonstruktion vor, aber der Wiederaufstieg gigantischer Spiegelteleskope unter der Ägide von George Ellery Hale zeigte dann doch eine klare Bewegung weg von dem beliebten deutschen Refraktor, als die größten optischen Flächen benötigt wurden.

Zur Zeit Möbius' jedoch war die Rolle Deutschlands in der Entwicklung der Astronomie enorm. Es wurden viele der großen wissenschaftlichen Themen formuliert, die die moderne Astronomie dominieren sollten, es wurden Instrumente und Untersuchungsmethoden geschaffen, und es wurde dafür gesorgt, daß gutausgebildete Wissenschaftler vorhanden sind, die wir heute in unserer modernen Welt für selbstverständlich halten.

Danksagung

Ich möchte A. V. Simcock, Bibliothekar im Museum of the History of Science, Oxford University, für seine Hilfe danken, die er durch das Bereitstellen von Archiv- und Bildmaterial bei der Vorbereitung dieses Artikels geleistet hat.

Möbius' geometrische Mechanik

Jeremy Gray

Zu Lebzeiten war Möbius vielleicht am meisten durch die Popularisierung der Astronomie bekannt. Die Entdeckungen, die heute seinen Namen tragen, erlangten erst nach seinem Tod Ruhm und Bedeutung. Dazwischen liegen die Leistungen, die ihn zu einem der führenden Mathematiker seiner Zeit gemacht haben: die zahlreichen Arbeiten über Geometrie und Mechanik.

Es könnte scheinen, daß diese neben der Infinitesimalrechnung die zentralen Bereiche der Mathematik waren, aber nur wenige Themen in diesem Fach haben eine so seltsame Geschichte wie die Geometrie. Die Griechen hatten dafür gesorgt, daß Geometrie fast synonym mit Mathematik geworden war, und für eine Zeitlang übernahm bei der Wiederbelebung dieses Gebiets die westliche Welt diesen Standpunkt. Doch schon bald verschmolz die Geometrie mit einem anderen Gebiet, das ebenfalls auf die Griechen zurückgeführt werden kann, obwohl es wichtigere und entscheidendere Ursprünge besitzt – der Algebra. Die Konsequenzen für die Geometrie waren überwältigend. Während des achtzehnten Jahrhunderts verschwand sie fast völlig, und die Sprache der Algebra und die Methoden der Infinitesimalrechnung nahmen überhand. Die geometrischen Fragen, die die Griechen gestellt hatten, und ihre natürlichen Verallgemeinerungen auf neue Probleme ließen sich mit dem neuen Zugang der Algebra behandeln, während die alten Methoden immer mühsamer und aussichtsloser zu sein schienen. Um 1790 lag das Studium der Geometrie fast im Tiefschlaf.

Die Geschichte der Mechanik wandelte sich durch das Aufkommen der Infinitesimalrechnung ebenfalls. Was offensichtlich zu sein scheint, der leichte Übergang von physikalischen Problemen zu ihrer naiven geometrischen Interpretation, muß in Wirklichkeit nicht so sein. Der führende Mathematiker jener Zeit, Joseph Louis Lagrange, war stolz darauf, eine Abhandlung über analytische Mechanik geschrieben zu haben, die vollständig in der Sprache der Infinitesimalrechnung abgefaßt war und keinerlei Diagramme enthielt. Daß dies unzweifelhaft eine polemische Entscheidung war, unterstreicht nur, was Lagrange seinem empfänglichen Publikum klarmachen wollte: In Symbolen, Formeln und Transformationen zu denken, ist der Weg der Zukunft.

All dies änderte sich um 1800, und Möbius' Arbeit ist ein Teil dieser Veränderung. Sie begann in Frankreich mit der Gründung der École

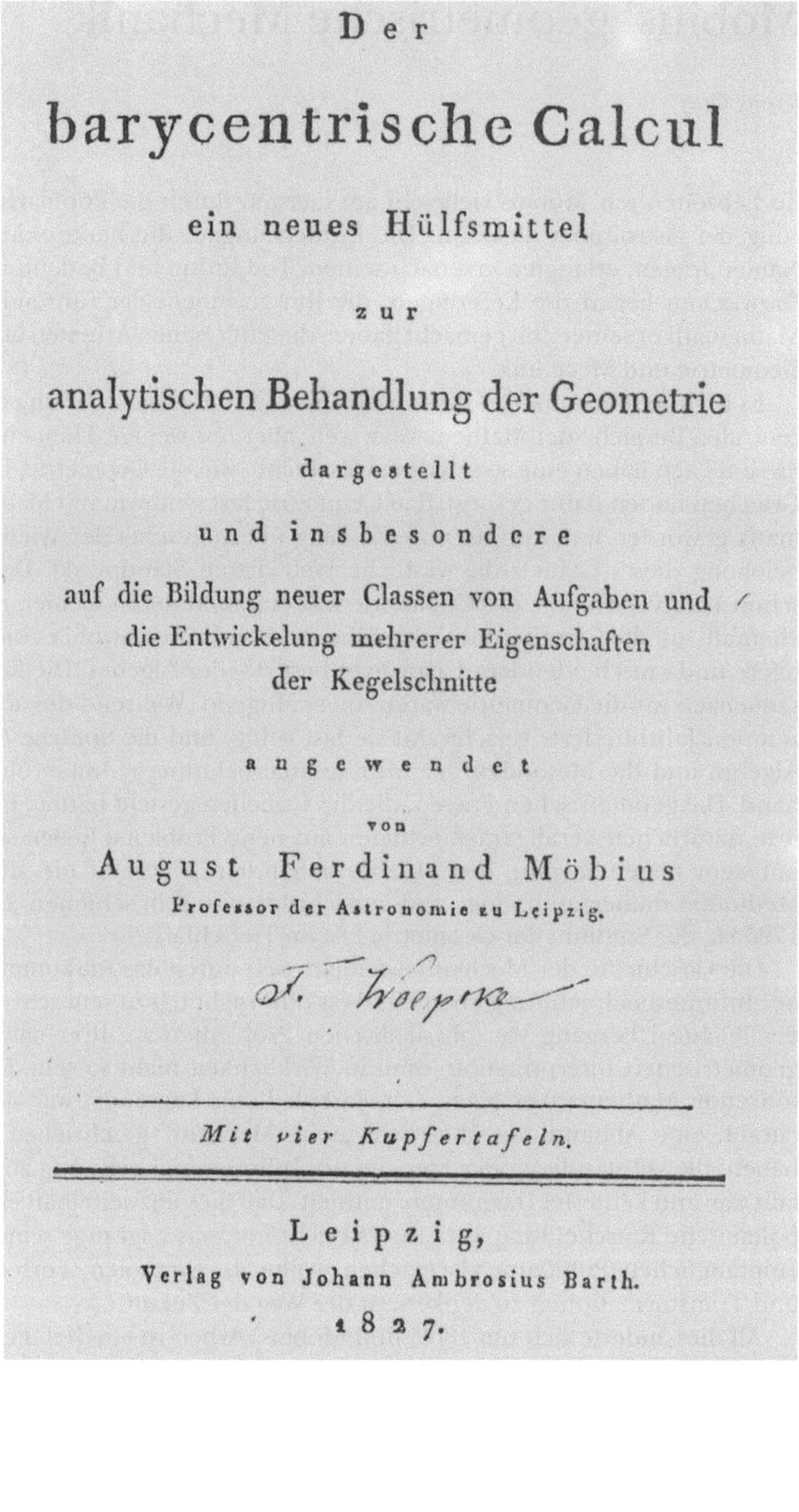

Der barycentrische Calcul

ein neues Hülfsmittel

zur

analytischen Behandlung der Geometrie

dargestellt

und insbesondere

auf die Bildung neuer Classen von Aufgaben und
die Entwickelung mehrerer Eigenschaften
der Kegelschnitte

angewendet

von

August Ferdinand Möbius
Professor der Astronomie zu Leipzig.

F. Woepcke

Mit vier Kupfertafeln.

Leipzig,
Verlag von Johann Ambrosius Barth.
1827.

Jean Victor Poncelet (1788–1867), einer der Begründer der modernen projektiven Geometrie.

Polytechnique und der Ernennung von Gaspard Monge zu ihrem Leiter. Monge war ein Geometer und dachte visuell. Er legte Wert auf Bereiche der Mathematik wie darstellende Geometrie, in der das Sehen wesentlich für das Handeln ist. Sein Zeitgenosse Adrien-Marie Legendre machte die elementare Geometrie im euklidischen Stil wieder zum Mittelpunkt des Lehrplans und strich das, was sich selbst überholt hatte. Das Ergebnis dieser Entwicklungen war eine deutliche Verbesserung der Qualität der französischen Mathematik. Als man begann, diese Verbesserungen mit als Ursache für den Erfolg der französischen Armee bei der zeitweiligen Eroberung von fast ganz Europa anzusehen, merkten andere Nationen auf.

Einer von Monges besten Studenten, Jean Victor Poncelet, wurde bei Napoleons Rückzug aus Moskau von den Russen gefangengenommen. Er hielt seine Moral hoch, indem er versuchte, die Ideen seines Lehrers auf einen neuen Zweig der Geometrie auszudehnen, in dem die Haupteigenschaften einer Figur die sind, die sie mit ihrem Schatten gemeinsam besitzt. Dies sind ihre projektiven Eigenschaften, und daher heißt dieser Zweig der Geometrie projektive Geometrie. 1822, einige Jahre nach seiner Freilassung, veröffentlichte Poncelet in Paris seine *Traité des propriétés projectives des figures*. Obwohl das Werk umstritten war, nicht zuletzt, weil es obskur war, erwies es sich als erfolgreich und brachte eine ganze Generation von französischen projektiven Geometern hervor. Zur gleichen Zeit griff ein anderer französischer Mathematiker, Louis Poinsot, den Gedanken auf, daß es eine einfache geometrische Beschreibung für die Art der Drehung eines festen Körpers geben sollte. Obwohl Euler

<
Die Titelseite von Möbius' *Der barycentrische Calcul* von 1827, in dem er seine auf dem Schwerpunkt beruhenden baryzentrischen Koordinaten einführt.

bereits gezeigt hatte, wie man dieses Problem mit Hilfe der Infinitesimalrechnung behandelt, blieb seine Abhandlung formal und schien das Problem lediglich durch Einsicht zu meistern. Poinsot hatte Erfolg, und in einer Reihe von Veröffentlichungen, die in seinem Buch von 1824 zusammengefaßt wurden, beschrieb er die geometrischen Gedanken, die benötigt wurden, und lieferte die einfache Algebra, die zwar nicht die Dynamik, aber zumindest die Statik zu einem quantifizierbaren Gebiet machte.

Wir werden in Kürze sehen, welche Antwort Möbius auf all dies hatte, aber zunächst möchten wir anmerken, daß Möbius' Beziehung zu den französischen Diskussionen sehr peripher war. Daß man internationale Forschungszeitschriften regelmäßig lesen sollte, ist eine moderne, zweifelsohne aus dem zwanzigsten Jahrhundert stammende Forderung. Überdies war Möbius ein Einzelgänger, der lieber über die Dinge selber nachdachte, anstatt sich durch Lektüre kundig zu machen. Seit seiner Ankunft in Leipzig im Jahre 1816 wollte er die Mechanik untersuchen, indem er Geometrie und etwas einfache Algebra verwendete. Der Bau des Observatoriums hielt ihn davon ab, was zweifelsohne die Ursache seines lückenhaften Wissens von den Arbeiten Poncelets und Poinsots war. Auch wenn Möbius' Arbeiten mit denen von Poncelet partiell übereinstimmen, weiß man nicht, ob dies an der Natur des Themas liegt, oder ob Möbius doch die Werke anderer Mathematiker studiert hatte. Da schließlich auch die Rezeption von Möbius' Ideen lückenhaft und nur schwer von der anderer zu trennen ist, ist es vielleicht wichtiger zu bemerken, daß es seine Kombination von Geometrie und Algebra war, die sich erfolgreich zeigte. Diese Mischung, die sich auch in den Werken anderer deutscher Geometer wie Plücker oder Hesse findet, erwies sich als wirkungsvoller als der von Poncelet bevorzugte rein geometrische Zugang. Im späten neunzehnten Jahrhundert war die Geometrie wieder ein lebendiger Zweig der Mathematik, und viele der wichtigsten Geometer waren Deutsche, die Möbius für die Wiedergeburt ihrer Tradition dankbar waren.

Möbius' baryzentrischer Kalkül

1827 veröffentlichte Möbius ein Büchlein mit dem Titel *Der barycentrische Calcul*. Baryzentrum bedeutet Schwerpunkt, aber das Buch ist vollkommen auf Geometrie ausgerichtet: Es handelt von Geraden und Kegelschnitten in der Ebene sowie ihren Analoga im Raum und von gewissen Transformationen dieser Gebilde. Man erinnert sich an dieses Buch, weil es sich hauptsächlich mit der Einführung einer neuen Art von Koordinaten beschäftigt – den baryzentrischen Koordinaten.

Ein einfaches Problem

Möbius begann mit folgendem Problem: Hat man eine Strecke AB, zwei Parallelen l und m, die durch A und B verlaufen, und zwei Koeffizienten a und b, dann kann man Punkte A' auf l und B' auf m finden mit

$a \cdot AA' + b \cdot BB' = 0$.

Wie löste Möbius dieses einfache Problem? Zunächst, so sagte er, bestimmen wir den Punkt P, der AB im Verhältnis $b:a$ teilt, also den Punkt P mit $AP/PB = b/a$. Dann schneidet jede Gerade durch P die Geraden l und m in Punkten A' und B' so, daß die obenstehende Gleichung erfüllt ist. Dies ist eine einfache Folgerung aus der Tatsache, daß die Dreiecke PAA' und PBB' ähnlich sind.

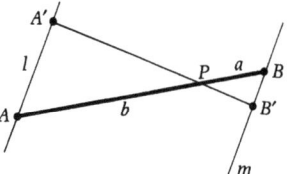

$a \cdot AA' + b \cdot BB' = 0$.

Dies scheinbar langweilige Problem ist typisch für Möbius' Stil: Er ist für gewöhnlich trocken, aber seine Antworten sind immer klar und einfach. Diese Trockenheit sollte jedoch nicht darüber hinwegtäuschen, daß seine Darstellung etwas wirklich Neues beinhaltete, nämlich den Begriff einer gerichteten (oder vektoriellen) Größe, die hier durch Ausdrücke wie AA' symbolisiert wird, aber auch kurz durch einen einzigen Buchstaben ausgedrückt werden kann. Möbius' Idee setzte sich jedoch nicht durch. Sie setzte sich auch dann nicht durch, als sie später von Graßmann präsentiert wurde. Ihre Zeit war erst reif, als 1843 dreidimensionale Vektoren im Zusammenhang mit Hamiltons Quaternionen aufkamen.

Möbius verallgemeinerte das Problem, indem er zeigte, daß man weiter Punkte A'' und B'' auf l bzw. m finden kann mit

$a \cdot AA'' + b \cdot BB'' = (a+b) \cdot PP''$,

wobei P'' auf $A''B''$ liegt, und PP'' parallel zu l und m ist. Um dies zu zeigen, bestimmen wir A'', B'' und P'' so, daß gilt

$A'A'' = B'B'' = PP''$.

106 Jeremy Gray

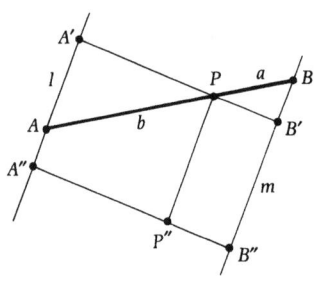

$a.\ AA" + b.\ BB" = (a + b).\ PP"$.

Dann ist

$a.\ A'A" = a.\ PP"$ und $b.\ B'B" = b.\ PP"$.

Addieren wir diese beiden Resultate, erhalten wir

$a.\ AA" + b.\ BB" = (a + b).\ PP"$,

was zu zeigen war.

Schwerpunkte

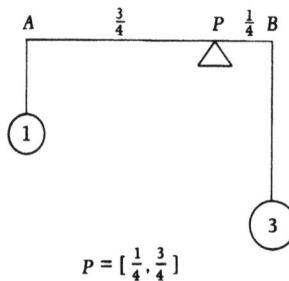

$P = [\frac{1}{4}, \frac{3}{4}]$

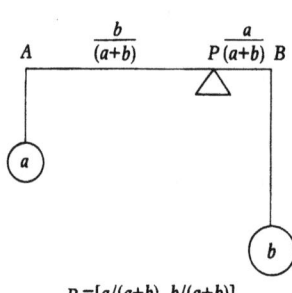

$P = [a/(a+b),\ b/(a+b)]$

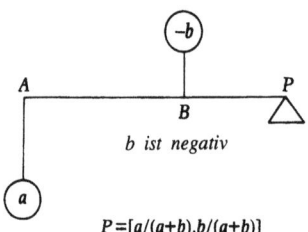

b ist negativ

$P = [a/(a+b), b/(a+b)]$

Drei Beispiele für das Hebelgesetz.

Es folgt die Analogie, nach der das Buch benannt ist. Stellen Sie sich eine gewichtslose Stange mit Gewichten a im Punkt A und b im Punkt B vor. Nach dem Hebelgesetz liegt dann der Punkt P im Schwerpunkt der Stange. Man kann sich die Richtung von l und m als die Richtung der Schwerkraft und das Verhältnis $b:a$ als die Koordinaten des Punktes P vorstellen.

Wenn die beiden Gewichte gleich sind, befindet sich der Schwerpunkt im Mittelpunkt der Stange. Was ist, wenn sie nicht gleich sind? Nehmen Sie an, das Gewicht bei A sei 1 und das bei B sei 3. Dann ist der Schwerpunkt näher an B als an A – er liegt bei ¾ der Strecke AB, denn das ist der Punkt, an dem ein Hebel mit dem Gewicht 1 an dem einen und dem Gewicht 3 an dem anderen Ende im Gleichgewicht ist. Allgemein gesagt: Hängen Gewichte a und b an den Punkten A bzw. B, dann teilt der Gleichgewichtspunkt die Strecke AB in dem Punkt P, für den $a.\ AP = b.\ BP$ gilt.

Wir können auch die Koordinaten für den Punkt P finden, wenn P außerhalb der Strecke AB liegt. Um zum Beispiel den Schwerpunkt zu finden, wenn P jenseits von *B* liegt, stellen wir uns einen Hebel *ABP* vor, der in *P* balanciert und an dem in *A* und *B* Gewichte angebracht sind. Eines dieser Gewichte muß negativ sein – wenn Sie wollen, ein Ballon, der den Hebel nach oben zieht. Sodann gilt dieselbe Beziehung:

a. AP = *b. BP*.

Es ist gleichgültig, ob *a* oder *b* negativ ist – nur ihr Verhältnis zählt. Auf diese Art und Weise erhalten Punkte jenseits von *A* oder *B* negative Koordinaten.

Möbius zeigte im weiteren, daß sich dieses einfache Argument auf drei Punkte verallgemeinern läßt. Wenn wir die Gewichte in *A* und *B* festlegen (sagen wir wieder 1 und 3) und ein Gewicht in *C* anbringen, das ungleich Null ist, wird der Schwerpunkt *P* von der Geraden *AB* weg in das Dreieck *ABC* gezogen, nämlich in die Richtung von *PC*. Das Dreieck wird entlang der Geraden *PC* auf einem Messerrücken balancieren, und entlang der Geraden *PA* und *PB* ebenfalls. Die Geraden schneiden sich in *P*, dem Schwerpunkt: Man kann das gesamte Dreieck in diesem Punkt auf einer Nagelspitze balancieren.

Ein alternativer Zugang besteht darin, mit dem Dreieck *ABC* zu beginnen und zu bemerken, daß jeder weitere Punkt *P* drei Dreiecke erzeugt – *BCP*, *CAP* und *ABP*. Möbius zeigte, was übrigens einfach ist,

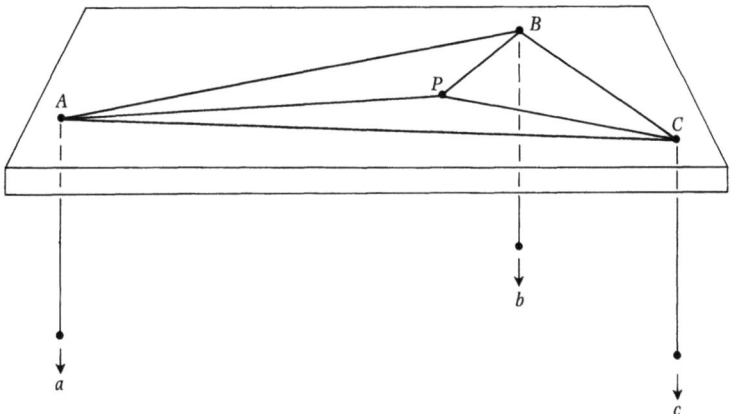

An *P* werden mit Fäden Gewichte *a*, *b* und *c* angebracht, die an den Ecken des Dreiecks *ABC* herunterhängen. Im Gleichgewichtszustand ist *P* im Schwerpunkt oder Baryzentrum von *a*, *b* und *c*. *P* hat die baryzentrischen Koordinaten [*a*, *b*, *c*] oder [λ*a*, λ*b*, λ*c*] für jedes λ ≠ 0.

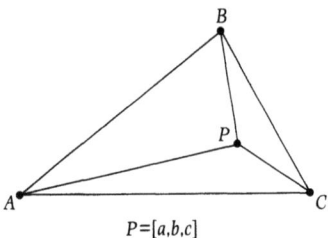

$P = [a,b,c]$

Baryzentrische Koordinaten via Flächen: Die baryzentrischen Koordinaten a, b und c sind proportional zu den Flächen der Dreiecke BCP, CAP und ABP.

daß es bei gegebenen drei Zahlen a, b und c eine eindeutige Position für P gibt mit

$a : b : c =$ Fläche (BCP) : Fläche (CAP) : Fläche (ABP).

Daher kann man das Verhältnis dieser Flächen als die Koordinaten des Punktes P ansehen. In Gewichten und Schwerpunkten ausgedrückt, nimmt man ein gewichtsloses Dreieck und hängt an seinen Ecken mit dünnen Fäden Gewichte a, b und c auf. Der Schwerpunkt der Gewichte ist dann in dem Punkt mit den Koordinaten $a:b:c$, und diese Koordinaten sind proportional zu den oben erwähnten Flächeninhalten.

Möbius zeigte, daß jeder Punkt in der Ebene durch eine solche Menge von drei Zahlen bestimmt ist – die Gewichte, deren Schwerpunkt in dem gegebenen Punkt liegt – und er schlug vor, diese die baryzentrischen Koordinaten des Punktes zu nennen. Es erscheint uns seltsam, daß man drei Zahlen benötigen sollte, um einen Punkt in der Ebene festzulegen, aber in Wirklichkeit sind es nur die Verhältnisse der Gewichte, die zählen: Man kann zum Beispiel Gewichte von 2, 3 und 7 Gramm durch 2, 3 und 7 Tonnen oder durch 20, 30 und 70 Tonnen ersetzen, und der Schwerpunkt ist immer noch an derselben Stelle.

Um diese baryzentrischen Koordinaten von den üblicheren kartesischen Koordinaten zu unterscheiden, schreiben wir sie in eckigen Klammern: Der obige Punkt wird somit durch [2, 3, 7], [20, 30, 70], oder [2λ, 3λ, 7λ] dargestellt, wobei λ eine beliebige Zahl ungleich Null ist. Allgemeiner ausgedrückt, kann ein Punkt mit den baryzentrischen Koordinaten [a, b, c] genausogut als [$a\lambda$, $b\lambda$, $c\lambda$] mit $\lambda \neq 0$ geschrieben werden. Diese Eigenschaft der baryzentrischen Koordinaten nennen wir auch homogen. Schließlich möchten wir noch bemerken, daß es eine Kombination von baryzentrischen Koordinaten gibt, die nicht sinnvoll ist – plazieren wir an jeder Ecke des Dreiecks das Gewicht Null, dann gibt es keinen Schwerpunkt. Daher sind die Koordinaten [0, 0, 0] nicht zulässig.

Baryzentrische gegen kartesische Koordinaten

Welchen Vorteil besitzen baryzentrische Koordinaten gegenüber kartesischen Koordinaten? Um dies herauszufinden, vergleichen wir die baryzentrischen mit den kartesischen Koordinaten eines Punktes in der Ebene. Um die Sache zu vereinfachen, nehmen wir an, das Dreieck ABC sei gleichschenklig und rechtwinklig. Seine Ecken seien in kartesischen Koordinaten $A = (1, 0)$, $B = (0, 1)$ und $C = (0, 0)$. Die Gewichte in A, B und C haben ihren Schwerpunkt in P mit den kartesischen Koordinaten $P = (p, q)$. Um die baryzentrischen Koordinaten von p zu bestimmen, suchen wir die «Messerrücken» PA und PB und untersuchen, wo diese CB und CA schneiden. Das liefert uns Punkte B' und A' auf CB bzw. CA und die entsprechenden Schwerpunkte oder baryzentrischen Koordinaten.

Betrachten Sie die Gerade, die durch $A = (1, 0)$ und $P = (p, q)$ verläuft. Sie besitzt die Gleichung

$$y = \frac{q}{p-1}(x-1),$$

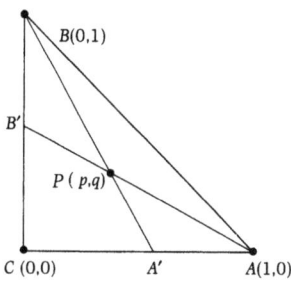

Die kartesischen Koordinaten von P sind (p, q), die baryzentrischen $[p, q, 1-p-q]$.

wie Sie leicht nachprüfen können. Daher schneidet sie die y-Achse CB im Punkt B' mit den Koordinaten

$$\left(0, \frac{q}{1-p}\right).$$

Hieraus ersehen wir, daß die Länge von CB' gleich $q/(1-p)$ ist. Die Länge von $B'B$ zu finden, ist dann einfache Arithmetik. Sie beträgt

$$\frac{1-p-q}{1-p}.$$

Deshalb ist das Verhältnis $CB' : B'B$ gleich $q:(1-p-q)$. Aber der Punkt B' liegt auf CB, und deshalb ist das Gewicht in A gleich 0. Also besitzt der Punkt B' die baryzentrischen Koordinaten

$$[0, q, 1-p-q].$$

Um die baryzentrischen Koordinaten des Punktes A' auf CA zu bestimmen, führen wir eine ähnliche Rechnung durch, wobei wir die Rollen von *x* und *y* vertauschen. Wir finden dann, daß der Punkt *A'* die baryzentrischen Koordinaten

$$[p, 0, 1-p-q]$$

besitzt.

Kombinieren wir unsere Resultate, erhalten wir für *P* die baryzentrischen Koordinaten

$$[p, q, 1-p-q].$$

Dies muß stimmen, denn das Verhältnis der ersten Koordinate zur dritten ist hier dasselbe wie für *A'*, wenn wir uns auf den einen Messerrücken begeben. Und das Verhältnis der zweiten Koordinate zur dritten ist dasselbe wie für *B'*, wenn wir uns auf den anderen Messerrücken begeben.

Nichts daran ist sehr schwierig – oder sehr interessant! Interessant ist jedoch, was passiert, wenn wir versuchen, diese Transformation umgekehrt zu durchlaufen und die kartesischen Koordinaten eines Punktes bestimmen, dessen baryzentrische Koordinaten bekannt sind.

Ein Punkt habe die baryzentrischen Koordinaten $[a, b, c]$. Wir müssen dann zwei Fälle betrachten.

1. Fall: $a+b+c \neq 0$. Ist $a+b+c = 1$, dann kennen wir die Antwort:

$$[a, b, c] = [a, b, 1-a-b]$$

ist in kartesischen Koordinaten (a, b). Die baryzentrischen Koordinaten sind jedoch homogen, daher können wir $[a, b, c]$ durch

$$\left[\frac{a}{a+b+c}, \frac{b}{a+b+c}, \frac{c}{a+b+c}\right]$$

ersetzen, wobei die Summe der Koordinaten gleich 1 ist. Deshalb entsprechen die baryzentrischen Koordinaten $[a, b, c]$ den kartesischen Koordinaten

$$\left(\frac{a}{a+b+c}, \frac{b}{a+b+c}\right),$$

wenn der Nenner $a+b+c$ ungleich Null ist.

2. Fall: $a+b+c = 0$. Dann ist für jede Zahl *k* auch $ka+kb+kc = 0$, es gibt also eine ganze Gerade von Punkten, deren baryzentrische Koordinaten [a, b, c] die Gleichung a + b + c = 0 erfüllen, aber es gibt keinen Punkt in der Ebene mit diesen baryzentrischen Koordinaten. Wenn wir einen Punkt, der durch seine kartesischen Koordinaten definiert wird, kartesischen Punkt nennen, und einen, der durch seine baryzentrischen Koordinaten definiert wird, baryzentrischen Punkt, dann erhalten wir das paradoxe Ergebnis, daß es mehr baryzentrische als kartesische Punkte gibt. Die zusätzlichen Punkte sind die, für die $a + b + c = 0$ gilt. Möbius sagte, diese zusätzlichen Punkte «liegen unendlich entfernt». Denn wenn man derartige Gewichte an die Ecken A, B und C plaziert, stellt man fest, daß die entsprechenden Messerrücken parallel verlaufen.

Projektionen

Wir haben festgestellt, daß es offenbar mehr baryzentrische als kartesische Punkte gibt. Entweder enthält das gesamte System einen entscheidenden Fehler – oder es ist aufregend! Wir haben jedoch gute Neuigkeiten – lassen Sie uns erklären, warum.

Eine einfache Schattenprojektion von einer punktförmigen Lichtquelle L wirft ein Bild, das auf einem durchscheinenden Schirm gezeichnet ist, auf einen zweiten Schirm. Das Bild eines Punktes ist ein Punkt, und das Bild einer Geraden ist eine Gerade. Das Bild zweier sich schneidender Geraden sind im allgemeinen zwei sich schneidende Geraden, aber das muß nicht immer so sein. Wenn sich die Geraden im Punkt N schneiden, dann erhält man das Bild von N, wenn man auf der Geraden LN entlangläuft, bis man den zweiten Schirm trifft. Ist jedoch der Schirm parallel zu der Geraden LN, dann werden die Geraden auf dem ersten Schirm zu Geraden, die sich nicht schneiden – kurz gesagt, sie sind parallel.

Die Moral von dieser Geschichte ist, daß es einfache Transformationen der Ebene gibt, bei der Punkte «verlorengehen». Wenn man umgekehrt das Licht rückwärts verfolgt, sieht man, daß das Bild zweier Parallelen zu zwei sich schneidenden Geraden werden kann: Ein Punkt scheint aus dem Nichts entstanden zu sein. Es gibt traditionelle Worte, die die Leute bei derartigen Gelegenheiten verwenden, und auch Möbius benutzte sie. Man sagt, der Schnittpunkt der Parallelen ist ins Unendliche projiziert worden.

Sie könnten nun meinen, wenn man diese Transformationen unter Verwendung von kartesischen Koordinaten algebraisch nachvollzieht, könnte man beschreiben, wohin der Schnittpunkt gegangen ist. Aber dieses Argument zieht nicht. Verwendet man dagegen baryzentrische

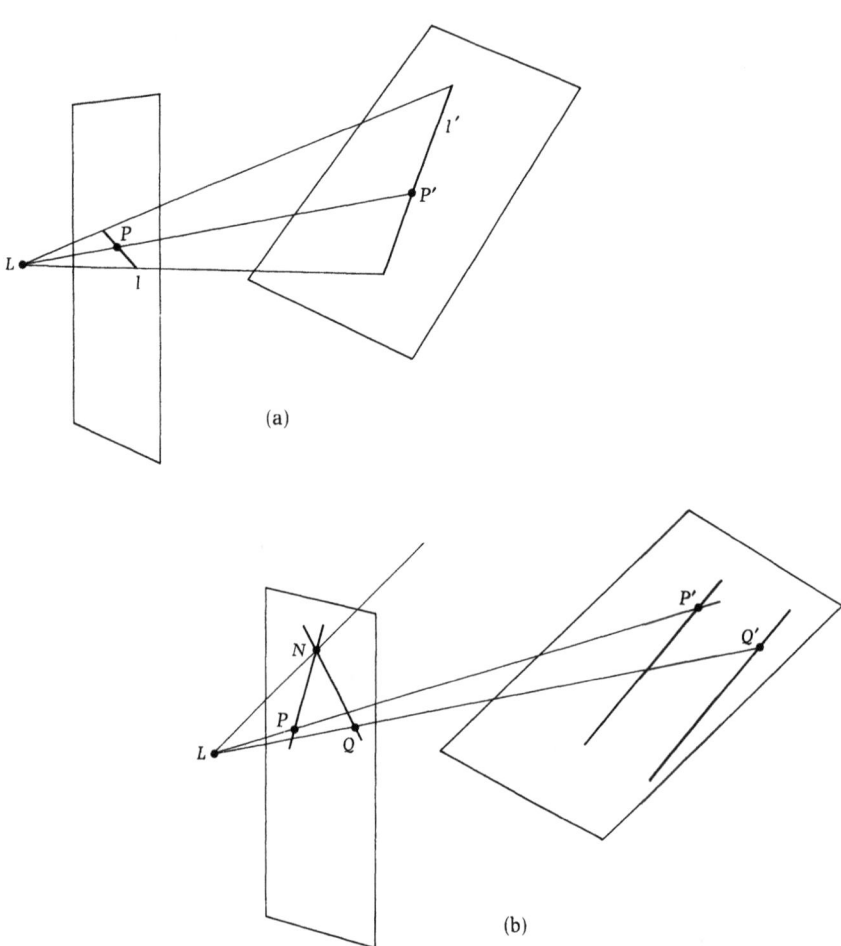

(a) Licht aus einer Punktquelle L projiziert den Punkt P und die Gerade l auf dem ersten Schirm auf den Punkt P' und die Gerade l' auf dem zweiten Schirm.
(b) Ein Beispiel, in dem die sich schneidenden Geraden PN und QN auf dem ersten Schirm auf parallele Geraden auf dem zweiten Schirm projiziert werden.

Koordinaten, kann man dem Bild des Schnittpunktes Koordinaten zuordnen: Es gibt keine verlorengegangenen Punkte.

Wir wollen nun die Lichtquelle L im Punkt $(0, -1, 1)$ plazieren und die Schatten der Punkte der xz-Ebene auf der xy-Ebene untersuchen. Betrachten Sie zunächst die xz-Ebene, und wählen Sie einen Punkt mit den kartesischen Koordinaten (p, q), also seine x-Koordinate sei p und seine z-Koordinate sei q. Da seine y-Koordinate 0 ist, vergessen wir sie. Wir haben somit in der xz-Ebene einen Punkt mit den kartesischen

Die kartesischen Koordinaten von
Q sind $(p/(1-q), q/(1-q))$, die
baryzentrischen $[p, q, 1 - p - 2q]$.

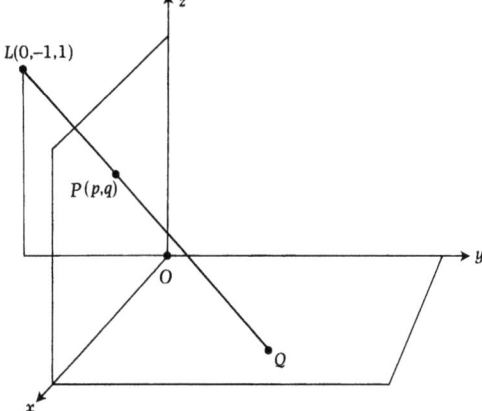

Koordinaten (p, q), und seine baryzentrischen Koordinaten sind demnach $[p, q, 1 - p - q]$. Er wird auf den Punkt in der xy-Ebene projiziert, der auf der Geraden liegt, die ihn mit L verbindet. Dieser Punkt besitzt die kartesischen Koordinaten

$$\left(\frac{p}{1-q}, \frac{q}{1-q}\right),$$

und die baryzentrischen Koordinaten

$$\left[\frac{p}{1-q}, \frac{q}{1-q}, 1 - \frac{p}{1-q} - \frac{q}{1-q}\right],$$

die sich zu $[p, q, 1 - p - 2q]$ vereinfachen lassen. In baryzentrischen Koordinaten wird also der Punkt $[p, q, 1 - p - q]$ auf den Punkt $[p, q, 1 - p - 2q]$ projiziert.

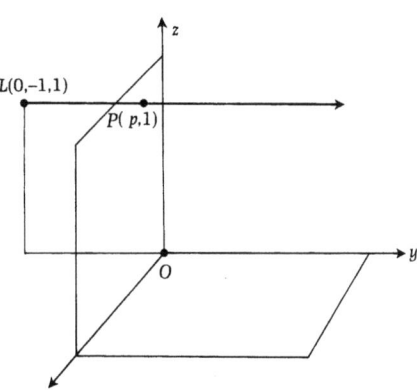

Projizieren wir horizontal von L aus, dann besitzt der Punkt P kein Bild.

Nun sind die Punkte, die kein Bild besitzen, gerade die, die in der horizontalen Ebene liegen, die durch die Lichtquelle L verläuft – nämlich die mit den kartesischen Koordinaten $(p, 1)$ und den baryzentrischen Koordinaten $[p, 1, -p]$. Sie werden auf die Punkte $[p, 1, -1 -p]$ projiziert, auf genau die baryzentrischen Punkte, die kein kartesisches Äquivalent besitzen.

Aus all dem folgt, daß das Studium von projektiven Transformationen wesentlich einfacher ist, wenn man baryzentrische und keine kartesischen Koordinaten verwendet, weil man immer die Symbole verstehen kann. Es ist ein Ausgleich zwischen dem höheren Preis, den man zu Beginn zahlt, und der Einfachheit, die man später erhält.

Dualität

Es gibt einen zu Möbius' Zeiten wohlbekannten guten Grund, projektive Transformationen zu untersuchen. Ein Kegelschnitt (eine Ellipse, Parabel oder Hyperbel) ist die Schnittlinie eines Kegels mit einer Ebene. Stellt man sich eine Lichtquelle im Scheitel V des Kegels vor, dann sieht man, daß alle Kegelschnitte durch projektive Transformationen auseinander hervorgehen. Investiert man etwas mehr Mühe, kann man sehen, daß jeder Kegelschnitt aus jedem beliebigen anderen durch eine Folge projektiver Transformationen erhalten werden kann. Insbesondere ist jeder Kegelschnitt das Bild eines Kreises. Da man Kreise leicht untersuchen und projektive Transformationen mittels baryzentrischer Koordinaten explizit niederschreiben kann, war Möbius dazu in der Lage, das Studium der Kegelschnitte auf das Studium von Kreisen und projektiven Transformationen zu reduzieren. Diese Reduktion war wohlbekannt: Möbius' Beitrag lag in der einfachen Algebra.

Doch Möbius fand etwas Unabhängiges und praktisch Neues. Wie er im Vorwort des «Baryzentrischen Kalküls» schrieb, hörte er, als er eben

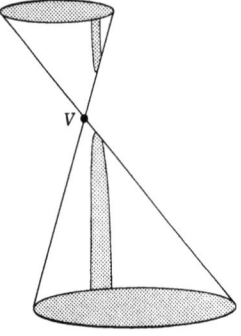

Mittels der Projektion vom Scheitel V eines Kegels aus kann man zwei beliebige Kegelschnitte aufeinander abbilden.

Bei der Dualität entsprechen auf einer Gerade l liegende Punkte P, Q und R sich in einem Punkt L schneidenden Geraden p, q und r.

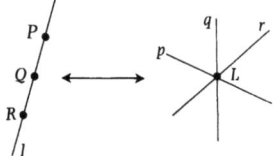

sein Buch beenden wollte, daß es in der französischen Geometrie sehr spannend gewesen war, jedem Punkt in der Ebene eine Gerade und jeder Geraden einen Punkt zuzuordnen. Diese Zuordnung mußte so sein, daß man nach zweimaliger Ausführung wieder zum Ausgangsobjekt gelangte – beginnt man mit einem Punkt, erhält man zunächst eine Gerade, und von dieser Geraden führt die Konstruktion wieder zum ursprünglichen Punkt. Wenn überdies drei Punkte P, Q und R alle auf einer Geraden l liegen, dann müssen die entsprechenden Geraden p, q und r einen gemeinsamen Punkt L besitzen; wenn man von drei Geraden p, q und r ausgeht, die einen gemeinsamen Punkt besitzen, müssen die entsprechenden Punkte P, Q und R auf einer Geraden liegen. Einfacher ausgedrückt: Der Punkt L und die entsprechende Gerade l sind dual zueinander, und die Korrespondenz heißt Dualität.

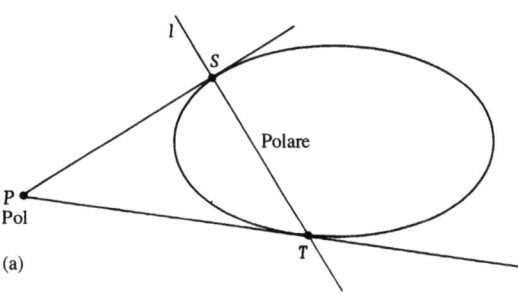

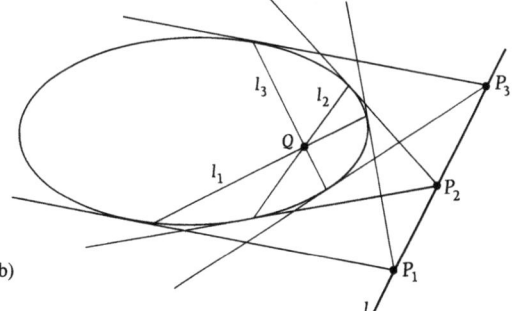

(a) Die Konstruktion des Pols und der Polaren: Die Gerade l ist die Polare des Punktes P, und der Punkt P ist der Pol der Geraden l.
(b) Der Satz von de la Hire: Der Punkt Q ist dual zur Geraden l.

In der Ebene kann man dies sehr hübsch demonstrieren; schon Apollonius kannte diese Konstruktion – der Mathematiker, der die griechische Theorie der Kegelschnitte geschaffen hat. Wir beginnen mit einem Kegelschnitt und wählen einen Punkt P außerhalb. Dann legen wir von dem Punkt P aus zwei Tangenten an den Kegelschnitt, die diesen in den Punkten S und T berühren. Das Duale zu P ist die Gerade ST, sie heißt Polare des Punktes P. Umgekehrt ist das Duale einer Geraden l, die den Kegelschnitt in den Punkten S und T schneidet, der Punkt, in dem sich die Tangenten in S und T schneiden. Dieser Schnittpunkt P heißt der Pol der Geraden l. Es gibt ferner auch einen Fall, in dem P ein innerer Punkt ist. Dieser Fall kann gelöst werden, indem man ein sehr hübsches Theorem eines Mathematikers aus dem siebzehnten Jahrhundert, Philippe de la Hire, anwendet.

Hierbei muß etwas bewiesen werden – nämlich, daß das Duale einer Geraden l erhalten wird, indem man zu jedem Punkt von l die duale Gerade nimmt und bemerkt, daß sich alle diese Geraden in einem gemeinsamen Punkt schneiden; dieser gemeinsame Punkt ist dual zur Geraden l.

Möbius behandelte all dies sehr geschickt auf algebraische Art und Weise. Er schrieb eine Gerade parametrisch und verwendete die Form

$$(1-\lambda)\frac{a}{p}A - 1\frac{b}{q}B + \lambda\frac{g}{r}C,$$

wobei A, B und C Vektoren bezeichnen, die er früher AA', BB' und CC' genannt hatte. Ein Punkt $x\alpha A + y\beta B + z\gamma C$ liegt genau dann auf dieser Geraden, wenn man die Gleichungen

$$x\alpha : y\beta : z\gamma = C1 - \lambda)\frac{\alpha}{q} : \frac{-\beta}{q} : \frac{\lambda\gamma}{r}$$

lösen kann. Die Buchstaben α, β und γ kürzen sich weg; sie stehen nur dort, weil Möbius die von ihnen vermittelte Allgemeinheit liebte. Die Gleichungen werden somit zu

$$\frac{x}{y} = \frac{-(1-\lambda)q}{p} \quad \text{und} \quad \frac{z}{y} = \frac{-q\lambda}{r},$$

woraus wir durch Umformen folgern

$$px + qy + rz = 0.$$

Es ist vielleicht hilfreich, Möbius' Notation in die späterer Autoren zu übertragen. Möbius erhielt für gegebene feste Werte der griechischen

Möbiusnetze

Wir verlängern eine Strecke AG bis zu einem Punkt H. Dann legen wir durch A eine Gerade und markieren auf ihr Punkte E und F. Dann verbinden wir F mit G und E mit H, den Schnittpunkt der entsprechenden Geraden bezeichnen wir mit K. Den Schnittpunkt der Geraden GE und AK bezeichnen wir mit C. Dann verbinden wir F mit C, den Schnittpunkt der Geraden FC und AG nennen wir B. Bei dieser Konstruktion ist das Doppelverhältnis AGBH immer −1. Die Gerade HC schneide AE in D. Das Viereck ABCD ist nun die erste Masche des Möbiusnetzes.

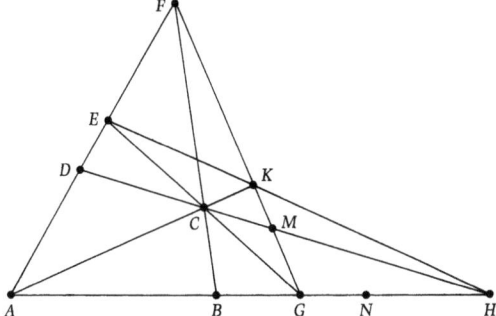

Sei M der Schnittpunkt von GF und HD. Wir bilden nun das Viereck ABCD mittels einer projektiven Transformation auf das Viereck BGMC ab. Hierdurch wird G auf einen Punkt N abgebildet, für den die Doppelverhältnisse ABGH und BGNH gleich sind. Wir können dies entlang den Geraden AG und AF beliebig oft wiederholen und erhalten so jede beliebige Anzahl von Kopien der Masche ABCD. Diese Maschen bilden das Möbiusnetz: Es ist das projektive Äquivalent zu einem quadratisch gemusterten Papier.

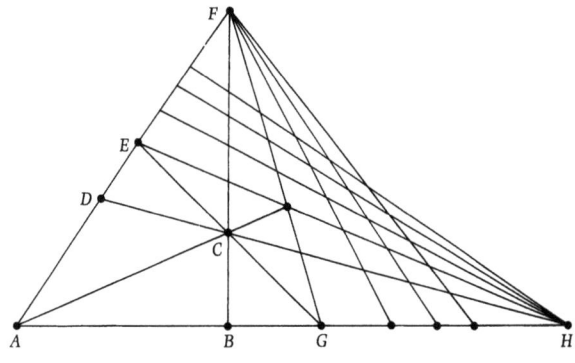

Buchstaben α, β und γ einen Punkt für jedes Tripel $x:y:z$ und eine Gerade für jedes Tripel $p:q:r$. Um Dualität zu erzeugen, nahm Möbius zwei Ebenen, in denen α, β und γ jeweils fest gewählt waren, und behauptete folgendes:

- Jedem Punkt $u:v:w$ in der einen Ebene entspricht die durch $u:v:w$ in der anderen Ebene definierte Gerade.
- Jeder Geraden $p:q:r$ in der einen Ebene entspricht der durch $p:q:r$ in der anderen Ebene definierte Punkt.

Dies gewährleistet, daß auf einer Geraden liegende Punkte in sich in einem Punkt schneidende Geraden übergehen und umgekehrt. Es gewährleistet auch, daß man nach zweimaliger Dualisierung an den Ausgangspunkt zurückkehrt.

Spätere Autoren bemerkten, daß einer Geraden Koordinaten zugeordnet werden können. Besitzt die Gerade die Gleichung $px + qy + rz = 0$, definieren wir ihre Koordinaten durch $\{p, q, r\}$, wobei die geschweiften Klammern andeuten, daß es sich hierbei um eine Gerade handelt. Nun ist die Dualität ein Kinderspiel. Einem Punkt mit den Koordinaten $[a, b, c]$ ordnen wir die Gerade mit den Koordinaten $\{a, b, c\}$ zu und einer Geraden mit den Koordinaten $\{a, b, c\}$ den Punkt $[a, b, c]$. Dies liefert uns alles, was wir für eine Dualität brauchen, und die Algebra kann nicht einfacher sein.

Es gibt hierbei Probleme, die dicht unter der Oberfläche liegen, aber wir wollen sie dort ruhen lassen, weil sie uns hierbei nicht interessieren. Es ist jedoch darauf hinzuweisen, daß Möbius nicht mehr baryzentrische Koordinaten verwendete, sondern etwas Raffinierteres, die sogenannten projektiven Koordinaten, wie er in seinem Buch darlegt. Sie haben mit den baryzentrischen Koordinaten mehrere Eigenschaften gemein: Jeder Punkt in der Ebene wird durch ein homogenes Zahlentripel beschrieben; man kann auf vernünftige

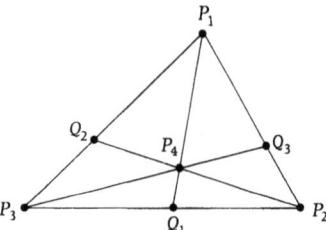

Auf diese Art und Weise führte Möbius projektive Koordinaten ein.

Sind P, Q, R und S vier Punkte, die auf einer Geraden liegen, dann ist ihr Doppelverhältnis $PQRS$ die Zahl

$$\frac{PR}{QR} \div \frac{PS}{QS}.$$

Das Doppelverhältnis der oben dargestellten Punkte ist

$$\frac{4}{1} \div \frac{9}{6} = \frac{8}{3}.$$

Art und Weise von kartesischen Koordinaten zu den neuen gelangen und umgekehrt; ferner besitzt die Gleichung einer Geraden die Gestalt

$$ax + by + cz = 0.$$

Möbius führte die projektiven Koordinaten wie folgt ein: Er nahm vier beliebige Punkte, von denen jeweils drei nicht auf einer gemeinsamen Gerade liegen, wählte das von ihnen gebildete Viereck als Referenz und stellte fest, daß man drei weitere Punkte erhält, wenn man die drei Diagonalen verbindet.

Julius Plücker (1801–1868).

Die Doppelverhältnisse *AMBE* und *ANDF* sind die Koordinaten des Punktes *P* bezüglich des Referenzquadrats *ABCD*.

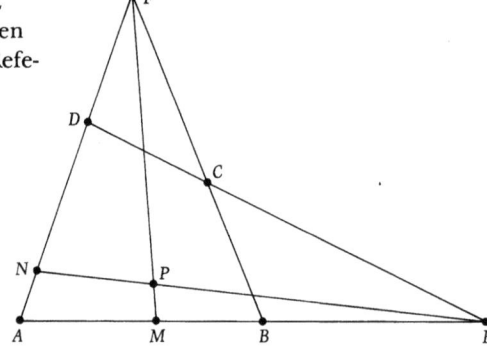

Indem Möbius aus den so erhaltenen Punkten vier weitere nicht kollineare auswählte, die Konstruktion wiederholte, wiederum vier Punkte auswählte usw., erhielt er, was er ein Netz aus Punkten und Geraden nannte (vgl. Kasten). Möbius verfolgte, wie in dem Netz Mengen von vier kollinearen Punkten entstehen, und berechnete ihr Doppelverhältnis, das immer eine rationale Zahl ist. Er zeigte, daß eine projektive Transformation das Doppelverhältnis von vier kollinearen Punkten unverändert läßt. Hieraus folgerte er, daß man in seinem Netz jeweils vier kollinearen Punkten eine projektiv invariante Zahl zuordnen kann, nämlich ihr Doppelverhältnis. Daher spielen die Netze in der projektiven Geometrie die gleiche Rolle wie Punktepaare mit rationalem Abstand auf Geraden mit rationaler Steigung.

Überdies kann man nun in der projektiven Ebene Koordinaten auf eine Art und Weise einführen, die unter projektiven Transformationen invariant ist. Es reicht, einen Punkt mit zweien der drei Diagonalpunkte des Referenzvierecks zu verbinden und die Doppelverhältnisse auf zwei der gegenüberliegenden Seiten zu betrachten. Diese Doppelverhältnisse sind dann die Koordinaten des Punktes.

Hiermit wollen wir unsere Betrachtungen über Möbius' *Der barycentrische Calcul* von 1827 beenden. Zu seiner Zeit war das Werk anerkannt, wurde jedoch durch die Arbeiten von Plücker in den dreißiger Jahren des neunzehnten Jahrhunderts überholt. Seine nachfolgenden Entdeckungen, denen wir uns im folgenden zuwenden werden, wurden von Mathematikern wir Clebsch oder Klein wieder aufgegriffen und erhielten neue Beachtung, die bis auf den heutigen Tag anhält.

Das Möbiusband in der projektiven Geometrie

Bevor wir uns Möbius' Beitrag zur Statik zuwenden, wollen wir kurz das Möbiusband in der projektiven Geometrie betrachten. Wenn man die Asymptote einer Hyperbel als projektive Gerade ansieht, bildet sie eine geschlossene Kurve, indem man die beiden Punkte im Unendlichen miteinander identifiziert. Verlassen wir entlang dieser Kurve den endlichen Teil der Ebene und kehren am anderen Ende zu ihm zurück, liegt der Arm der Hyperbel, der anfangs auf der rechten Seite war, bei der Rückkehr auf der linken Seite. Die Hyperbel ist im Unendlichen tangential zur Asymptote und schneidet diese nicht.

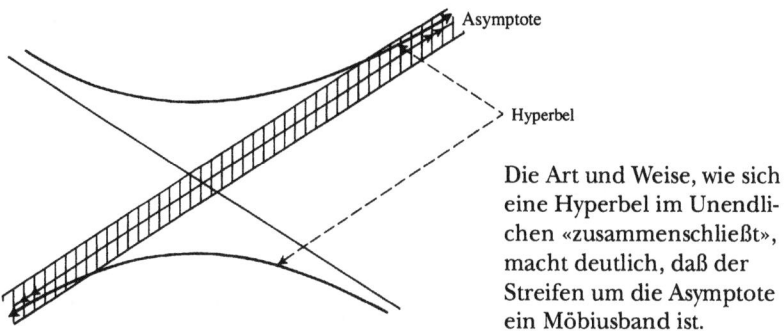

Die Art und Weise, wie sich eine Hyperbel im Unendlichen «zusammenschließt», macht deutlich, daß der Streifen um die Asymptote ein Möbiusband ist.

Wir verbreitern nun die Asymptote und betrachten ihren Rand. Wandern wir entlang der Asymptote zum Punkt im Unendlichen, betrachten wir den Rand auf der rechten Seite. Aus den oben genannten Gründen liegt dieser Rand bei unserer Rückkehr auf der linken Seite. Wird die verbreiterte Asymptote also einmal durchlaufen, erhält man für den Rand nur einen halben Umlauf: Die verbreiterte Asymptote ist ein Möbiusband! Die nicht orientierbare Natur der reellen projektiven Ebene wurde erst in den achtziger Jahren des neunzehnten Jahrhunderts von Klein und Schläfli erkannt.

Möbius' Statik

Während der dreißiger Jahre des neunzehnten Jahrhunderts wendet sich Möbius dem Studium der Statik zu, und 1837 veröffentlichte er schließlich ein Buch darüber. Dieses Thema, oder eher sein lebhafterer Ableger Dynamik, wurde seit Newtons Lebtagen untersucht und als Teil der Infinitesimalrechnung angesehen – insbesondere die Theorie der Differentialgleichungen. Daher gab es vielfältige theoretische Ansätze zu Fragestellungen wie: Welche Wirkung haben Kräfte auf das Verhalten eines starren Körpers? Das Thema der Statik sind ebenfalls Kräfte, aber hier lautet die Frage: Welche Kräfte gleichen eine gegebene Menge von

Kräften aus? Dieses Thema wurde 1824 durch den französischen Mathematiker Poinsot aufgegriffen. Er sah, wie man an diese Fragestellung auf einfache, geometrische Art und Weise herantreten und sie von der Rechenmaschine befreien kann.

Ich möchte, daß Sie sich eine Kraft als ein kleines Felsstück vorstellen, das jeden Augenblick einen Strahl von Teilchen ausspritzt – oder einfacher als einen Stoß in eine spezielle Richtung. In beiden Fällen möchten wir wissen, wo die Kraft angreift. Poinsot richtete seine Aufmerksamkeit auf die Frage: Wenn mehrere Kräfte gegeben sind, was ist dann die einfachste Kombination von Kräften mit derselben Wirkung? Oder was ist die einfachste Menge mit der genau entgegengesetzten Wirkung? Eine solche Menge wäre genau das Gegengewicht zu der ersten. Daher reden wir von Statik oder von statischem Gleichgewicht: Nichts bewegt sich. Wenn zum Beispiel eine Kraft geradeaus auf eine gleichgroße und entgegengerichtete Kraft trifft, dann ist die Wirkung gleich Null. Hieraus folgt, daß man sagen kann, eine Kraft agiert irgendwo entlang ihrer Aktionslinie – stellen Sie sich zwei gleichgroße und entgegengesetzte Stöße entlang einer Stange vor.

Den einfachsten Fall, bei dem zwei Kräfte in verschiedene Richtungen in der Ebene wirken, behandelt man folgendermaßen. Wie wir gesehen haben, können wir annehmen, daß die Kräfte überall entlang ihrer Aktionslinie wirken. Diese Aktionslinien treffen sich in einem Punkt P, und deshalb reicht es aus, diese Anordnung zu verstehen. Sie wird dem Parallelogrammgesetz behandelt: Sind die Kräfte **f** und **g**, dann wird ihre Kombination durch **f** + **g** gegeben.

Was ist mit dem Fall, in dem die Kräfte parallel sind? Betrachten Sie zunächst zwei gleiche Kräfte, mit der gleichen Größe und derselben Richtung, die auf verschiedene Punkte wirken. Falls sie an den Enden eines Hebels nach unten wirken, ist die Antwort klar: Sie besitzen dieselbe Wirkung wie eine Kraft, die so groß ist wie die Summe ihrer Größen und die in der gleichen Richtung im Mittelpunkt des Hebels angreift. Betrachten wir als nächstes zwei verschieden große Kräfte, die in die gleiche Richtung wirken und an unterschiedlichen Punkten angreifen. Nach dem Hebelgesetz werden sie durch eine entgegengesetzt wirkende Kraft ausgeglichen, deren Größe die Summe ihrer Größen ist und die im Schwerpunkt angreift.

Interessanter ist der Fall von zwei Kräften, die gleich groß, aber entgegengesetzt gerichtet sind und in zwei verschiedenen Punkten angreifen. Natürlich gibt es hier kein Gleichgewicht, denn jeder Körper, der derartigen Kräften unterworfen ist, fängt an, sich zu drehen. Die Wirkung der Kräfte kann nicht auf die einer Kraft reduziert werden. Eine derartige Kombination wurde von Poinsot ein Kräftepaar

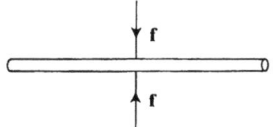

Zwei gleiche und entgegengesetzt gerichtete Kräfte.

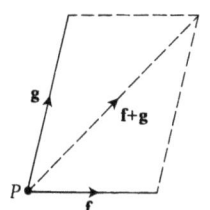

Zwei Kräfte, die in unterschiedliche Richtungen wirken.

genannt. Der Teil des Hebels zwischen den beiden Angriffspunkten wird Arm des Paares genannt, und die Gerade um den Mittelpunkt des Arms (und um die sich der Arm dreht) heißt die Achse des Kräftepaars.

Wir können nun fragen, ob es an dem Hebel andere Kräftepaare mit unterschiedlichen Armen gibt, die dieselbe Wirkung haben. Nehmen sie an, wir haben entgegengesetzt gerichtete Kräfte **f**, die an den Punkten P und P' angreifen. Dann betrachten wir neue Kräfte **g**, die an den Punkten Q und Q' angreifen. Die nach oben und nach unten gerichteten Kräfte sind natürlich im Gleichgewicht; die Frage ist nur, ob das **f**-Paar das **g**-Paar ausgleicht. Wiederum gilt das Hebelgesetz, und die Paare sind im Gleichgewicht, falls das Produkt

(Größe der Kraft) × (senkrechter Abstand)

in beiden Fällen dasselbe ist. Das Produkt mißt die Größe des Paares und wird mit dem technischen Begriff Moment bezeichnet. Wir können den Arm des Paares drehen; falls wir dabei sein Moment unverändert lassen,

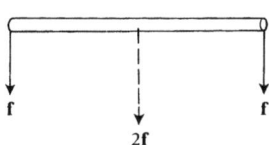

Zwei gleich große, parallel gerichtete Kräfte.

können wir immer annehmen, daß das Kräftepaar senkrecht zu seinem Arm angreift. Wir erhalten folgendes Ergebnis: Die Addition zweier Paare in der Ebene reduziert sich zur Addition von Kräften an den Enden eines Standardarms, und die Summe ist ein Kräftepaar.

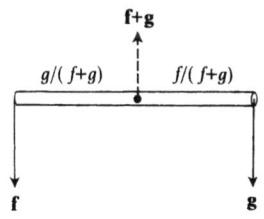

Zwei unterschiedlich große, parallel gerichtete Kräfte.

Was ist nun mit einem Kräftepaar und einer Kraft, die in derselben Ebene operieren? Dieser Fall reduziert sich auf die Frage nach zwei ungleichen Kräften, die in entgegengesetzten Richtungen an den Enden eines Arms angreifen. Indem wir den Arm drehen, können wir uns auf den Fall beschränken, in dem alle Kräfte parallel sind. Indem wir die Kraft durch zwei Kräfte an den Enden eines Hebels ersetzen, erhalten

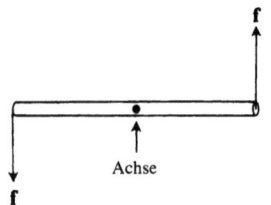
Zwei gleich große Kräfte, die ein Kräftepaar bilden.

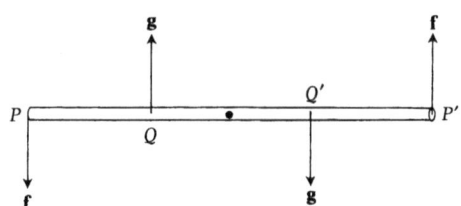
Zwei Kräftepaare im Gleichgewicht.

wir den Fall von ungleichen Kräften an den entgegengesetzten Enden eines Hebels, also ein Kräftepaar. Ein rollendes Rad macht diese Reduktion deutlich: normalerweise nimmt man an, es werde durch eine Kraft, die horizontal zu seiner Achse O angreift, und ein Kräftepaar, das sich um seine Achse dreht, angetrieben. Aber vom Punkt P aus, in dem das Rad momentan den Boden berührt, ist der Blick anders: Dieser Punkt befindet sich in Ruhe, und das Rad dreht sich um ihn.

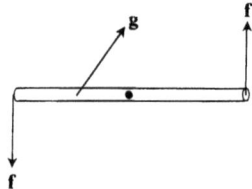
Ein Kräftepaar und eine Kraft, die in derselben Ebene wirken.

Lassen Sie uns nun drei Dimensionen betrachten. Nehmen Sie an, es seien zwei Kräfte **f** und **g** im Raum gegeben, die entlang unterschiedlicher Geraden verlaufen und an zwei verschiedenen Punkten angreifen. Was passiert? Die erste Kraft **f** greife am Punkt P an. Wählen Sie einen Punkt O. Dann ist die Kraft **f** in P äquivalent zu den Kräften **f** in P, **f** in O und **−f** in O. Diese Kombination kann man als eine Kraft **f** in O und ein Kräftepaar **f** in P und **−f** in O ansehen. Auf gleiche Art und Weise ist die zweite Kraft **g**, die in einem Punkt Q angreife, äquivalent zu einer Kraft **f** in O und ein Kräftepaar **g** in Q und **−g** in O. Es folgt, daß sich jede Menge von Kräften auf ein Kräftebündel in O und ein Bündel von Kräftepaaren reduzieren läßt. Da wir die Kräfte addieren können, reduziert sich die Frage auf die Kombination von Paaren.

Da eine einzelne Kraft äquivalent ist zu einer davon verschiedenen Kraft und einem Kräftepaar mit einem davon verschiedenen Arm, können wir diese Konfiguration nochmals reduzieren auf eine Kraft und ein Bündel von Paaren, deren Arme alle ihren Mittelpunkt in O haben. Nehmen Sie zwei derartige Paare. Zeichnet man ein Parallelogramm, dessen Seiten entlang den Achsen des Paares verlaufen und dessen Seitenlängen gleich den Momenten der Paare sind, bleibt die Diagonale dieses Parallelogramms fest, wie aus dem Diagramm ersicht-

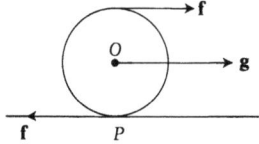

Die Statik eines rollenden Rades.

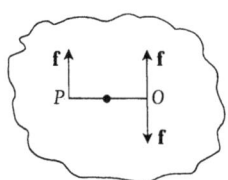

Eine Kraft, die im Raum wirkt, reduziert sich auf eine Kraft in einem Fixpunkt O und ein Kräftepaar.

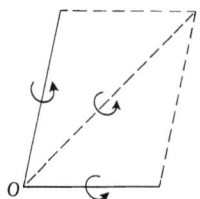

Das Parallelogrammgesetz für Kräftepaare.

lich ist. Die Diagonale ist die Achse des resultierenden Paares. Paare verhalten sich also wie Vektoren.

Wie Poinsot schließen wir daraus, daß sich jede Kombination von Kräften auf eine Kraft durch einen beliebigen Punkt O und ein Paar reduzieren läßt, dessen Achse durch O verläuft. Falls die Kraft entlang der Achse des Paares gerichtet ist, ist das das Ende der Geschichte. Falls nicht, zerlegen wir sie in zwei Komponenten, eine entlang dieser Achse und die zweite zu ihr senkrecht. Die zur Achse senkrechte Komponente liegt in der Ebene, in der sich der Arm des Paares bewegt, daher haben wir eine Kraft und ein Paar: dies ist äquivalent zu einem Paar. Es bleibt die Komponente entlang der Achse übrig. Wir folgern, daß jede Kombination von Kräften, die an einen festen Körper angreifen, die gleiche Wirkung hat wie ein Kräftepaar und eine Kraft, die entlang der Achse des Paares angreift. Dies kann mit dem Theorem verglichen werden, daß jede momentane Bewegung eine Schraube ist – also eine Drehung um eine Achse und eine gleichzeitige Verschiebung entlang dieser Achse.

Statik und Geometrie

Was hat das alles mit Geometrie zu tun? An dieser Stelle kommt Möbius' Vorliebe für einfache Geometrie ins Spiel. Wie er beginnen auch wir mit der zweidimensionalen Situation. Wir nehmen eine Kraft (X, Y), die an einem Punkt $A = (x, y)$ angreift. Der Vektor **a** repräsentiere die Situation, also den Vektor (X, Y) mit dem Fußpunkt $A = (x, y)$ und der Spitze $B = (x + X, y + Y)$. Was ist sein Moment bezüglich des Ursprungs O? Das Moment erhält man, indem man durch O die Senkrechte zur Richtungsgeraden AB der Kraft zeichnet. Diese schneide die Gerade im Punkt D.

Es gibt eine Kraft in O, die seine Bewegung stoppt, und das Bild dreht sich um den Arm OD. Das Moment besitzt die Größe $AB \times OD$, das ist zweimal die Fläche des Dreiecks OAB. In (x, y) und (X, Y) ausgedrückt ist dies $\frac{1}{2}(xY - yX)$, und daher ist das Moment gleich $xY - yX$.

Möbius zeigte folgendes: Greifen Kräfte (X_1, Y_1), ..., (X_n, Y_n) an den Punkten (x_1, y_1), ..., (x_n, y_n) an, dann sind sie im Gleichgewicht, falls

$$X_1 + \ldots + X_n = 0, \quad Y_1 + \ldots + Y_n = 0$$

und

$$(x_1 Y_1 - y_1 X_1) + \ldots + (x_n Y_n - y_n X_n) = 0.$$

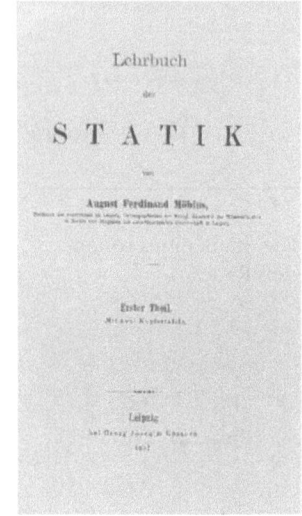

Die Titelseite von Möbius' zweibändigem *Lehrbuch der Statik*.

Dies ergibt einen Sinn: In der ersten oder zweiten Koordinatenrichtung darf es keine resultierende Kraft geben (und damit in keiner Richtung), und daher darf kein Moment resultieren.

Man kann diese Gleichungen als eine einzige Kraft interpretieren, die auf O die gleiche Wirkung besitzt. Nehmen Sie an, die gegebenen Kräfte führen zu den Gleichungen

$$X_1 + \ldots + X_n = A, \quad Y_1 + \ldots + Y_n = B$$

und

$$(x_1 Y_1 - y_1 X_1) + \ldots + (x_n Y_n - y_n X_n) = N.$$

Nun möchten wir eine Kraft (X, Y), die in (x, y) angreift und alles ins Gleichgewicht bringt. Dann muß natürlich $X + A = 0$ sein, also $X = -A$, und ebenso $Y = -B$. Das Moment $xY - yX$ muß N aufheben, also muß gelten

$$xY - yX = -N \text{ oder } xA - yB = N.$$

Dies ist die Gerade, auf der der Fußpunkt der Kraft liegen muß. Versucht man, ein Kräftepaar durch eine Kraft auszugleichen, geht das nicht, denn für ein Paar gilt $A = B = 0$ und $N \neq 0$. Aber man kann eine Kraft mit

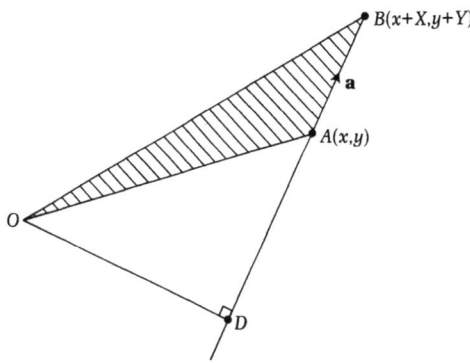

Greift die Kraft a im Punkt A an, so ist ihr Moment bezüglich des Punktes O zweimal die Fläche des Dreiecks OAB.

einem bestimmten Moment durch eine Kraft und ein Dreieck mit gleicher, aber entgegengesetzter Fläche ausgleichen.

Lassen Sie uns nun drei Dimensionen betrachten. Das Problem lautet: Gegeben seien eine Kraft AB und eine hierzu schräge Achse PQ. Was ist das Moment der Kraft um diese Achse? Möbius fand durch eine ziemlich einfache Rechnung, daß es sechsmal das Volumen der entsprechenden Pyramide beträgt. Dies ist eine Verallgemeinerung des vorherigen Falls. Er folgerte, daß eine Menge von Kräften (X_1, Y_1, Z_1), ..., (X_n, Y_n, Z_n), die an den Punkten (x_1, y_1, z_1), ..., (x_n, y_n, z_n) angreifen, im Gleichgewicht ist, falls

$$X_1 + \ldots + X_n = 0,\ Y_1 + \ldots + Y_n = 0,\ Z_1 + \ldots + Z_n = 0$$

und

$$\begin{aligned}(y_1 Z_1 - z_1 Y_1) + \ldots + (y_n Z_n - z_n Y_n) &= 0,\\ (z_1 X_1 - x_1 Z_1) + \ldots + (z_n X_n - x_n Z_n) &= 0,\\ (x_1 Y_1 - y_1 X_1) + \ldots + (x_n Y_n - y_n X_n) &= 0.\end{aligned}$$

Dies ergibt ebenfalls einen Sinn: Die letzten drei Größen sind die Momente bezüglich der x-, y- und z-Achse.

Möbius bemerkte, daß sich das obige System im Gleichgewicht befindet, falls seine Projektion auf jede der drei Koordinatenebenen im Gleichgewicht ist. Er leitete auch ein Resultat ab, das schon früher durch Chasles bewiesen worden war: Falls ein System von Kräften äquivalent zu zwei Kräften ist, dann sind diese beiden Kräfte keineswegs eindeutig bestimmt, aber jedes geeignete Paar liefert eine Pyramide mit demselben Inhalt. Bis hierhin folgte Möbius dem Weg, den seine französischen Vorgänger eingeschlagen hatten, die schon vorher die Methode verwendet hatten, Kräfte und Momente in Komponenten zu zerlegen und jede

Kombination von Kräften auf eine Kraft und ein Kräftepaar reduziert hatten.

Möbius' Beitrag

Nehmen Sie nun an, Sie hätten ein für allemal ein Kräftesystem im Raum gegeben. Wählen Sie einen Punkt M und betrachten Sie die durch ihn verlaufenden Geraden. Möbius fragte sich, wie sich das Moment des gegebenen Systems bezüglich dieser Geraden verändert. Entlang welcher Geraden ist das Moment am größten, und entlang welcher am kleinsten? Falls der Punkt M auf der Achse der Schraube liegt, ist die Antwort klar: Die Gerade, für die das Moment am größten ist, ist die Achse der Schraube, und die Geraden, die senkrecht auf der Achse stehen, haben das Moment Null. Bezüglich jeder dieser Geraden produziert das Kräftesystem nicht eine Drehung um diese Gerade, sondern eine Drehung der Geraden. Falls der Punkt M nicht auf der Achse liegt, können wir die Schraube wiederum als eine Kraft durch M und ein Paar mit einer neuen Achse in Richtung der Kräfte durch M ersetzen. Dies ist so, weil weiter oben der Punkt O beliebig gewählt werden konnte. Die Richtung der neuen Achse ist jedoch von der der alten verschieden. Möbius untersuchte, wie sich die Richtung ändert, und fand folgende Beschreibung.

Die Situation ändert sich nicht, wenn man das Paar nach oben oder unten bewegt, und sie ist rotationssymmetrisch bezüglich der alten Achse. Wenn man sich radial nach außen bewegt, kippt die Position der alten Achse allmählich um, als würde sie von dem Paar angestoßen, und wenn man weit genug weggeht, ist die neue Achse beliebig nah an der Horizontalen. Alle Punkte des Raumes, die auf demselben Zylinder um die alte Achse liegen, haben eine neue Achse, die den Zylinder berührt.

Daher bestimmt in jedem Punkt des Raumes die Position der Achse dort die Gerade des größten Moments, und die entsprechende senkrecht zur Achse verlaufende Ebene besteht aus Geraden durch den Punkt, für die das Moment gleich Null ist. Möbius hatte einen nützlichen Namen für diese Ebene: Er nannte sie die Nullebene des Punktes. Dann stellte er die umgekehrte Frage: Ist jede Ebene des Raumes die Nullebene eines ihrer Punkte? Wählen Sie eine Ebene und betrachten Sie alle Geraden dieser Ebene. Gibt es irgendwelche, für die das Moment gleich Null ist? Falls ja, haben sie alle einen gemeinsamen Punkt?

Die Antwort lautet ja, falls wir einen Punkt in der Ebene finden können, in dem die Achse des Kräftesystems senkrecht zur Ebene steht, denn dann ist die entsprechende Nullebene unsere Ausgangsebene. Können wir einen derartigen Punkt finden? Die Antwort lautet «ja», und

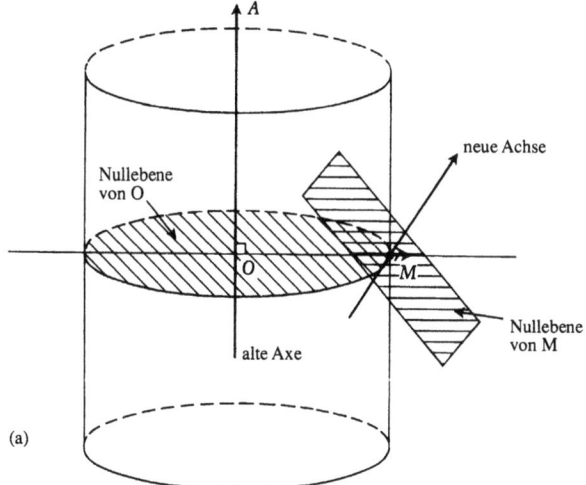

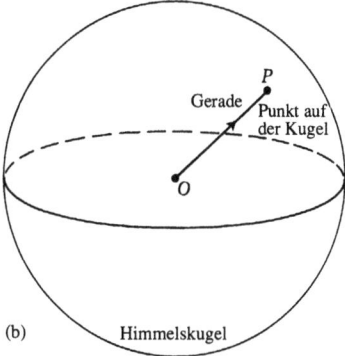

(a) Möbius' Theorem: Jede Ebene ist die Nullebene eines ihrer Punkte.
(b) Jede gerichtete Gerade im Raum durch O entspricht einem Punkt auf der Oberfläche der Himmelskugel.

Möbius zeigte dies anhand einiger Formeln – lassen Sie uns jedoch die Situation bildlich betrachten, auch wenn Möbius das Problem auf andere Art und Weise anging.

Es existiert ein sehr praktisches Hilfsmittel, sich die Richtung einer Geraden im Raum vorzustellen: Man hält den Punkt fest, in dem die Gerade eine sehr große Kugel schneidet, die manchmal Himmelskugel genannt wird; Möbius war schließlich von Beruf Astronom. Betrachtet man alle Senkrechten der gegebenen Ebene, wobei man wegen der Eindeutigkeit die nach oben gerichtete Seite wählt, findet man, daß alle in die gleiche Richtung zeigen und den gleichen Punkt der Himmelskugel treffen.

Was ist mit den Achsen des Kräftesystems? Eine Achse OA zeigt in die Richtung des Nordpols. Da die vertikalen Koordinaten des Punktes

Möbius' Dualität

In Möbius' Dualität für den projektiven dreidimensionalen Raum entspricht jeder Punkt einer Ebene und umgekehrt. Eine Ebene wird durch eine Gleichung $\mathbf{b}^T\mathbf{x} = 0$ gegeben, wir ordnen ihr so die Koordinaten {$\mathbf{b}$} zu. Ist nun ein Punkt mit den projektiven Koordinaten [$\mathbf{a}$] dual zur Ebene mit den Koordinaten {$\mathbf{b}$}, muß es wegen der Linearität der Dualität eine Matrix $\mathbf{A}$ geben, die eine projektive Transformation repräsentiert, mit $\mathbf{b} = \mathbf{Aa}$. Liegt der Punkt [$\mathbf{a}$] auf der dualen Ebene, muß

$$(\mathbf{Aa})^T\mathbf{a} = 0$$

gelten, also

$$\mathbf{a}^T\mathbf{A}^T\mathbf{a} = 0.$$

Dies gilt nun aber für alle Punkte, daher müssen die Matrizen $\mathbf{A}$ und $\mathbf{A}^T$ dieselbe projektive Transformation repräsentieren, wie folgendes Argument zeigt: Für beliebige Punkte $\mathbf{u}$ und $\mathbf{v}$ ist

$$(\mathbf{u} + \mathbf{v})^T\mathbf{A}^T(\mathbf{u} + \mathbf{v}) = 0, \text{ also}$$
$$\mathbf{u}^T\mathbf{A}^T\mathbf{v} + \mathbf{v}^T\mathbf{A}^T\mathbf{u} = 0 \text{ oder}$$
$$\mathbf{u}^T\mathbf{A}^T\mathbf{v} = -\mathbf{v}^T\mathbf{A}^T\mathbf{u} = -(\mathbf{v}^T\mathbf{A}^T\mathbf{u})^T = -\mathbf{u}^T\mathbf{A}^T\mathbf{v}.$$

Daher ist $\mathbf{A}^T = -\mathbf{A}$ als projektive Transformationen. Projektive Transformationen sind jedoch nur bis auf Vielfache definiert, deshalb gilt für die Matrizen $\mathbf{A}^T = k\mathbf{A}$ mit einem Skalar k ungleich Null. Was kann k sein? Bilden wir auf beiden Seiten der Gleichung die Determinanten, erhalten wir

$$\det \mathbf{A}^T = k^4 \cdot \det \mathbf{A},$$

denn projektive Transformationen des dreidimensionalen projektiven Raums werden durch 4×4-Matrizen beschrieben. Da $\det \mathbf{A}^T = \det \mathbf{A}$ ist, folgt $k^4 = 1$, also $k = \pm 1$. Daher ist entweder $\mathbf{A}^T = \mathbf{A}$ oder $\mathbf{A}^T = -\mathbf{A}$, $\mathbf{A}$ ist also entweder symmetrisch oder schiefsymmetrisch.

Der symmetrische Fall entspricht einem Kegel, oder in höheren Dimensionen einer Quadrik. Denn die projektive Gleichung eines Kegels kann als $\mathbf{x}^T\mathbf{A}\mathbf{x} = 0$ mit einer symmetrischen Matrix $\mathbf{A}$ geschrieben werden. Für einen gegebenen Punkt [$\mathbf{a}$] ist die Polare bezüglich dieses Kegels die Gerade mit den Koordinaten {$\mathbf{Aa}$}, und die Gleichung $\mathbf{a}^T\mathbf{A}^T\mathbf{a} = 0$ sagt aus, daß ein Punkt genau dann auf seiner Polaren liegt, wenn der Punkt auf dem Kegel liegt und seine Polare die Tangente an den Kegel in diesem Punkt ist. In drei oder mehr Dimensionen gilt die gleiche Aussage; die Gleichung $\mathbf{x}^T\mathbf{A}\mathbf{x} = 0$ beschreibt in diesem Fall eine Quadrik, und die Dualität besteht zwischen Punkten und Ebenen oder Punkten und Hyperebenen.

Der schiefsymmetrische Fall dagegen ist neu und eine von Möbius' besten Entdeckungen. Er fand beim Studium der geometrischen Mechanik heraus, daß es in Räumen mit ungerader Dimension eine Dualität gibt, die nicht mit Quadriken assoziiert ist.

keine Rolle spielen, reicht es aus, eine horizontale Scheibe zu wählen und alle Achsen in dieser Ebene zu betrachten. Wie wir bereits gesehen haben, hat jeder Punkt *M* mit einem gegebenen radialen Abstand von *OA* eine Achse, die entlang einer Linie verläuft, die einen Kreis auf der Himmelskugel beschreibt. Mit wachsendem Radius *OM* bewegt sich der Kreis stetig entlang der Kugel nach unten, bis die gesamte obere Halbkugel bedeckt ist. Deshalb stimmt eine dieser Achsen irgendwo mit der Achse unserer Ebene überein, und wir können mit Möbius folgern, daß jede Ebene die Nullebene eines ihrer Punkte ist. Er nannte diesen Punkt den Nullpunkt der Ebene.

Nun gehen wir etwas zurück und vergessen die Kräfte: Was haben wir erhalten? Für jeden Punkt des Raumes eine Ebene durch diesen Punkt und für jede Ebene im Raum einen Punkt auf dieser Ebene. Diese Übergänge von Punkt zu Ebene und von Ebene zu Punkt sind reziprok. Falls man mit einem Punkt beginnt, zur entsprechenden Ebene übergeht und dann zum entsprechenden Punkt voranschreitet, ist man wieder am Ausgangspunkt angelangt. Indem man also die Statik untersucht, erhält man eine Dualität – eine, die jedem Punkt des Raumes seine Nullebene und jeder Ebene ihren Nullpunkt zuordnet. Der Nullpunkt liegt in der Nullebene und die Nullebene verläuft durch ihren Nullpunkt. Bemerkenswert hieran ist, daß dies hier nicht eine Dualität ist, wie wir sie weiter oben betrachtet haben.

Die Entdeckung, daß es eine neue und unerwartete Art der Dualität gibt, die nicht mit Kegelschnitten verbunden ist, ist eine der wichtigsten von Möbius. Er war darüber so erfreut, daß er sie 1834 in rein geometrische Begriffe umsetzte. Insbesondere zeigte er durch eine einfache Rechnung, daß die Forderung, wonach jeder Punkt in der zu ihm dualen Ebene liegen muß, eine einfache algebraische Interpretation besitzt (vgl. Kasten).

Die Familie der Geraden im Raum

Aber Möbius ging noch weiter: Er zeigte, daß die obige Dualität auf Geraden im Raum erweitert werden kann. Zu jeder Geraden gibt es eine duale Gerade, die man folgendermaßen erhält: Zu jedem Punkt der Geraden *l* bestimmt man nacheinander die entsprechenden Nullebenen. Der Durchschnitt aller dieser Nullebenen ist eine Gerade, die die zu *l* duale Gerade genannt wird. Der Beweis, daß dieser Durchschnitt eine Gerade ist, ist eine Übungsaufgabe zur Dualität: Weil alle Punkte auf einer Geraden liegen, schneiden sich alle Ebenen in einer Geraden.

Von besonderem Interesse sind die Geraden, die zu sich selbst dual sind. Möbius nannte sie Doppelgeraden. Falls eine Ebene eine Doppelgerade enthält, dann liegt ihr dualer Punkt (den er nun Nullpunkt nannte) auf der Doppelgeraden. Es folgt auch, daß alle Doppelgeraden durch einen gegebenen Punkt in einer Ebene liegen, in der Nullebene dieses Punktes.

So attraktiv Möbius' Dualität zwischen Geraden im Raum auch sein mag, sie hat einen kleinen Haken: Wir können die Doppelgeraden nicht sehen. Am besten fassen wir sie, indem wir den Raum aller Geraden in den Griff zu bekommen suchen und dann die Doppelgeraden herausgreifen. Dieser Schritt wurde nicht von Möbius gemacht, der der geometrischen Anschauung nicht besonders zugetan war, sondern von seinem Nachfolger, dem deutschen Mathematiker Julius Plücker. Es war der Anfang einer langen Geschichte, in die im Laufe des Jahrhunderts Klein und andere involviert waren. Die Geschichte umfaßt auch die Optik (das Studium von Lichtstrahlen unter dem Einfluß von Beugung). Überdies ist die Menge aller Geraden des Raumes vierdimensional, wie wir weiter unten sehen werden. Wenn man dieser Tatsache das erste Mal begegnet, ist sie zugegebenermaßen etwas verwirrend, denn es bedeutet, daß man den Raum, in dem wir leben, nicht als drei-, sondern als vierdimensional ansehen kann! Der Pädagoge Rudolf Steiner war von dieser Tatsache sehr beeindruckt, und sie ist in der Steinerschen Denkweise bis auf den heutigen Tag von Bedeutung.

Nehmen Sie an, wir möchten zu einer gegebenen Menge von Kräften alle Doppelgeraden zeichnen. Durch jeden Punkt des Raumes verläuft eine Ebene von Doppelgeraden. Aber jeder Punkt des Raumes liegt auf einer Doppelgeraden, deshalb ist unser Bild vollkommen schwarz von Geraden. Andererseits ist nicht jede Gerade im Raum eine Doppelgerade – nur die Geraden durch die Achse der Schraube sind Doppelgeraden. Daher drängt sich auf, die Menge aller Geraden im Raum zu untersuchen.

Um diesen Raum zu sehen, wählen wir eine Gerade l im Raum und geben ihr eine Richtung – sagen wir, indem wir einen Einheitsvektor auf ihr wählen. Dann errichten wir die Senkrechte zur Geraden durch den Ursprung. Auf diese Art und Weise haben wir eindeutig eine gerichtete Gerade bestimmt: durch die Senkrechte, durch den Ursprung, um sie zu erreichen, und durch die Richtung der Geraden l im Raum. Wie viele

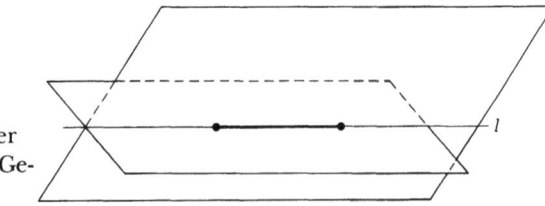

Die Konstruktion der zu einer gegebenen Gerade l dualen Geraden.

Zahlen sind hierbei involviert? Drei für die Senkrechte und dann noch zwei für den Einheitsvektor entlang der Geraden (man benötigt zwei Zahlen, um eine Richtung im Raum festzulegen). Der Einheitsvektor und die Senkrechte müssen jedoch einen rechten Winkel bilden, deshalb muß eine Gleichung erfüllt sein. Fünf Zahlen und eine Gleichung bedeuten aber, daß man vier Zahlen benötigt, um die Gerade l zu bestimmen, daher ist die Menge aller Geraden im Raum vierdimensional.

Um einen ersten Eindruck von diesem vierdimensionalen Raum zu erhalten, drehen wir die Sache um. Wir nehmen zuerst die Einheitsvektoren und dann die Senkrechten. Die Spitzen der Einheitsvektoren liegen auf der Einheitskugel um den Ursprung; die Vektoren selbst sind Radien der Kugel, daher sind alle Senkrechten Geraden, die zu der Kugel tangential sind. Auf diese Art und Weise kann man die Menge aller Geraden im Raum als die Menge aller Tangenten an die Einheitskugel ansehen. Dieses Objekt erhielt später einen Namen – das Tangentialbündel der Kugel.

Nun kehren wir zu der Familie der Doppelgeraden zurück. Wir haben gesehen, daß jede gegebene Senkrechte mit einer Nullebene verbunden ist. Daher gibt es zu jeder gegebenen Richtung eine Doppelgerade, denn wir können sie als den Durchschnitt zweier Nullebenen auffassen. Folglich gibt es in jedem Punkt der Kugel eine Tangente, die die gegebene Doppelgerade repräsentiert. So wird die Familie aller Doppelgeraden durch etwas dargestellt, das heute ein Schnitt des Tangentialbündels heißt.

Wir möchten darauf hinweisen, daß Möbius diesen Typ der Dualität nicht entdeckt haben könnte, wenn er an Geraden im Raum interessiert gewesen wäre. Eine Gleichung der Gestalt $\mathbf{x}^T\mathbf{A}\mathbf{x} = 0$, wobei $\mathbf{A}$ eine

> 172   Der barycentrische Calcul. Abschnitt II.   §. 141.
>
> einer halben Umdrehung des einen Systems in irgend einer durch die Gerade gehenden Ebene.
>
> Zur Coincidenz zweier sich gleichen und ähnlichen Systeme im Raume von drei Dimensionen: $A, B, C, D, ...,$ und $A', B', C', D', ...,$ bei denen aber die Puncte $D, E, ...$ und $D', E', ...$ auf ungleichnamigen Seiten der Ebenen ABC und $A'B'C'$ liegen, würde also, der Analogie nach zu schliessen, erforderlich sein, dass man das eine System in einem Raume von vier Dimensionen eine halbe Umdrehung machen lassen könnte. Da aber ein solcher Raum nicht gedacht werden kann, so ist auch die Coincidenz in diesem Falle unmöglich.

Möbius' Erwähnung des vierdimensionalen Raumes in *Der barycentrische Calcul.*

schiefsymmetrische Matrix ist, bestimmt keine spezielle Menge von Punkten im Raum: Jeder Punkt **x** erfüllt diese Gleichung. Die Gleichung bestimmt dagegen eine Menge von Geraden im Raum, die selbstdualen Geraden, und das ist die geometrische Bedeutung. Deshalb hätte Möbius seine Entdeckung nicht machen können, wenn er sich auf den ebenen Fall beschränkt hätte: Hier gibt es aus einfachen algebraischen Gründen keine derartige Dualität. Möbius wurde jedoch auf natürliche Art und Weise zur Untersuchung des dreidimensionalen Raumes geführt, nicht, weil er einfach da ist, sondern weil es der einzig interessante Raum ist, wenn man an Statik interessiert ist.

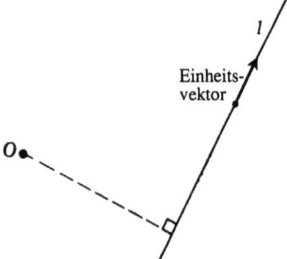

Um die Gerade *l* festzulegen, benötigt man vier Zahlen.

Postskriptum

Diese Beiträge von Möbius ziehen anhand von Schlußfolgerungen einige Verallgemeinerungen nach sich. Die attraktiven und (zu ihrer Zeit) wichtigen Gebiete Koordinatengeometrie und Statik wurden unmittelbar in Algebra umgeformt, in die technischen Mittel, die Möbius am besten lagen. Insbesondere bedeutete dies, daß er in der Geometrie nicht in Reden über Punkte im Unendlichen schwelgen mußte und daß er neue geometrische Forschungen nicht auf bloß intuitive Begriffe über Gewicht und Kraft gründen mußte. Seine Algebra war jedoch nicht nur einfach Koordinatenhuberei. Klar und neu war seine Betonung des linearen Aspekts der Theorie – insbesondere die Feststellung, daß irgend etwas Null ist, wenn seine Koordinaten (bezüglich einer beliebigen Achsenwahl) Null sind. Dies mag heutzutage offensichtlich scheinen, zu jener Zeit war es jedoch ein neuer mathematischer Gedanke. Schließlich beweist Möbius' Arbeitsweise eindrucksvoll, daß man wundervolle Entdeckungen machen kann, indem man geduldig auf den einfachsten Fällen aufbaut und sich durch die speziellen (und scheinbar weniger interessanten) Beispiele durcharbeitet. Wir können alle darauf warten, daß uns ein Geistesblitz trifft, geduldige Arbeit trägt jedoch auch immer ihre Früchte.

Die Entwicklung der Topologie

Norman Biggs

In diesem Kapitel werde ich einige der Beiträge Möbius' zur Topologie erörtern, und ich werde versuchen, sie in die allgemeine Geschichte der topologischen Begriffe im neunzehnten Jahrhundert einzubetten. Möglicherweise hielt sich Möbius selbst nicht für einen Topologen, weil es zu jener Zeit kein allgemeines Fach namens Topologie gab. Seine Gedanken hatten jedoch nichtsdestotrotz einen wichtigen Einfluß auf die Entwicklung dieses Gebiets. Die faszinierenden Eigenschaften des Möbiusbands wurden schon weiter oben in diesem Buch beschrieben; ich nehme an, daß Sie darüber hinaus nur eine vage Vorstellung davon haben, womit sich die Topologie beschäftigt.

Die Eulersche Formel

Die Geschichte der Topologie beginnt vor dem neunzehnten Jahrhundert mit dem berühmten Mathematiker Leonhard Euler (1707–1783). Euler machte viele bedeutende mathematische Entdeckungen. Eine der einfachsten und gleichzeitig eine der wichtigsten betrifft die Ecken, Kanten und Flächen von Körpern. Da ich kein Historiker bin, darf ich meiner Phantasie freien Lauf lassen. Ich stelle mir vor, Euler wohnte in einem Haus, das ein bißchen so wie das rechts dargestellte aussah. Es besaß eine gewisse Anzahl e von Ecken (es gibt 10 davon), eine gewisse Anzahl k von Kanten (17) und eine gewisse Anzahl f von Flächen (in diesem Fall 9). In diesem Fall gilt

$$e - k + f = 10 - 17 + 9 = 2\,.$$

Euler bemerkte, daß die Gleichung

$$e - k + f = 2$$

für viele Objekte gültig ist – für Pyramiden, Prismen, verschiedenartige Kristalle usw. –, und er stellte die Behauptung auf, daß sie für alle Körper gilt.

Die weltweite Beachtung des Möbiusbands wird zum Beispiel durch die Wahl des Motivs für obenstehende Briefmarke illustriert, die anläßlich des 6. brasilianischen Mathematikkongresses in Rio de Janeiro im Jahre 1967 herausgegeben wurde.

> Dieses ist klar, weil keine hedra aus weniger als drey Seiten, und kein angulus solidus aus weniger als drey angulis planis bestehen kann. Folgende Proposition aber kann ich nicht recht rigorose demonstriren:
>
> 6. In omni solido hedris planis incluso aggregatum ex numero hedrarum et numero angulorum solidorum binario superat numerum acierum, seu est $H + S = A + 2$, seu $H + S = \frac{1}{2} L + 2 = \frac{1}{2} P + 2$.

In einem Brief an Christian Goldbach vom November 1750 beobachtete Euler, daß bei jedem Körper, der von ebenen Flächen begrenzt wird, die Summe der Anzahl der Flächen und der Anzahl der Ecken des Körpers um 2 größer ist als die Anzahl der Kanten.

Die indirekten Folgen dieser Behauptung bilden das Hauptthema dieses Artikels, denn als die Leute versuchten zu verstehen, in welchem Sinn sie allgemein gültig sein könnte, entstanden auf natürliche Art und Weise grundlegende topologische Konzepte. Euler entwickelte sehr gute Ansätze, seine Formel in verallgemeinerter Form beweisen zu können, aber er lieferte nicht das, was wir heute einen wasserdichten Beweis nennen würden. Einer der Hauptgründe für seine Schwierigkeiten war, daß das grundlegende Vokabular zu jener Zeit noch nicht entwickelt war, und deshalb konnte er seine Behauptung nicht auf eindeutige Art und Weise formulieren.

Wir wollen uns nun in das neunzehnte Jahrhundert zurückbegeben und einen nicht so bekannten Mathematiker, der wie Euler von Schweizer Herkunft war, aufsuchen. Simon-Antoine-Jean Lhuilier (1750–1840) beschäftigte sich viele Jahre lang mit dem Thema Topologie; seine wichtigste Arbeit wurde 1813 veröffentlicht. Er bemerkte, daß eine bestimmte Familie von Körpern Eulers Gleichung nicht erfüllte und begann, eine umfassende Liste dieser «Ausnahmen» von der Formel aufzustellen; mit anderen Worten: Er versuchte, die Fälle zu klassifizieren, in denen die Formel falsch ist.

Lassen Sie uns annehmen, Lhuilier wohnte in einem Haus, das wie das obige aussah, insbesondere hatte es in der Mitte einen großen Innenhof. Wenn wir die Anzahl der Ecken, Kanten und Flächen zählen, finden wir, daß Lhuiliers Haus 16 Ecken, 32 Kanten und 16 Flächen besaß, und daher

$e - k + f = 0$

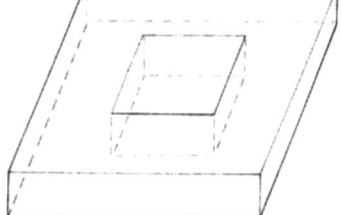

ist. Der Grund dafür ist nicht schwer zu verstehen: Es ist der Innenhof in der Mitte des Hauses, der das Problem verursacht. Die Existenz dessen, was im wesentlichen ein großes Loch im Körper ist, macht Lhuiliers Haus in gewissem Sinn von Eulers Haus verschieden.

Lhuilier bemerkte, daß man eine Methode zur Klassifikation von Körpern benötigte, bei der derartige Probleme berücksichtigt wurden und durch die die Bedeutung der Eulerschen Zahl $e - k + f$ klar wurde. Offensichtlich gibt es einen Unterschied zwischen dem Haus mit dem Innenhof und dem Haus ohne Innenhof, aber wie kann man ihn beschreiben? Tatsächlich gibt es hierbei zwei Probleme: Das eine liegt in der Bedeutung der Aussage, ein Körper sei das gleiche wie Eulers Haus; das andere besteht in der Schwierigkeit, den Unterschied zwischen Eulers Haus und Lhuiliers Haus in mathematischen Begriffen zu charakterisieren. Das erste dieser Probleme führt zur analytischen Topologie, und die Idee, Unterschiede zwischen Körpern zu charakterisieren, führt zur algebraischen Topologie. 1813 allerdings gab es überhaupt noch keine Topologie.

Eine Briefmarke der DDR mit Eulers Formel.

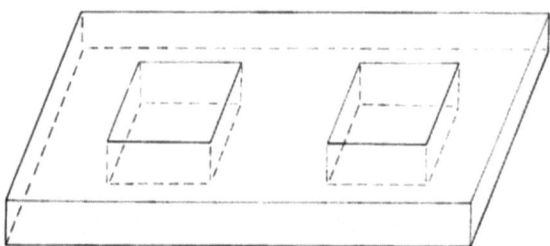

Trotz des Fehlens eines theoretischen Hintergrunds war Lhuilier dazu in der Lage, seine Gedanken weiter zu entwickeln. Betrachten Sie einen Körper wie den obigen mit Ecken, Kanten und Flächen. Nehmen Sie jedoch nun an, daß er anstatt des einen Lochs (der Innenhof in Lhuiliers Haus) nun g Löcher besitzt. Lhuilier fand heraus, daß in diesem Fall die Eulersche Zahl gleich

$$e - k + f = 2 - 2g$$

ist, gleichgültig, welche Gestalt der Körper besitzt. Heutzutage sagt man, daß dies ein Resultat über «topologische Invarianz» ist, aber zu Lhuiliers Zeit war dieser Begriff noch nicht formuliert. Wie immer müssen wir uns davor hüten, historische Entwicklungen mit nachträglicher mathematischer Einsicht zu bewerten, denn die Art und Weise, wie wir heute über mathematische Dinge nachdenken, ist oftmals vollkommen verschieden von der Denkweise der Leute, die sie entdeckten. Häufig untersuchten sie ein ganz anderes Problem, als man vermuten könnte, wenn man ihre Resultate aus heutiger Sicht betrachtet.

Im frühen neunzehnten Jahrhundert erschienen also viele Fragen der Geometrie ziemlich verschwommen. Was stellt ein Loch in einem Körper dar? Falls es mehrere davon gibt, wie soll man sie zählen? Das Loch in Lhuiliers Haus kann als Tunnel angesehen werden, der durch die Mitte des Hauses verläuft. Wenn es mehrere voneinander getrennte Tunnel gibt, können sie sehr einfach gezählt werden, aber die Dinge können kompliziert werden, wenn irgendwo im Inneren ein Tunnel besteht, der mit einem anderen zusammenhängt. Oder es könnte ein Netzwerk von Tunneln geben, ganz so, als ob sich eine Maus im Körper befände. Wie soll man die «Löchrigkeit» eines solchen Körpers definieren? Warum ist der Wert der Eulerschen Zahl $e - k + f$ von Bedeutung? Ist dies eine Möglichkeit, «Löchrigkeit» zu definieren?

Möbius und die Einseitigkeit

An dieser Stelle muß man das Werk von Möbius ins Spiel bringen, denn er entdeckte, wie wir wissen, eine weitere Schwierigkeit. Alle bislang betrachteten Körper, auch die, durch die Tunnel verlaufen, besitzen zweiseitige Flächen, sie haben eine Innenseite und eine Außenseite. Wir wissen jedoch, daß es noch andere Arten von Flächen gibt, denn Möbius entdeckte eine einseitige Fläche, die nicht orientierbare Fläche, die heute Möbiusband heißt. Möbius hat in Wirklichkeit mehr geleistet, als nur eine Beschreibung des Bandes zu liefern. Sein Hauptbeitrag besteht in der von intuitiven Begriffen unabhängigen Erklärung der Einseitigkeit. Seine Idee war tatsächlich so grundlegend, daß sie die Mathematiker noch immer als Definition der Nicht-Orientierbarkeit verwenden.

Eine von Möbius' Techniken bestand darin, sich vorzustellen, eine Fläche sei aus flachen polygonalen Teilen zusammengeklebt. Das Möbiusband kann zum Beispiel aus Dreiecken aufgebaut werden; wenn das Band auseinandergedreht wird, können wir die Dreiecke deutlich sehen. Die Oberfläche eines Körpers wie Eulers Haus kann man sich genauso vorstellen, indem man dort, wo es nötig ist, zusätzliche Kanten anfügt. Die Eulersche Zahl $e - k + f$ kann also sehr viel allgemeiner definiert werden. Lhuilier hatte bereits ähnliche Konstruktionen unter-

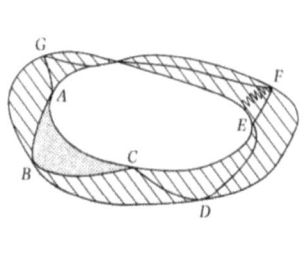 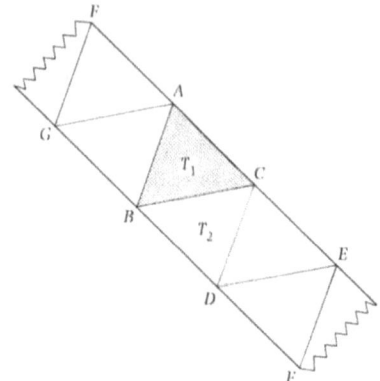

sucht; insbesondere hatte er Körper betrachtet, deren Oberflächen in dem Sinn nicht geschlossen waren, daß sie (wie das Möbiusband) eine oder mehrere Randkurven besaßen. Möbius ging jedoch noch weiter, denn er war in der Lage, Einseitigkeit durch die Art und Weise zu erklären, auf die die Teile zusammenpassen.

Lassen Sie uns nun den Unterschied zwischen einer Drehung im Uhrzeigersinn und einer Drehung entgegen dem Uhrzeigersinn definieren. Wir können in der obenstehenden Figur ein Dreieck T_1 wählen und die zyklische Reihenfolge *ABC* seiner Ecken entgegen dem Uhrzeigersinn definieren. Im benachbarten Dreieck T_2 müssen wir die kompatible Drehung wählen, in diesem Fall *CBD*. Der entscheidende Punkt an der Kompatibilität ist folgender: Wenn zwei Dreiecke eine gemeinsame Kante besitzen, muß diese Kante bezüglich der Drehungen der Dreiecke entgegengesetzt orientiert sein. Möbius stellte fest, daß man nicht allen Dreiecken, die das Band bilden, kompatible Drehungen verleihen kann. Wenn wir die Drehungen so weit es geht im unverdrehten Band kompatibel ausdehnen, dann wird die Kompatibilitätsbedingung verletzt, wenn wir an den Punkt gelangen, an dem wir das Band durch Zusammenkleben der Enden konstruieren. Andererseits kann man den Flächen einer «gewöhnlichen» Oberfläche, wie der von Eulers Haus, eine Menge von kompatiblen Drehungen zuordnen. Deshalb kann man so genau beschreiben, was die Aussage, daß die Oberfläche des Möbiusbands nicht orientierbar sei, meint.

Listings Zensus

Möbius steht jedoch nicht der gesamte Ruhm für die Entdeckung des heute so genannten Möbiusbands zu. Wir müssen auch das Werk eines

Die Entwicklung der Topologie 141

J. B. Listing (1808–1882).

weniger bekannten Mathematikers aus dem neunzehnten Jahrhundert betrachten, das von Johann Benedict Listing (1808–1882).

In gewisser Weise hat Listing Anspruch darauf, als Gründer der Topologie zu gelten, nicht zuletzt, weil er 1847 ein Buch mit dem Titel *Vorstudien zur Topologie* schrieb. Er hatte diesen Begriff tatsächlich bereits geprägt und ungefähr zehn Jahre zuvor in seiner Korrespondenz verwendet. Es gibt jedoch Beweise dafür, daß die Quelle von Listings topologischen Ideen einer der größten Mathematiker aller Zeiten war, nämlich Carl Friedrich Gauß (1777–1855). Listing studierte zunächst 1829 bei Gauß, und er blieb bis zu Gauß' Tod im Jahre 1855 mit ihm in Kontakt. Viele Jahre lang wirkten sie beide in Göttingen. In seinen Schriften gab Listing zu, daß er versuchte, die topologischen Ideen von

Gauß weiterzuentwickeln, der selbst niemals etwas zu diesem Thema veröffentlichte, obwohl es in seinen unveröffentlichten Arbeiten einige relevante Kommentare zu topologischen Fragestellungen zu finden sind. Gauß' Arbeit über die Krümmung von Flächen und andere Themen der Differentialgeometrie warf viele Fragen auf, die ohne eine gleichzeitige Entwicklung eines topologischen Rahmens nicht sauber formuliert werden konnten. Aller Wahrscheinlichkeit nach ermutigte er Listing aus diesem Grund, auf dem Feld zu forschen, das heute «Topologie» heißt.

Wir wollen nun sehen, was Listing erreichte. Sein erstes Buch, *Vorstudien zur Topologie*, enthält interessantes (aber sehr elementares) Material, doch es ist für unsere Betrachtung nicht so sehr von Bedeutung. Aber ein anderes Buch von ihm ist sehr wichtig: 1861 veröffentlichte er *Der Census räumlicher Complexe oder Verallgemeinerung des Euler'schen Satzes von den Polyëdern*, ein Buch, das bemerkenswerterweise eine Beschreibung

Die erste gedruckte Erwähnung des Wortes «Topologie» erschien in Listings *Vorstudien zur Topologie* (1847).

> **Der Census räumlicher Complexe**
>
> oder
>
> Verallgemeinerung des Euler'schen Satzes von den Polyëdern.
>
> Von
>
> *Johann Benedict Listing.*
>
> In der Königl. Gesellschaft der Wissenschaften vorgetragen am 7. December 1861.
>
> Der von Euler in der Mitte des vorigen Jahrhunderts gefundene Satz über den Zusammenhang der Anzahl der Ecken, Kanten und Flächen eines Polyëders[1]), wonach die Zahl der Ecken und Flächen zusammen genommen die Zahl der Kanten um 2 übertrifft, das Seitenstück des an sich evidenten Satzes, dass in einem Polygon die Zahl der Ecken gleich ist der Zahl der Seiten, ist von dem berühmten Erfinder in der ersten seiner beiden darauf bezüglichen Abhandlungen nur in unvollständiger Induction verificirt, in der zweiten aber streng bewiesen worden. Seitdem ist dieses Theorem von verschiedenen Geometern, wie Legendre[2]), Cauchy[3]), Lhuilier[4]) u. A. sowie noch
>
> ---
>
> 1) Leonh. Euler: Elementa doctrinae solidorum, und Demonstratio nonnullarum insignium proprietatum, quibus solida hedris planis inclusa sunt praedita. Novi Commentarii Acad. Sc. Petrop. IV. ad annum 1752 et 1753. Petropoli 1758. pag. 109 und 140.
> 2) Elémens de géométrie, Paris 1794.
> 3) Recherches sur les polyèdres, 2de partie. Journal de l'École polytechnique 16. Cahier. Paris 1813. pag. 76.
> 4) Mémoire sur la polyédrométrie, contenant une démonstration directe du théorème d'Euler sur les polyèdres, et un examen de diverses exceptions auxquelles ce théorème est assujetti (extrait par M. Gergonne). Annales de mathématiques pures et appliquées par Gergonne III. 1812 Déc. pag. 169.
>
> *Mathem. Classe. X.*   N

Die Titelseite von Listings *Der Census räumlicher Complexe*.

des Möbiusbands enthält. Möbius veröffentlichte die Idee nicht vor 1865, deshalb stellt sich hier die Frage der Priorität. Es scheint, daß sowohl Möbius als auch Listing 1858 über das Möbiusband nachdachten, denn beide schrieben in diesem Jahr unveröffentlichte Arbeiten, in denen es erwähnt wird. Zum Unglück von Möbius entstand Listings unveröffentlichte Arbeit einige Monate vor seiner eigenen. Beide beschreiben die Konstruktion ähnlich. Haben wir es also mit einem Beispiel für das in der wissenschaftlichen Arbeit nicht unbekannte Phänomen zu tun, daß eine Idee, deren Zeit reif ist, unabhängig an verschiedenen Orten, aber zur gleichen Zeit auftaucht? Das ist sicherlich eine Möglichkeit. Oder gab es einen anderen Grund für die Tatsache, daß

§. 11. Von der verschiedenartigen Form der zweierlei Zonenflächen kann man sich eine sehr anschauliche Vorstellung mittelst eines Papierstreifens verschaffen, welcher die Form eines Rechtecks hat. Sind A, B, B', A' (vergl. Fig. 1) die vier Ecken desselben in ihrer Aufeinanderfolge, und wird er hierauf gebogen, so dass die Kante $A'B'$ sich stets parallel bleibt, bis sie zuletzt mit AB zusammenfällt, so erhält der Streifen die Form einer Cylinderfläche, also einer zweiseitigen Zone, welche die zwei nunmehr kreisförmigen Kanten AA' und BB' des anfänglichen Rechtecks zu ihren zwei Grenzlinien hat. — Man kann aber auch, dafern das eine Paar paralleler Kanten AA' und BB' gegen das andere AB und $A'B'$ hinreichend gross ist, A' mit B, und B' mit A zur Coïncidenz bringen, indem man zuvor, das eine Ende AB des Streifens festhaltend, das andere Ende $A'B'$ um die Längenaxe des

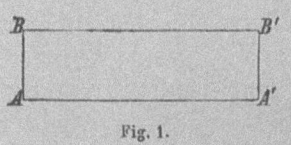
Fig. 1.

Die Beschreibung des Möbiusbands in *Ueber die Bestimmung des Inhaltes eines Polyëders* (1865).

sowohl Möbius als auch Listing das Möbiusband zu fast der gleichen Zeit beschrieben? Falls dies so ist, dann hängt dies wahrscheinlich mit der Arbeit von Gauß zusammen, der, wie wir wissen, an diesem Thema sehr interessiert war. Gauß starb 1855, deshalb kann der Grundgedanke nicht direkt von ihm verbreitet worden sein, aber die Möglichkeit einer Verbindung mit seinem Werk bleibt bestehen.

Ich bezweifle, daß diese Frage jemals vollständig beantwortet werden wird. Nach Möbius wurden selbstverständlich noch mehrere andere Dinge benannt, nach Listing dagegen nicht, deshalb wäre es vielleicht gerechter gewesen, das Band Listing zuzusprechen. Wir richten uns jedoch weiterhin nach der allgemein üblichen Terminologie und nennen es das Möbiusband.

Listings *Census* beschäftigt sich mit Fragen, die entstehen, wenn man Körper untersucht, die Löcher besitzen und aus deren Flächen Stücke herausgeschnitten sind. Das Werk war insbesondere an der Wirkung derartiger Operationen auf die Eulersche Zahl $e - k + f$ interessiert. Listing erfand Wörter wie «Periphraxis» und «Cyclosis», die sich wie ziemlich schlimme Krankheiten anhören – es sind jedoch seine Bezeichnungen für topologische Eigenschaften, für die wir heute andere, nicht weniger komplizierte Namen verwenden. Periphraxis betrifft die «Komponenten» einer Fläche, und Cyclosis steht im Zusammenhang mit dem,

Diese deutsche Briefmarke wurde 1955 anläßlich des
hundertsten Todestages von Gauß herausgegeben.

was wir heute «einfach zusammenhängend» nennen. Unter Verwendung derartiger Begriffe beschreibt *Census* die speziellen Familien von Objekten, die Lhuilier bemerkte, und versucht, sie zu systematisieren.

Wie ich bereits erwähnt habe, gab es auch Anregungen aus anderen Bereichen der Mathematik in der Mitte des neunzehnten Jahrhunderts. Neben der Differentialgeometrie betrieb Gauß mehrere andere Dinge, die topologische Fragen (als die wir sie heute erkennen) beinhalteten. Zum Beispiel birgt einer seiner Beweise des Fundamentalsatzes der Algebra, daß jedes Polynom über den komplexen Zahlen eine Nullstelle besitzt, durchaus einige topologische Gedanken. Ein weiterer berühmter Mathematiker, Bernhard Riemann, untersuchte die heute sogenannten Riemannschen Flächen. Er wollte «Funktionen» geometrisch beschreiben, die keine echten Funktionen waren – die sogenannten mehrdeutigen Funktionen. Um seine Untersuchungen auf eine solide Grundlage zu stellen, kam er auf die Idee, den Wertebereich der Funktion zu erweitern. Anstatt die Funktion in der komplexen Ebene zu definieren, erweiterte er die Ebene, wobei er geometrische Gedanken verwendete, die von den Vielfachheiten der Wurzeln einer Gleichung herrührten, so daß die Ebene zu einer komplizierteren Fläche wurde. Der entscheidende Punkt ist, daß in der gesamten Mathematik die Notwendigkeit einer sauberen Entwicklung der Topologie bestand. Später in diesem Jahrhundert entwickelte ein anderer großer Mathematiker, Felix Klein, die Gedanken von Riemann weiter. Zusammen mit seinem Kollegen Fricke schrieb er ein Buch über die sogenannten automorphen Funktionen, das die Mathematiker noch heute für extrem wertvoll halten, weil es so viele wichtige Ideen über die Topologie von Flächen und verwandte Themen enthält.

Wir können nun allmählich besser verstehen, warum sich zwei Hauptstränge der Topologie, die analytische und die algebraische, zu entwickeln begannen. Die analytische Topologie bestand zunächst aus einer Idee, nämlich der, daß die Eulersche Zahl für diejenigen Körper konstant ist, die dieselbe Anzahl von Löchern und Teilen wie der ursprüngliche besitzen – mit anderen Worten, für Körper, die durch Transformationen auseinander hervorgehen, die weder Schneiden noch Tunneln beinhalten, und die wir heute Homöomorphismen nennen. Wenn wir Schneiden und Tunneln zulassen, ist die Operation kein Homöomorphismus, und folglich ist der Wert von $e - k + f$ nicht invariant. Diese Gedankengänge waren am Anfang des neunzehnten Jahrhunderts kein Allgemeingut. Es mußte viel Arbeit geleistet werden, bevor es möglich war, die Vorgänge in streng mathematischen Begriffen zu beschreiben. Der algebraische Strang umfaßt das Problem, exakt zu definieren, was mit der «Anzahl von Löchern» gemeint ist. Dies ist ein diskretes Problem, das durch die Tatsache erschwert wird, daß die Löcher zusammenwachsen und auf merkwürdige Art und Weise miteinander verbunden sein können. Daher ist es notwendig, sich der Algebra zuzuwenden, denn mit ihrer Hilfe können wir Berechnungen durchführen und Invarianten erzeugen, mit denen wir hantieren können.

Die algebraische Seite

Im folgenden wollen wir uns mit dem zweiten Strang, der algebraischen Seite der Dinge, befassen. Wie kam es, daß die Mathematiker am Ende des neunzehnten Jahrhunderts dazu in der Lage waren, die «Löchrigkeit» von Körpern mathematisch korrekt zu beschreiben? Das seltsame daran ist, daß die Person, die als erste eine Technik hierfür entwickelte, kein Mathematiker war. Es war der berühmte Physiker Gustav Kirchhoff (1824–1887), der 1845 und 1847 zwei bemerkenswerte Artikel über den Stromfluß in elektrischen Netzwerken verfaßte.

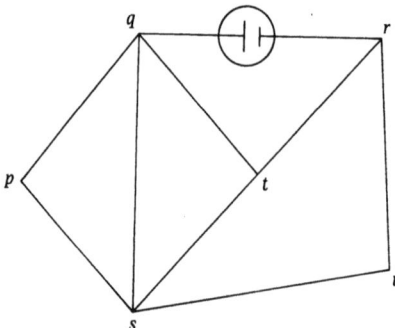

Das obenstehende Diagramm zeigt ein einfaches elektrisches Netzwerk. Legt man mit einer Batterie Spannung an das Netzwerk, fließt Strom durch die Drähte, von denen angenommen wird, daß jeder von

Die Entwicklung der Topologie 147

G. R. Kirchhoff (1824–1887).

ihnen einen Widerstand besitzt, der nicht gleich Null ist. Indem Kirchhoff das Netzwerk mittels seiner Schaltkreise analysierte, konnte er die Gleichungen bestimmen, die der Strom erfüllen muß, und zeigen, wie man sie lösen konnte. Das letztere Ergebnis enthält den Schlüssel zur algebraischen Topologie. Die Kirchhoffsche Maschenregel besagt, daß die Spannung in jeder Masche des Netzwerks gleich Null ist; daher gibt es für jede Masche des Netzwerks eine entsprechende Gleichung. Im oben dargestellten Netzwerk gibt es viele Maschen, wie z.B. *pqsp* oder *qrtsq*. Für jede von ihnen können wir eine lineare Gleichung aufstellen, die die Spannungen zueinander in Beziehung setzt. Es entsteht die offensichtliche Frage: Wie viele Gleichungen benötigt man? Klar ist, daß man nicht alle Gleichungen aufstellen muß, denn einige von ihnen hängen von anderen ab. Die Gleichung für die Masche *pqtsp* ergibt sich zum Beispiel, indem man die Gleichungen für die Maschen *pqsp* und *sqts* addiert. Folglich können wir sagen, daß die Masche *pqtsp* von *pqsp* und *sqts* abhängt. Daher lautet die Frage: Wie viele Maschen sind unabhängig?

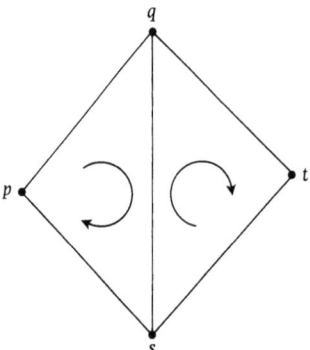

Lassen sie uns nun den physikalischen Hintergrund vergessen und das Netzwerk als geometrisches Objekt betrachten, das aus Punkten (den Ecken) und Linien (den Kanten) aufgebaut ist. Wie viele unabhängige Maschen gibt es? In unserem Fall ist die Antwort offensichtlich: die vier Maschen *pqsp*, *qrtq*, *sqts* und *rustr* sind unabhängig. Jede andere Masche kann gebildet werden, indem man zwei oder mehrere von ihnen zusammensteckt. Aber warum lautet die Antwort vier? Kirchhoff bemerkte, daß sie in Wirklichkeit 9 − 6 + 1 ist, also die Anzahl der Kanten minus die Anzahl der Ecken plus eins:

Anzahl der unabhängigen Maschen = $k - e + 1$.

Kirchhoff bewies, daß dies allgemein die korrekte Formel für die Anzahl der unabhängigen Maschen ist. Sein Artikel besaß einen ziemlich modernen Zugang zum Thema, und er benutzte verschiedene Konstruktionen, die wir heute in der Graphentheorie als Standard ansehen. Er verfügte jedoch nicht über die algebraischen Techniken, die notwendig sind, um das Ergebnis auf höhere Dimensionen zu verallgemeinern – das war allerdings auch nicht Teil seines Programms. Die grundlegenden Ideen waren jedoch in Kirchhoffs Artikel unterschwellig vorhanden, und es waren lediglich diese Ideen, die die Mathematiker in der zweiten Hälfte des neunzehnten Jahrhunderts entwickelten, um das zu kreieren, was wir heute algebraische Topologie nennen.

Kirchhoff stellte den einfachst möglichen Rahmen auf, in dem der topologische Begriff «Löchrigkeit» mathematisch zu fassen ist. Sein Rahmen ist zwar eine Dimension tiefer als der, den man benötigt, um die «Löchrigkeit» für Flächen und für die Eulersche Formel zu beschreiben; die «Löcher» in einem Netzwerk entsprechen den Maschen, von denen jede einen leeren Bereich umfaßt, wohingegen die «Löcher» in einem Körper eher wie Tunnel sind. Doch hier greifen die gleichen Ideen, und dies funktioniert folgendermaßen:

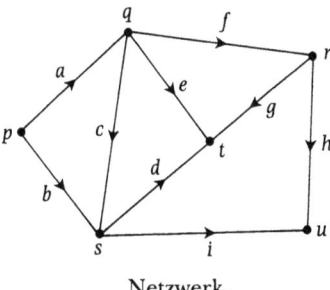

Netzwerk.

Wir stellen eine Tabelle oder eine Matrix auf, die das Netzwerk beschreibt. Die Zeilen entsprechen den Ecken des Netzwerks, und die Spalten entsprechen seinen Kanten. Da der Strom entlang eines Drahts in beide Richtungen fließen kann, geben wir jeder Kante einen beliebigen Sinn (durch einen Pfeil angedeutet). Ist der gewählte Sinn physikalisch «falsch», wird der Wert des Stroms negativ sein. Wir setzen in Zeile e und Spalte k der Matrix

- 1, falls die Ecke e am Ende der Kante k ist und der Pfeil auf sie weist;
- −1, falls die Ecke e am Ende der Kante k ist und der Pfeil von ihr weg weist;
- 0, falls die Ecke e nicht am Ende der Kante k ist.

So hat jede Spalte (Kante) genau zwei Einträge ungleich Null, einmal 1 und einmal −1. Die Matrix wird Inzidenzmatrix **D** genannt.

	a	b	c	d	e	f	g	h	i
p	−1	−1	0	0	0	0	0	0	0
q	1	0	−1	0	−1	−1	0	0	0
r	0	0	0	0	0	1	−1	−1	0
s	0	1	1	−1	0	0	0	0	−1
t	0	0	0	1	1	0	1	0	0
u	0	0	0	0	0	0	0	1	1

Inzidenzmatrix

Eine nützliche Eigenschaft der Matrix **D** ist, daß man mit ihrer Hilfe Maschen algebraisch beschreiben kann. Im oben dargestellten Netzwerk zum Beispiel enthält die Masche *pqsp* die Kanten *a*, *c* und *b*. Durchlaufen wir *pqsp*, passieren wir *a* und *c* in richtigem und *b* im umgekehrten Sinn; daher stellen wir die Masche *pqsp* durch den Spaltenvektor **x** dar, der in der ersten und dritten Stelle eine 1, in der zweiten eine −1 und an den anderen Stellen 0 hat. Die Regeln, nach denen man eine Matrix auf einen Vektor anwendet, zeigen, daß **Dx = 0** ist, also

$$\begin{pmatrix} -1 & -1 & 0 & 0 & 0 & 0 & 0 & 0 & 0 \\ 1 & 0 & -1 & 0 & -1 & -1 & 0 & 0 & 0 \\ 0 & 0 & 0 & 0 & 0 & 1 & -1 & -1 & 0 \\ 0 & 1 & 1 & -1 & 0 & 0 & 0 & 0 & -1 \\ 0 & 0 & 0 & 1 & 1 & 0 & 1 & 0 & 0 \\ 0 & 0 & 0 & 0 & 0 & 0 & 0 & 1 & 1 \end{pmatrix} \begin{pmatrix} 1 \\ -1 \\ 1 \\ 0 \\ 0 \\ 0 \\ 0 \\ 0 \\ 0 \end{pmatrix} = \begin{pmatrix} 0 \\ 0 \\ 0 \\ 0 \\ 0 \\ 0 \end{pmatrix}$$

Tatsächlich erfüllt jeder Vektor **x**, der auf diese Art und Weise eine Masche des Netzwerks repräsentiert, die Gleichung **Dx = 0**. Daher ist die Anzahl der unabhängigen Maschen im Netzwerk gleich der Anzahl der unabhängigen Vektoren, die diese Gleichung erfüllen. Heute besitzen wir eine einfache algebraische Theorie, die uns alles liefert, was wir über diese Dinge wissen müssen: Wir befassen uns mit Dimensionen von Räumen, Kernen von Abbildungen usw. Das Nützliche daran ist, daß die Inzidenzmatrix viel allgemeiner verwendet werden kann und man mit ihrer Hilfe beschreiben kann, wie man Teile eines Körpers oder Objekte in beliebigen Dimensionen zusammenfügen kann.

Die Topologie an der Schwelle des zwanzigsten Jahrhunderts

Diese Entwicklung fand nicht über Nacht statt. Kirchhoff, Listing und die anderen Mathematiker in den vierziger Jahren des neunzehnten Jahrhunderts besaßen nicht den Apparat von Vektoren, Matrizen und das, was wir heute lineare Algebra nennen. Aus diesem Grund konnte Listings *Census* nicht mehr bieten als eine verschwommene und beschreibende Klassifizierung von Flächen. Was er leisten wollte, erscheint hingegen klar – oder vielleicht sollten wir sagen, was Gauß leisten wollte. Was Gauß ins Auge faßte, wurde zum Programm der Mathematik im zwanzigsten Jahrhundert. Gauß konnte die Details nicht vorausahnen, aber er sah den großen Rahmen dessen, was benötigt wurde, auf lange Sicht voraus.

Zum Schluß wollen wir umreißen, wie sich all dies zu einem Programm entwickelte, das einige nicht sehr präzise Ideen über die «Löchrigkeit» von Körpern zu einer eindrucksvollen Theorie umwandelte – ein algebraischer Kontext, in dem diese Ideen unabhängig von intuitiven Begriffen formuliert werden können. Mit diesem Programm sind viele berühmte Namen verbunden. Einer von ihnen ist der italienische Mathematiker Enrico Betti (1823–1892), der Zahlen einführte, die heute Bettizahlen heißen. Diese sind Verallgemeinerungen der «Kirchhoffschen Zahl» $k - e + 1$, der Anzahl der unabhängigen Maschen. Doch die größten Fortschritte machte in einer Reihe von ca. 1895 veröffentlichten Artikeln der französische Mathematiker Henri Poincaré (1854–1912). Er nahm die linearen Gleichungen und Matrizen und stellte alles in einen mehrdimensionalen Zusammenhang. Er erklärte, wie man mehrdimensionale Objekte (Komplexe) aus dem, was er Simplexe nannte, aufbauen kann, und er zeigte, wie die Regeln, nach denen sie zusammenpassen, mit Hilfe von Matrizen beschrieben werden können. Poincaré zeigte auch, wie man die «Löchrigkeit» von Komplexen algebraisch anhand der Eigenschaften dieser Matrizen beschreiben kann, die Verallgemeinerungen der oben beschriebenen Matrix **D** sind. Eine Beschreibung von Poincarés Werk, das unzählige Mathematiker beeinflußte, erschien 1907 in einem Band der großen deutschen *Encyklopädie der mathematischen Wissenschaften*. Das von M. Dehn und P. Heegaard verfaßte Kapitel über die Topologie war eine Zusammenfassung des Wissens zu jener Zeit.

Etwas später, aber gleichermaßen einflußreich, wurde der Bericht von Oswald Veblen, einem amerikanischen Mathematiker, publiziert. Zu dieser Zeit wandelte sich die mathematische Szene in Amerika, es begann eine Zeit der Rivalität mit Europa. Veblen hielt 1916 eine Reihe von Kolloquiumsvorträgen, die später in einem Buch veröffentlicht wurden. In diesen Vorträgen stellte er Poincarés Theorie modern dar; viele führende amerikanische Mathematiker wurden dadurch angeregt, das Thema aufzugreifen.

Im Laufe des zwanzigsten Jahrhunderts setzte sich der Verallgemeinerungsprozeß fort. Statt von einer Matrix oder einer linearen Abbildung sprechen wir heute von einem «Homomorphismus von Moduln», und wir verbinden diese Homomorphismen zu komplizierten Diagrammen. Die Diagramme besitzen Eigenschaften wie «Kommutativität» oder «Exaktheit», die in Wirklichkeit Ausdrücke für die grundlegenden geometrischen Beziehungen sind, die von Lhuilier, Listing und anderen Mathematikern des neunzehnten Jahrhunderts untersucht wurden. Unglücklicherweise wird der Hintergrund manchmal vergessen, und der Gegenstand wird zu einer reinen Übungsaufgabe. Studenten, die eine Vorlesung über algebraische Topologie besucht haben, sind manchmal nicht dazu in der Lage, eine Verbindung zwischen dem, was sie gelernt haben, und den faszinierenden Eigenschaften von Objekten wie dem Möbiusband herzustellen. Bei unseren Bemühungen, den Studenten die Wunder der modernen Mathematik nahezubringen, sollten wir die einfachen, aber wundervollen Gedanken nicht vergessen, die ihr Wachstum angeregt haben.

Möbius' Vermächtnis

Ian Stewart

Indem man nun die Seite AB festhält, drehe man den Streifen um seine mit AB' parallele Mittellinie um einen Winkel von 180°, bis A'B' mit AB gleichgerichtet ist, und führe sodann A'B' bis zur Coïncidenz mit AB fort.
«Zur Theorie der Polyëder und der Elementarverwandtschaft»,
Nachlaß.

Dank eines topologischen Spielzeugs ist Möbius ein alltäglicher Name – zumindest im mathematischen Alltag. August Ferdinand Möbius hat jedoch die Mathematik auf vielen Ebenen beeinflußt. Wesentliche Ideen – seine berühmte einseitige Fläche, seine Umkehrformel, seine zahlentheoretische Funktion, seine Transformationen der komplexen Ebene, seine geometrischen Netze – tragen seinen Namen. Aber vielleicht ist es wichtiger, daß sich Möbius außerdem der großen Ideen bewußt war, den allgemeinen Prinzipien, den Hauptgebieten der Forschung.

Was ist sein Vermächtnis? Es ist ein großer Teil der Hauptströmungen der heutigen Mathematik. Die Begriffe, die seine Aufmerksamkeit erregten, und die Methoden, zu deren Entwicklung er beitrug, spielen auch in der modernen Mathematik eine zentrale Rolle.

Anstatt jedoch eine historische Brücke von Möbius zur Gegenwart zu schlagen, möchte ich über einige Hauptschritte in der Entwicklung mehrerer Ideen berichten. In der Mathematik wird vieles bei informellen Diskussionen beim Kaffee, in Seminaren, Vorträgen oder über andere Medien weitervermittelt, die keine schriftlichen Spuren hinterlassen. Wenn wichtige mathematische Ideen in der Luft liegen, hören andere Mathematiker von ihnen über genau diese Informationsquellen, lange bevor etwas über sie in einer Zeitschrift erscheint. Daher werde ich das Wort «Vermächtnis» in einem etwas lockeren Sinn verwenden. Ich erwähne dies alles, weil ich nicht den Eindruck vermitteln will, daß Möbius für die Entdeckungen, über die ich berichten möchte, alleine verantwortlich war. Aber er war mit Sicherheit daran beteiligt und trieb sie voran.

Ein weiterer wichtiger Punkt sind die großen Ideen, die Möbius – und seine Zeitgenossen – inspirierten. Drei von Möbius Hauptinteressen waren die Topologie, die Symmetrie und die Himmelsmechanik.

Um seinen Einfluß zu beleuchten, werde ich mich auf Wechselwirkungen zwischen diesen drei Gebieten konzentrieren. Es ist ein Maß für

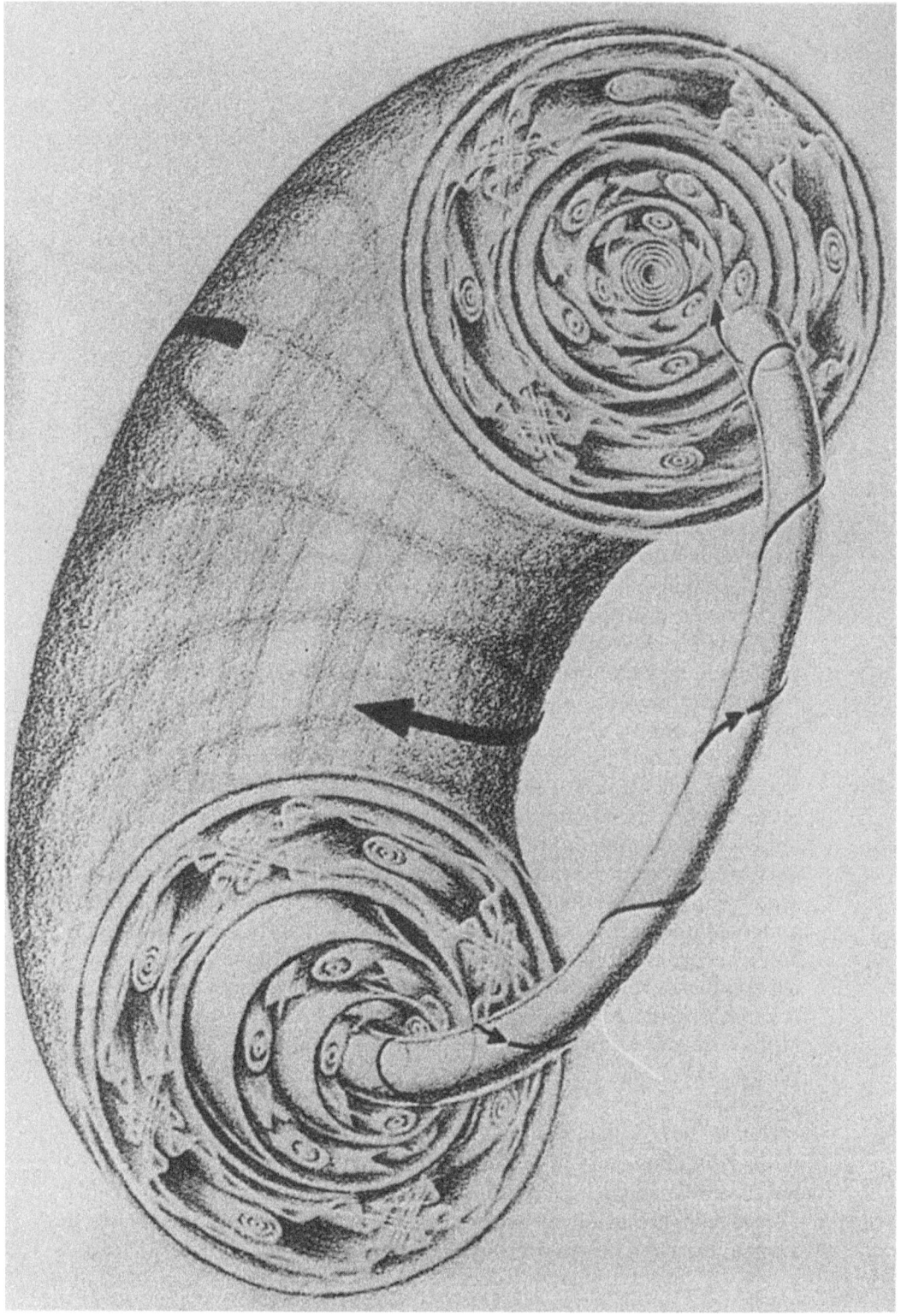

die Einheit der Mathematik, daß es zwischen drei so verschiedenen Gebieten nicht nur Wechselwirkungen gibt, sondern daß aus diesen Wechselwirkungen auch bedeutende Einsichten entstehen.

Topologie

Zwei geometrische Figuren sollen einander elementar verwandt heissen, ... wenn je einem Puncte der einen Figur ein Punct der anderen also entspricht, dass von je zwei einander unendlich nahen Puncten der einen auch die ihnen entsprechenden der anderen einander unendlich nahe sind.
«Theorie der elementaren Verwandtschaft», 1863.

Eine traditionelle Umschreibung der Topologie lautet «Gummiflächengeometrie», die Untersuchung der Eigenschaften einer geometrischen Figur, die erhalten bleiben, wenn man sie dehnt, verbiegt, verdreht oder zusammendrückt, dabei jedoch weder zerreißt noch zerschneidet. Das Bild von der «Gummifläche» ist jedoch nicht vollkommen richtig. Insbesondere sollten Sie sich hierbei kein festes Gummiband vorstellen, denn topologische Transformationen können ohne jede Schwierigkeit Entfernungen enorm in die Länge ziehen; ein unendlich dehnbares Kaugummi liegt für Topologen sehr nahe an der Wahrheit.

Können bei derart drastischen Manipulationen irgendwelche Eigenschaften erhalten bleiben? Sie können es tatsächlich. Möbius' bekannteste Entdeckung, das Möbiusband, besitzt eine derartige Eigenschaft, die so einfach wie überraschend ist: Es besitzt nur eine Seite. Das ist eine topologische Eigenschaft, denn wie auch immer man ein Möbiusband verzerrt, in die Länge zieht oder in die Breite dehnt, in Falten legt oder glattstreicht, es hat nur eine Seite. Andere Eigenschaften wie «das Band ist 2,16 Meter lang», «ist überall gleich breit» oder «ist per Meter soundsooft verdreht» können durch Verzerrung geändert werden, aber nicht seine Einseitigkeit.

In den mentalen Augen eines Topologen ist eine Fläche, die durch eine derartige Verzerrung aus einem Möbiusband entsteht, keine andere Fläche: Es ist effektiv dieselbe Fläche! Topologen üben sich darin,

<
Der *Vague attractor of Kolmogorov*, eine komplizierte Struktur aus dem zwanzigsten Jahrhundert. Sie entsteht aus geometrischen Transformationen, die die Fläche erhalten. Möbius interessierte sich für ungewöhnliche Geometrien und hätte sicherlich die symplektische Geometrie begrüßt, die die natürliche Grundlage für dieses Diagramm bildet.

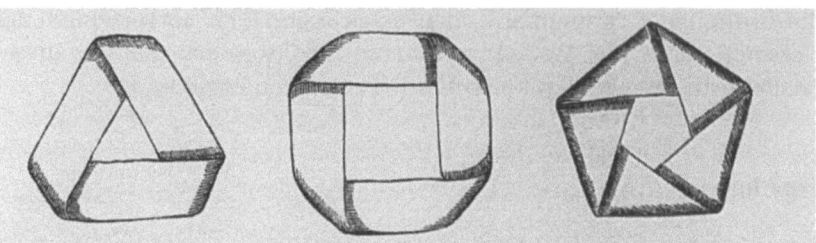

Möbius' berühmtes Band und seine verdrehteren Verwandten aus seinen unveröffentlichten Schriften. Ist die Anzahl der Windungen gerade, besitzt das Band zwei Seiten, ist sie ungerade, besitzt es eine Seite.

nicht topologische Eigenschaften wie Länge oder Breite nicht zu beachten – es sei denn, sie werden plötzlich aus irgendeinem Grund relevant für ihr Problem, was manchmal vorkommen kann. Es geht das Gerücht um, daß ein Topologe eine Kaffeetasse nicht von einem Doughnut unterscheiden kann.

Diese Haltung ist nicht so merkwürdig, wie sie scheinen mag. Wenn Sie eine Tasse nehmen und aus ihr trinken, welche der folgenden Beschreibungen trifft dann Ihre Gedanken am besten?

(a) Die Tasse, aus der ich trinke, ist dieselbe, die vorhin auf der Untertasse stand.

(b) Die Tasse, aus der ich trinke, ist das Bild von der Tasse, die vorhin auf der Untertasse stand, unter einer Transformation, die die Struktur der Raum-Zeit erhält.

Ich glaube, daß fast alle von Ihnen mit (a) antworten – und für das alltägliche Leben ist das die vernünftige Wahl. Wenn Sie aber Physik oder Mechanik betreiben, ist (b) eine genauere Aussage über das, was man bei (a) mit «dieselbe» meint.

Genauso fügt ein Topologe, der zwei offensichtlich verschiedene Dinge (wie die sprichwörtliche Kaffeetasse und den Doughnut) betrachtet und erklärt, sie seien «dasselbe», stillschweigend hinzu «für topologische Zwecke». Man findet keine Topologen, die Kaffeetassen essen und aus Doughnuts trinken – zumindest nicht häufiger als in anderen Kreisen. Für eine technische Analyse des Begriffs benötigt man eine Beschreibung, die näher an (b) liegt als an (a).

- Die Kaffeetasse, die ich betrachte, ist das Bild eines Doughnuts oder eines Torus, den ich in meinem Lehrbuch finde, unter einer Transformation, die die Stetigkeit des Raumes erhält.

Mit «Stetigkeit erhalten» meine ich, daß Punkte, die vor Anwendung der Transformation nahe beieinanderliegen, auch nachher nahe zusammenliegen. Eine derartige Verzerrung heißt topologische Transformation, und Gegenstände, die bis auf eine topologische Transformation gleich sind, heißen topologisch äquivalent – dies bedeutet «dasselbe für topologische Zwecke». Möbius verwendete hierfür den Begriff «elementar verwandt».

Um die Einseitigkeit des Möbiusbands zu zerstören, kann man eine Schere nehmen und es durchschneiden. Aber Punkte, die ursprünglich zwar sehr nahe beieinander, aber auf beiden Seiten des Schnitts lagen, sind danach sehr weit voneinander entfernt, deshalb ist das Zerschneiden keine topologische Transformation.

Genau wie die Raum-Zeit-Struktur (Entfernung und Dauer) für die Physik und die Mechanik entscheidend ist, ist die topologische Struktur (Stetigkeit) für die Topologie entscheidend. Weniger offensichtlich ist, daß die Topologie wichtige Folgen für die Physik und die Mechanik hat; ich hoffe jedoch, Sie davon überzeugen zu können. Der Grund dafür ist, daß die Stetigkeit genau wie die Entfernung und die Dauer eine grundlegende Eigenschaft unseres Universums ist.

Symmetrie

Eine Figur soll symmetrisch (im weitesten Sinne) heissen, wenn sie einer ihr gleichen und ähnlichen Figur auf mehr als eine Art gleich und ähnlich gesetzt werden kann.
«Ueber das Gesetz der Symmetrie der Krystalle und die Anwendung dieses Gesetzes auf die Eintheilung der Krystalle in Systeme», 1849.

Die Symmetrie handelt ebenfalls von Transformationen – diesmal von einem Gegenstand auf sich selbst. Grobgesprochen ist eine Symmetrie eines Gegenstands eine Art und Weise, ihn umherzubewegen, ohne daß man hinterher erkennen kann, daß eine Bewegung stattgefunden hat. Man kann zum Beispiel ein Quadrat um 90° drehen, und das Quadrat sieht genauso aus wie vorher. Ein Quadrat besitzt genau acht Symmetrien (vgl. die Abb. auf S. 159).

Die in der Abbildung verwendeten Transformationen sind starre Bewegungen: Alle Abstände zwischen Punkten des Quadrats bleiben unverändert. Wenn wir andere Arten von Symmetrien zulassen (stellen Sie sich ein Gummiquadrat vor, dessen Kante nach unten gebogen ist), erhalten wir wesentlich mehr Symmetrien – tatsächlich unendlich viele. Daher sind Symmetrien keine beliebigen Transformationen, sondern

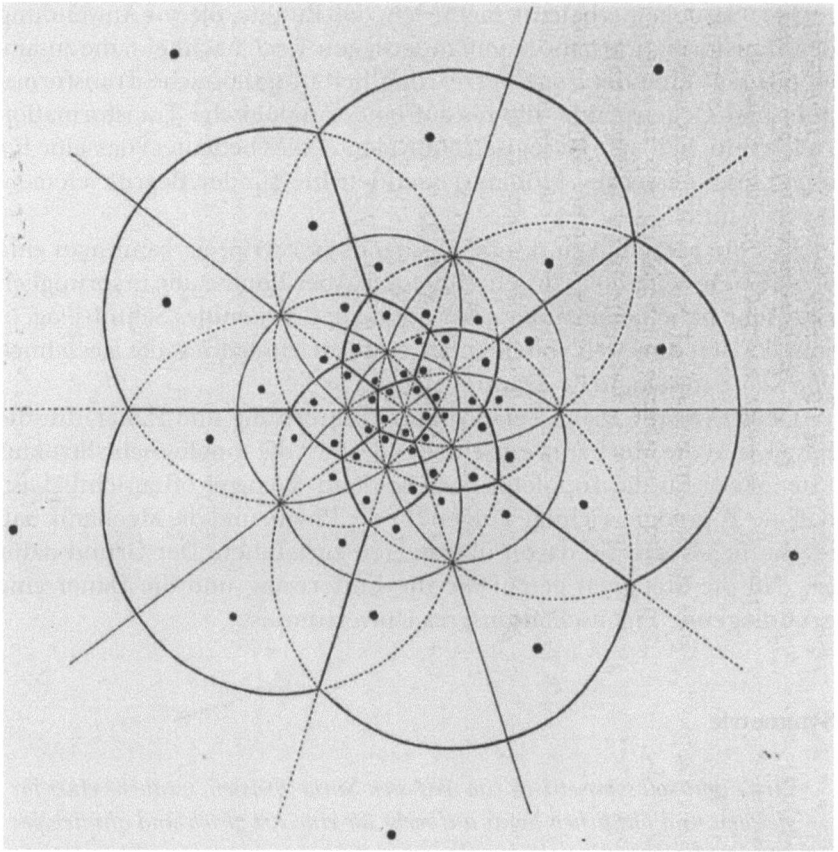

Eine Menge von Punkten mit der Symmetrie eines regelmäßigen Ikosaeders. Die Punkte liegen auf einer Kugel, sind jedoch mittels stereographischer Projektion in der Ebene eingezeichnet (aus Möbius' *Theorie der symmetrischen Figuren*, Nachlaß).

sie lassen eine spezielle Struktur unverändert. Was als Symmetrie gilt, hängt davon ab, welche Struktur man unverändert lassen will. Der Mathematiker kann sich diese Struktur wählen, aber einige Strukturen erweisen sich als nützlicher als andere.

Symmetrie geht tief in die Mathematik hinein. Ein Grund hierfür ist, daß sie enorme Vereinfachungen bietet, denn symmetrisch zueinander in Beziehung stehende Objekte verhalten sich ähnlich. Wenn man irgend etwas über eine Ecke eines Quadrats beweist – sagen wir mal, daß sie einen rechten Winkel bildet –, dann haben die drei

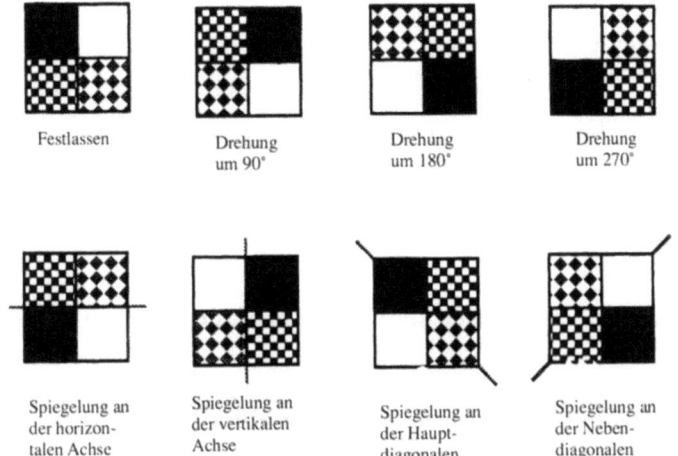

Die acht Symmetrien eines Quadrats. Die Wirkung einer Symmetrietransformation wird durch die Schattierung angedeutet. Die ersten vier Symmetrien sind Drehungen um 0°, 90°, 180° und 270°, die anderen vier sind Spiegelungen.

anderen Ecken aus «Symmetriegründen» dieselbe Eigenschaft. Das ist jedoch noch lange nicht das Ende der Geschichte: Die Symmetrie hat etwas sehr Grundlegendes an sich, und sie kontrolliert in großem Ausmaß mathematisches Verhalten. Évariste Galois bewies zum Beispiel, daß die allgemeine Gleichung fünften Grades nicht durch eine Formel gelöst werden kann, weil sie die falschen Symmetrien besitzt. Ich wette, Sie haben noch nie bemerkt, daß eine Gleichung überhaupt Symmetrien besitzen kann! Dies sind die Permutationen, also die Vertauschungen ihrer Nullstellen, die alle zwischen ihnen geltenden algebraischen Relationen erhalten. Dies wiederum sind strukturerhaltende Transformationen, aber nicht in einem geometrischen, sondern in einem algebraischen Kontext.

Himmelsmechanik

Bei der Bewegung eines Planeten um die Sonne ist nach dem Gesetze der allgemeinen Anziehung nicht bloss die anziehende Kraft, welche die Sonne auf den Planeten äussert, sondern auch die des Planeten auf die Sonne thätig.
«Die Elemente der Mechanik des Himmels», 1843.

Vor der Zeit Johannes Keplers war die mathematische Erforschung der Bewegungen von Sternen und Planeten größtenteils empirisch geprägt.

Das erste Keplersche Gesetz über die Planetenbewegung demonstrierte die Bedeutung der Geometrie für die Himmelsmechanik. Hier ist die elliptische Bahn eines Planeten dargestellt (aus Möbius' *Die Elemente der Mechanik des Himmels*, 1843).

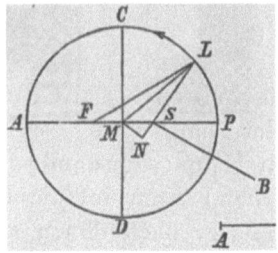

Dies verbesserte sich, als Kepler seine drei grundlegenden Gesetze formulierte:

Erstes Gesetz: Ein Planet umkreist die Sonne in einer Ellipse, in deren einem Brennpunkt sich die Sonne befindet.

Zweites Gesetz: Ein Planet überstreicht zu gleichen Zeiten gleiche Flächen.

Drittes Gesetz: Die dritte Potenz des Abstands des Planeten von der Sonne ist proportional zum Quadrat seiner Umlaufperiode.

Keplers Schriften waren jedoch wesentlich konfuser und verwirrender, als es nach dieser Aufzählung den Anschein hat, und seine «Gesetze» – die heute für seine wichtigsten Erkenntnisse gehalten werden – sind in einer Flut von Spekulationen und Behauptungen verborgen, die die Zeit nicht überdauert haben. So dachte er, daß der Abstand der Planeten von der Sonne eine Beziehung zu der Geometrie der regelmäßigen Körper besitze.

Die Keplerschen Gesetze reichen als Grundlage für die Himmelsmechanik jedoch nicht aus. Sie besitzen zwei voneinander abhängige Schwächen. Erstens beschränken sie sich auf Systeme aus zwei Körpern: ein Planet, der eine Sonne umkreist, oder ein Mond, der einen Planeten umrundet. Sie lassen sich nicht auf offensichtliche Art und Weise auf kompliziertere Systeme wie Stern plus Planet plus Mond erweitern, ganz zu schweigen vom Sonnensystem oder der Milchstraße. Zweitens sind die Keplerschen Gesetze beschreibend und nicht vorschreibend: Sie sagen uns, wo am Himmel sich Mars ungefähr befinden wird, aber nicht, aus welchen physikalischen Gründen er dort sein wird.

Newton behob diese beiden Schwächen, indem er zwei grundlegende physikalische Prinzipien definierte.

Das Gesetz von der Gravitationsanziehungskraft: Teilchen ziehen einander mit einer Kraft an, die proportional zum Produkt ihrer Massen und umgekehrt proportional zum Quadrat ihres Abstands ist.

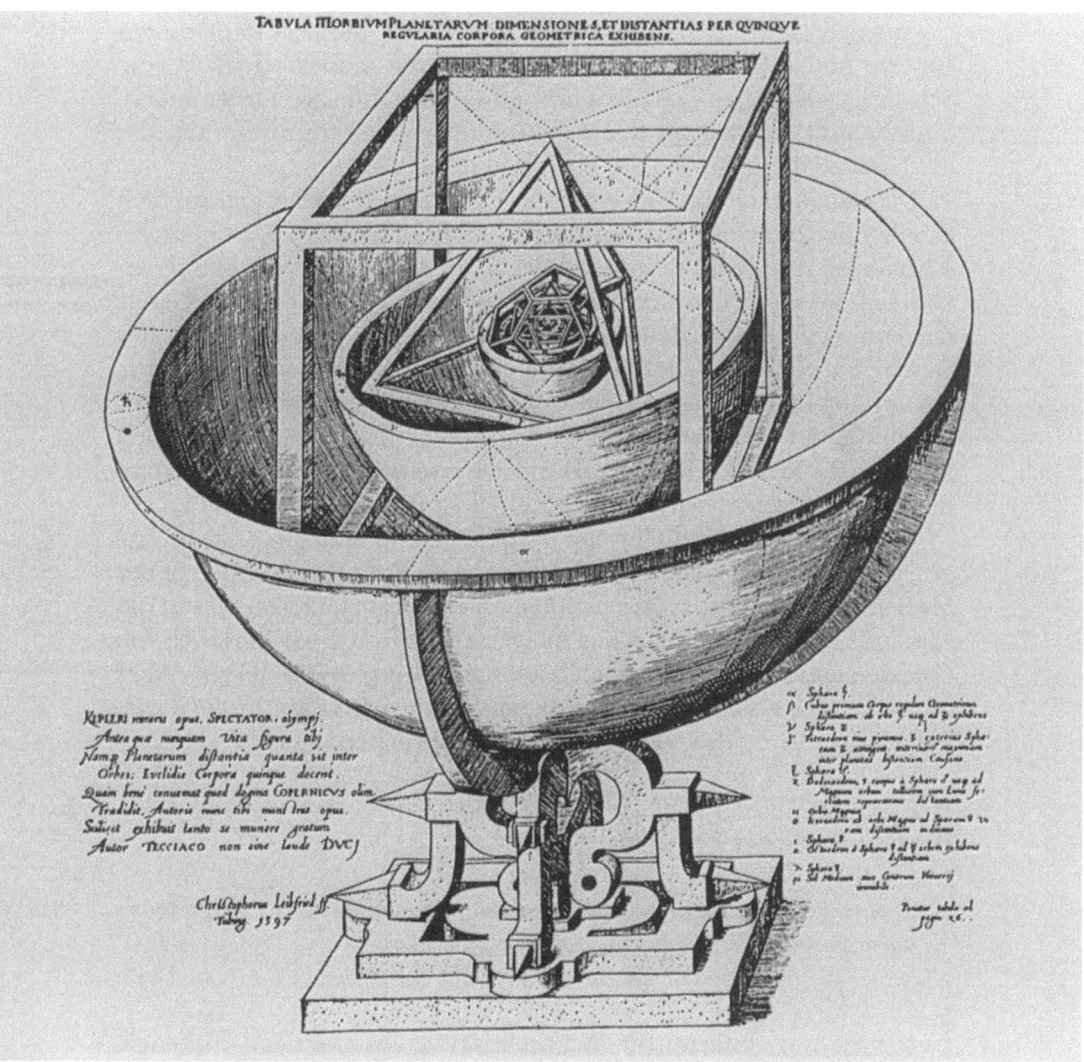

Eines von Keplers Gesetzen, das nicht funktionierte. Er versuchte die Existenz von sechs Planeten (die damals bekannte Anzahl) dadurch zu erklären, daß ihr Abstand durch die fünf regelmäßigen Körper bestimmt sei, wobei ihre Reihenfolge Oktaeder, Ikosaeder, Dodekaeder, Tetraeder und Würfel lautet.

Universalität: Das Gesetz von der Gravitationsanziehungskraft gilt für jedes Teilchenpaar im Universum, und die Bewegung jedes Teilchens ist von der Summe aller Kräfte, die alle anderen Körper auf es ausüben, bestimmt.

Aus den Newtonschen Prinzipien lassen sich die drei Keplerschen Gesetze und vieles mehr ableiten. Sie besitzen jedoch ebenfalls eine Schwäche – sie sagen uns nicht, woher die Anziehungskräfte stammen. Einstein erklärte, daß der Raum gekrümmt ist. Nun fragen wir uns, was die Ursache dafür ist, daß der Raum gekrümmt ist ...

Die Genauigkeit von Newtons Gravitationsgesetz erklärt sich aus dem Gesetz über die Gravitationsanziehungskraft; aber seine Stärke als Beschreibung jedes Gravitationssystems, nicht nur Planet plus Sonne, erklärt sich aus seiner Universalität. Aus diesem Grund wird es oft das Gesetz der «universellen» Anziehungskraft genannt. Das Wesentliche an der Geschichte von dem fallenden Apfel ist nicht, daß Newton sich fragte, warum Äpfel fallen, und deshalb an Gravitation dachte, sondern daß er bemerkte, daß dieselbe Kraft, die den Apfel zur Erde zieht, auch den Mond an die Erde bindet und dadurch einerseits sein Wegdriften verhindert und ihn andererseits in einer Bahn über unseren Köpfen hält.

Wir könnten uns ein Universum vorstellen, in dem das Anziehungsgesetz anders ist – sagen wir proportional zum Produkt der Wurzeln der Massen oder umgekehrt proportional zur zweieinhalbfachen Potenz des Abstands. Auch für ein solches Universum könnten wir herleiten, ob Galaxien existieren oder ob ein Planet stabile Ringe besitzen kann. Aber ohne die Universalität des Gesetzes wären wir nicht dazu in der Lage, Fragen über drei oder mehr Körper zu untersuchen.

Die Geometrie der Bewegung

Eine vollständige Lösung dieser verwickelten Aufgabe ist bei dem gegenwärtigen Zustande der Analysis schlechthin unmöglich.
«Die Elemente der Mechanik des Himmels», 1843.

Lassen Sie uns zunächst die Wechselwirkung zwischen der Topologie und der Himmelsmechanik betrachten. Die erste Person, die bemerkte, wie wichtig eine derartige Wechselwirkung sein könnte, war der große französische Mathematiker Henri Poincaré. Um 1887 beschäftigte er sich mit einem Problem der Stabilität des Sonnensystems, für das König Oscar II. von Schweden einen Preis von 2500 Kronen ausgesetzt hatte: Werden sich alle Planeten immerwährend ungefähr in ihren gegenwärtigen Bahnen drehen, oder kann ein Planet in die interstellare Dunkelheit treiben oder in die Sonne fallen?

Dies ist ein hoffnungslos schwieriges Problem. Gerade die Universalität, die Eigenschaft, die Newtons Gesetz der Anziehung anwendbar macht, führt dazu, daß die Berechnungen horrend werden. Sogar die

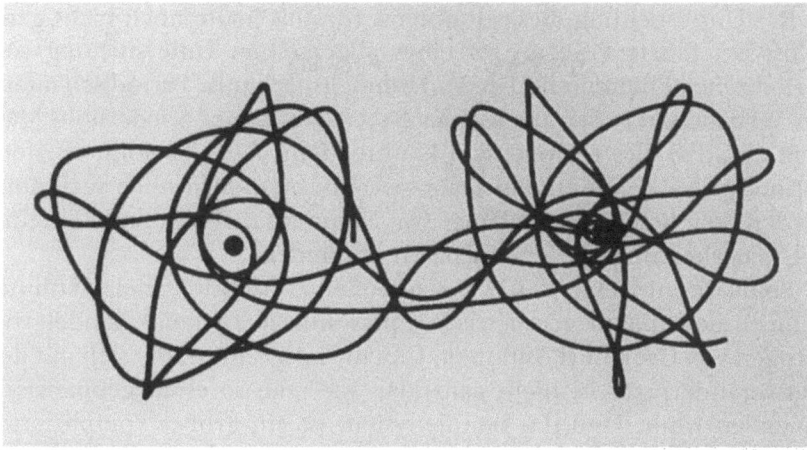

Eine numerisch berechnete Bahn beim Dreikörperproblem. Es handelt sich um den vereinfachten Fall, in dem ein Körper mit vernachlässigbarer Masse (Staubkörnchen) zwei massive Körper (Sterne) umkreist. Anstelle der einfachen elliptischen Bahn des Zweikörperproblems erscheint ein offenbar strukturloses Gewirr. Es besitzt jedoch eine versteckte geometrische Struktur, doch kann man diese nicht durch eine einfache Formel darstellen.

Bewegung dreier Körper unter der Newtonschen Gravitation schien zu unüberwindbaren Schwierigkeiten zu führen, wie Möbius und viele andere bemerkten.

Man sagt, daß man den Fortschritt in der Wissenschaft daran messen kann, für welchen Wert von n das Problem von n Körpern unlösbar ist. In der Newtonschen Mechanik kann man das Dreikörperproblem nicht lösen. In der Relativität kann man das Zweikörperproblem nicht lösen. In der Quantenmechanik kann man das Einkörperproblem nicht lösen. Und in der Quantenfeldtheorie kann man das Keinkörperproblem nicht lösen – das Vakuum!

Wenn man versucht, König Oscars Problem zu lösen, bemerkt man ziemlich rasch, daß jeder Planet, Mond und Asteroid im Sonnensystem von jedem anderen Planeten, Mond und Asteroiden angezogen wird – daher kann man nicht nacheinander getrennte Teile des Systems untersuchen. Man muß sich irgendwie mit dem ganzen Ding auf einmal beschäftigen. Es existieren approximative Methoden, nach denen man die Bewegungen des Sonnensystems in der nächsten Million Jahre oder so vorhersagen kann; aber König Oscar fragte nach möglichen gefährlichen Ereignissen in beliebig ferner Zukunft, deshalb haben Approximationen keinen Wert.

Die Untersuchung dieses Problems (das bis heute noch nicht ganz gelöst ist) führte Poincaré zu einer allgemeinen Untersuchung von periodischen Phänomenen in der Himmelsmechanik: Periodisch meint ein Verhalten, das sich nach einer festen Zeitspanne wiederholt. Man sieht ein, daß dies relevant sein könnte, denn falls das Sonnensystem periodisch wäre, könnte ein Planet weder abwandern noch verbrannt werden, weil sich derartige Dinge von Natur aus nicht wiederholen und mit Sicherheit nicht in regelmäßigen Abständen.

Poincaré entdeckte, daß er einen großen Fortschritt erzielen konnte, wenn er die Dynamik geometrisch repräsentierte. Dynamik handelt von Mengen von Größen (Positionen, Geschwindigkeiten), die sich mit der Zeit verändern: Es ist nicht ganz klar, wie man so etwas geometrisch darstellen kann. Und das Sonnensystem ist ein großes kompliziertes Ding mit haufenweise Komponenten. Diese Komplexität würde unsere Aufmerksamkeit von der grundlegenden Einfachheit von Poincarés Idee ablenken. Lassen Sie uns daher statt dessen ein ökologisches System mit nur zwei Variablen betrachten.

Volterras Paradox

(...) da jedes neue Axensystem eine neue Ansicht der Figur gewährt (...)
«Der barycentrische Calcul», 1827.

Um 1925 untersuchte der italienische Biologe Umberto D'Ancona Fischpopulationen. Er besaß Daten über die Anzahl der Fische, die während der Jahre des ersten Weltkriegs nahe des Hafens von Fiume in der nördlichen Adria gefangen worden waren. Er war besonders darüber fasziniert, wie sich der Anteil der Haie an der Fischpopulation veränderte.

Ihr Bestand hatte sich während des Krieges dramatisch vergrößert, und D'Ancona fragte sich, warum. Es mußte selbstverständlich ein Zusammenhang zu dem während der Kriegszeit verringerten Fischfangs bestehen. Haie sind Räuber – sie fressen andere Fische. Warum sollte die reduzierte Fischerei zu einem unverhältnismäßigen Vorteil für die Räuber führen?

D'Ancona bat den italienrischen Mathematiker Vito Volterra um Hilfe. Volterra hatte während des ersten Weltkriegs Kampfluftschiffe entwickelt (er hatte als erster Helium anstatt des brennbaren Wasserstoffs vorgeschlagen) und richtete nun seine Gedanken auf friedlichere Dinge. Er entwickelte ein mathematisches Modell von der Interaktion zwischen Räubern und Beute, das auf folgenden Überlegungen basierte.

Möbius' Vermächtnis

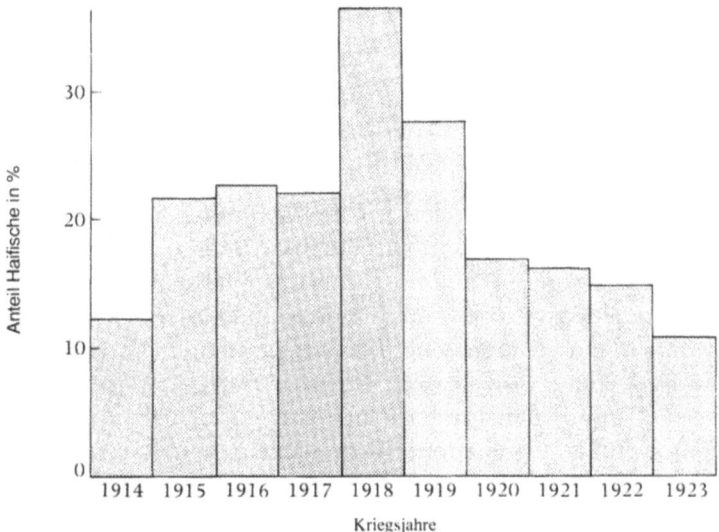

D'Anconas Daten zeigen, daß der Anteil der in der nördlichen Adria gefangenen Haifische während des Ersten Weltkriegs wesentlich anstieg. Warum begünstigte vermindertes Fischen die Räuber mehr als ihre Beute?

Im Zeitpunkt t gebe es $x(t)$ Opfer und $y(t)$ Räuber. Die Opfer kämpfen untereinander nicht um Nahrung, denn es ist genug vorhanden. Sind daher keine Räuber anwesend, ist die Wachstumsrate der Opfer proportional zu der Anzahl der bereits existierenden Opfer, deshalb gilt $dx/dt = ax$ mit einer positiven Konstanten a. Dieses Wachstum wird jedoch durch den Kontakt mit den Räubern eingeschränkt. Begegnen sie diesen zufällig, ist die Anzahl der Kontakte proportional zum Produkt xy. Somit lautet die Gleichung

$$\frac{dx}{dt} = ax - bxy \quad \text{mit Konstanten} \quad a, b > 0.$$

Räuber sterben, falls keine Nahrung vorhanden ist. Sind daher keine Opfer anwesend, nimmt die Zahl der Räuber ab und $dy/dt = -cy$. Begegnen sie dagegen Opfern, wächst die Räuberpopulation, und die Anzahl der Kontakte ist wiederum proportional zu xy. Daher gilt

$$\frac{dy}{dt} = -cy + dxy \quad \text{mit Konstanten} \quad c, d > 0.$$

Diese beiden Gleichungen heißen Lotka-Volterra-Gleichungen – A. J. Lotka stellte sie unabhängig von Volterra im Zusammenhang mit chemischen Reaktionsraten auf. Sie besitzen eine Lösung, die x mit y in Beziehung setzt:

$$e^{-dy} y^a e^{-dx} x^c = K,$$

wobei K irgendeine Konstante ist.

Soweit die Analysis; nun bringen wir die Geometrie ins Spiel. Wir können die beiden Variablen x und y als die Koordinaten eines Punktes in der Ebene auffassen. Wenn die Zeit t variiert, bewegt sich dieser Punkt und beschreibt eine Kurve. Diese Kurve heißt Trajektorie des Anfangspunkts (x, y): Sie ist ein geometrisches Bild der simultanen Veränderungen von x und y.

Falls man die Familie der durch die obenstehende Gleichung gegebenen Trajektorien für verschiedene Werte von K zeichnet, erhält man eine Familie von geschlossenen Kurven. Dies bedeutet, daß man nach einer gewissen Zeit zum Ausgangspunkt zurückkehrt, egal, mit welchen Werten für x und y man begonnen hat. Da sich die Kurve schließt, landet man bei demselben Punkt. Mit anderen Worten: Die Veränderungen von x und y sind periodisch. Daher wurde ein dynamisches Problem (periodische Bewegung) zu einem geometrischen (geschlossene Kurve).

Dieses Beispiel beinhaltet den Ansatz der Idee, die Poincaré zum Angelpunkt seiner Theorien über die Himmelsmechanik machte. Bevor wir jedoch zu diesem Thema zurückkehren, möchte ich zunächst zeigen, wie Volterras Modell D'Anconas Frage über die Haie beantwortet.

Aus Volterras Gleichungen folgt, daß die durchschnittliche Populationen der Räuber und Opfer in einem Zyklus

$$X = \frac{c}{d} \quad \text{und} \quad Y = \frac{a}{b}$$

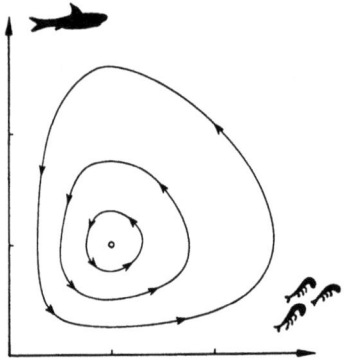

Die graphische Darstellung von Populationszyklen in Volterras Räuber-Opfer-Modell. Jede Kurve stellt dar, wie sich die beiden Populationen mit der Zeit verändern; aus unterschiedlichen Anfangswerten resultieren unterschiedliche Kurven. Eine derartige Darstellung dynamischen Verhaltens nennt man Phasenportrait.

betragen. Zufälligerweise – oder genauer, weil die Gleichungen eine ziemlich einfache Gestalt besitzen – sind dies die Koordinaten des Punktes, der sich in der Mitte aller dieser ineinandergeschachtelten geschlossenen Kurven befindet.

Durch den Fischfang verringert sich die Versorgung mit Nahrungsfisch (für die Haie) mit einer Rate ex, und die Anzahl der Haie verringert sich mit einer Rate ey für eine Konstante $e > 0$. Dadurch verändern sich die Gleichungen. a wird ersetzt durch $a - e$ und c durch $c + e$. Die durchschnittlichen Populationen sind dann

$$X = \frac{c+e}{d}, \quad Y = \frac{a-e}{b}.$$

Durch vermehrtes Fischen wächst somit die durchschnittliche Population an Nahrungsfisch, die Population der Haie dagegen nimmt ab. Räuber und Opfer sind also auf unterschiedliche Art und Weise betroffen.

Dies mag paradox scheinen, aber es zeigt, wie mathematische Modelle scheinbar logischen Schlüssen überlegen sein können. Wie kann vermehrtes Fischen zu mehr Nahrungsfisch führen? Ganz einfach! Die Population der Räuber nimmt wie erwartet ab, und hierdurch wird der durch den Fischfang verursachte Verlust an Nahrungsfisch mehr als kompensiert. Wird umgekehrt weniger gefischt, wie dies während des Krieges der Fall war, wächst die durchschnittliche Anzahl der Haie, und die Anzahl der Nahrungsfische fällt. Deshalb kann man einen größeren Anteil an Haien fangen.

Dieses Resultat wird manchmal Volterras Paradox genannt. Es läßt sich auch auf Insektizide anwenden, die man zur Vernichtung von Ungeziefer verwendet. Ein Vorfall, der dieses Paradox bestätigt, fand in den USA statt, als ein Ungeziefer («Räuber») namens Wollsackschildlaus aus Australien eingeschleppt wurde und drohte, die Zitrusindustrie zu vertilgen. Ein natürlicher Feind, ein australischer Marienkäfer, wurde eingeführt, und das Ungeziefer nahm ab. Danach fand man heraus, daß das Insektizid DDT (das heute wegen verschiedener unerfreulicher Nebenwirkungen verboten ist) Schildläuse tötet, und die Zitrusindustrie versuchte mit seiner Hilfe, das Ungeziefer noch mehr zu reduzieren. Die Ungezieferpopulation wuchs an!

Volterra hätte ihnen sagen können, warum: DDT tötet auch Marienkäfer.

Imaginäre Räume

Übrigens werden imaginäre Kreise solcher Art, und keiner anderen, wie in jenem früheren Aufsatze, auch gegenwärtig nur in Betracht kommen.
«Ueber conjugirte Kreise», 1858.

Wir kehren nun zu Poincaré zurück. Er bemerkte, daß man das gleiche geometrische Bild der Dynamik auch in der Himmelsmechanik verwenden kann. Statt jedoch nur zwei Koordinaten x und y für zwei Populationen einzusetzen, mußte er unzählige Koordinaten verwenden – für jeden Körper sechs. Dies ist notwendig, weil man zur Beschreibung des Zustands eines sich bewegenden Körpers neben seiner Position auch seine Geschwindigkeit benötigt. Im gewöhnlichen dreidimensionalen Raum braucht man drei Koordinaten für die Position und drei für die Geschwindigkeit. Somit beinhaltet zum Beispiel das System Erde, Mond und Sonne 18 Variable. Die simultane Bewegung von Erde, Mond und Sonne kann man sich daher als die Bewegung eines einzelnen Punktes in einem Raum mit 18 Dimensionen vorstellen – falls «vorstellen» das richtige Wort dafür ist ...

Dieser imaginäre Raum, dessen Koordinaten die Variablen sind, die den Zustand des Systems in jedem Zeitpunkt bestimmen, wird Phasenraum genannt. Der Phasenraum von Volterras Modell ist die Ebene, weil zur Beschreibung der beiden Fischpopulationen nur zwei Variable benötigt werden. Die Kurven, die durch den die Bewegung des Systems repräsentierenden Punkt beschrieben werden, heißen Trajektorien (oder oftmals auch Bahnen, was im vorliegenden Fall verwirrend ist). Das System aller möglichen Trajektorien ist das Phasenportrait des Systems. In Volterras Modell ist dies die Menge aller konzentrischen geschlossenen Kurven. Das Phasenportrait hat den Vorteil, in einem einzigen geometrischen Objekt nicht nur eine mögliche, sondern alle möglichen Bewegungen festzuhalten. Trajektorien ähneln den Strömungslinien von Teilchen in einer Flüssigkeit, daher ist die gesamte Struktur eine Strömung von imaginären Teilchen, deren Positionen die Zustände des dynamischen Systems repräsentieren, und die Flüssigkeit ist die Menge aller möglichen Zustände – sie füllt somit den gesamten Phasenraum aus.

Poincarés große Linie ist nun offensichtlich. Statt analytische Fragen über die Lösungen von Differentialgleichungen zu stellen, können wir geometrische Fragen über Phasenportraits (oder Strömungen) aufwerfen. So kann eine Art von Wörterbuch zur Übersetzung von Dynamik in Geometrie erstellt werden. Zum Beispiel gilt:

- Eine Lösung ist stationär, falls die entsprechende Trajektorie aus einem einzigen Punkt besteht.
- Eine Lösung ist periodisch, falls die entsprechende Trajektorie geschlossen ist.
- Eine Lösung ist quasiperiodisch (aus mehreren unabhängigen periodischen Bewegungen zusammengesetzt), falls die entsprechende Trajektorie eine Spirale ist, die sich um einen Torus windet.
- Eine Lösung ist stabil, falls sich ihr alle nahegelegenen Trajektorien annähern.

Dies war Poincarés Vision: eine geometrische Methode zur Lösung schwieriger Probleme über Differentialgleichungen, besonders in der Himmelsmechanik. Er bemerkte, daß dies eine neue und andere Art der Geometrie werden sollte: Er nannte sie «analysis situs», die Geometrie der Position. 1838 führte J. B. Listing den Namen ein, den wir heute verwenden: Topologie. Sie läßt sich nicht nur auf Differentialgleichun-

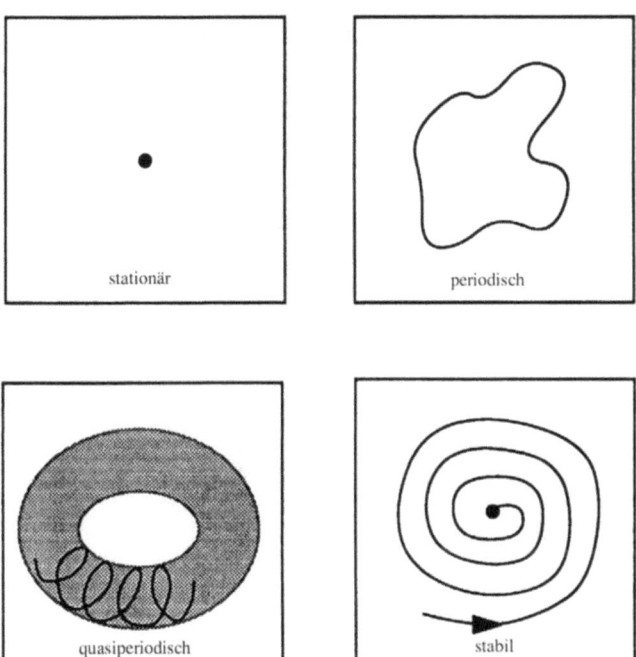

Poincaré führte qualitative geometrische Darstellungen dynamischen Verhaltens ein. Begriffe wie «stationär», «periodisch», «quasiperiodisch» und «stabil» besitzen natürliche geometrische Interpretationen.

gen, sondern auf viele verschiedene Bereiche der Mathematik anwenden.

Es gab natürlich einen Haken. Ein Raum mit 18 Variablen ist ein kompliziertes Ungeheuer. Ist es wirklich ein Vorteil, von der Analysis zur Geometrie zu wechseln? Können wir das Bild in 18 Dimensionen begreifen? Kann man mit der Geometrie Probleme lösen, die man mit der Analysis nicht behandeln kann?

Morsetheorie

Die Folge wird dieses bestätigen, nachdem vorher eine Methode entwickelt worden, mittelst welcher die Form einer geschlossenen Fläche, soweit als es zum Folgenden erforderlich ist, durch ein einfaches Schema dargestellt werden kann.
«Theorie der elementaren Verwandtschaft», 1863.

Die Antwort lautet «ja», und das einfachste Beispiel hierfür stammt aus einem Gebiet, das Möbius sehr interessierte – die Topologie der Flächen. Die einfachste Version betrifft nicht die Dynamik, sondern die Statik –

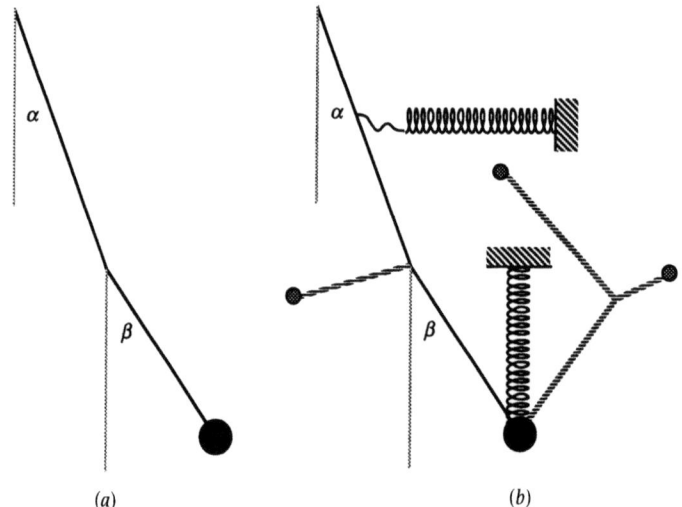

(a) Das gewöhnliche Doppelpendel: zwei aneinandergehängte Stangen in der Ebene.
(b) Ein komplizierterer Vetter, mit Federn und Gummi versehen. Aus topologischen Betrachtungen folgt, daß beide Systeme mindestens vier Gleichgewichtszustände besitzen.

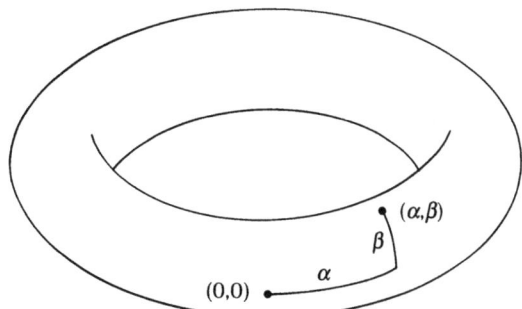

Paare (α,β) von Winkeln bestimmen Punkte auf einem Torus, genau wie Paare (x,y) von reellen Zahlen Punkte in der Ebene bestimmen.

die stationären Zustände oder das Gleichgewicht eines dynamischen Systems. Ein gutes Beispiel bildet das Doppelpendel, bei dem zwei Stangen, an denen Massen angebracht sind, in der Ebene hängen. Aus Vergleichsgründen betrachten wir auch ein wesentlich komplizierteres System – ein Doppelpendel mit verschiedenen Glocken und Pfeifen (in Wirklichkeit elastischen Federn).

Weil wir Statik betreiben, müssen wir uns nicht um Geschwindigkeiten kümmern. Um dies zu verdeutlichen, betrachten wir anstelle des Phasenraums den Konfigurationsraum. Der Konfigurationsraum ist für beide Systeme durch die beiden Winkel α und β bestimmt. Jeder Winkel entspricht einem Punkt auf einem Kreis, denn 0 Einheitswinkel sind dasselbe wie 2π Einheitswinkel, und daher muß sich jedes Intervall von Winkeln zwischen 0 und 2π zusammenbiegen und an den Enden verbinden. Aus diesem Grund entspricht ein Paar von Winkeln einem Punkt auf einem Torus, dem kartesischen Produkt zweier Kreise. Der Konfigurationsraum eines Doppelpendels, mit oder ohne Glocken und Pfeifen, ist also ein gewöhnlicher Torus.

Die Gleichgewichtspositionen werden durch die potentielle Energie (einschließlich der elastischen Energie) des Systems bestimmt. Bezeichnen wir die gesamte potentielle Energie der Konfiguration (α,β) mit $E(α,β)$, dann sind die Gleichgewichtszustände die Werte von (α,β), für die E stationär wird:

$$0 = dE/dα = dE/dβ.$$

Wenn wir den Graphen von $E(α,β)$ gegenüber (α,β) abtragen, dann sind diese stationären Punkte die Stellen, an denen der Graph «horizontal» ist.

Für das gewöhnliche Doppelpendel (a) können wir diese stationären Punkte leicht durch Ausrechnen finden. Die Energiefunktion lautet

$$E = -mgl\cos\alpha - Mg(l\cos\alpha + k\cos\beta),$$

wobei m und M Massen sind und l die Länge ist.

Das Verschwinden der ersten partiellen Ableitungen führt zu den Gleichungen

$$0 = \sin\alpha = \sin\beta,$$

und daher ist

$$(\alpha,\beta) = (0,0), (0,\pi), (\pi,0) \text{ oder } (\pi,\pi).$$

Dies liefert uns vier Gleichgewichtszustände: Jedes der beiden Pendel hängt vertikal nach unten (0) oder nach oben (π).

Für das kompliziertere Doppelpendel (b) wird die Formel für $E(\alpha,\beta)$ durch die Glocken und Pfeifen wesentlich komplizierter. Ich möchte die Formel hier nicht darlegen, denn es ist klar, daß ich das System genügend kompliziert machen könnte, so daß jede analytische Lösung lächerlich vertrackt würde. Statt dessen möchte ich Ihnen ein einfaches topologisches Argument liefern, aus dem folgt, daß es immer mindestens vier Gleichgewichtszustände gibt, wie auch immer die Glocken und Pfeifen sein mögen. Es kann auch mehr geben, aber auf keinen Fall weniger. So liefert die Topologie mit einfachen Mitteln eine Teilantwort. Sie sagt uns zwar nicht, wo die Gleichgewichtszustände sind und wie groß ihre genaue Anzahl ist, aber sie teilt uns wie gesagt mit, daß es unabhängig vom System mindestens eine gewisse Anzahl von Gleichgewichtszuständen geben muß, weil der Konfigurationsraum eine spezielle topologische Gestalt besitzt.

Nach dem Hauptsatz der Topologie der Flächen ist jede Fläche (technisch muß sie kompakt, orientierbar und ohne Rand sein) topologisch äquivalent zu einer Kugel mit g Henkeln. Die Zahl g ist das Geschlecht der Fläche. Für eine Kugel ist $g = 0$, für einen Torus ist $g = 1$, für einen Doppeltorus ist $g = 2$ usw. Wir untersuchen Systeme, deren Konfigurationsraum eine Fläche mit dem Geschlecht g ist.

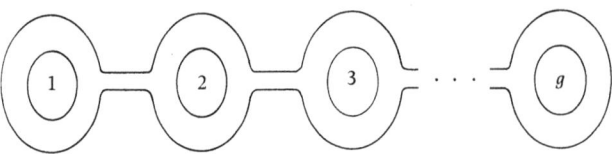

Eine Fläche des Geschlechts g besitzt g Henkel. Jede zweiseitige abgeschlossene Fläche ohne Rand ist bis auf eine topologische Transformation von diesem Typ.

Wir können uns die Energiefunktion auf dieser Fläche vorstellen, indem wir sie so verzerren, daß die Energiewerte durch die Höhe repräsentiert werden. Jede derartige Verzerrung definiert eine Funktion (Höhe). Umgekehrt kann jede Funktion auf diese Art und Weise dargestellt werden, indem man eine geeignete Verzerrung wählt. Die von uns gesuchten stationären Punkte sind die Stellen, an denen die Fläche eine

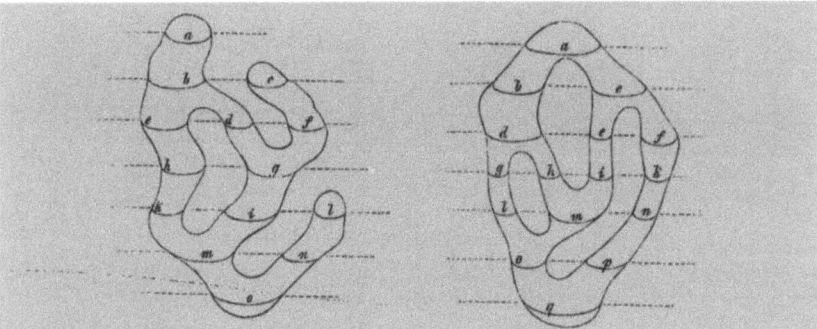

Eine auf einer Fläche vom Geschlecht 1 definierte reellwertige Funktion, die durch die Höhe repräsentiert wird (aus Möbius' *Theorie der elementaren Verwandtschaft*, 1863).

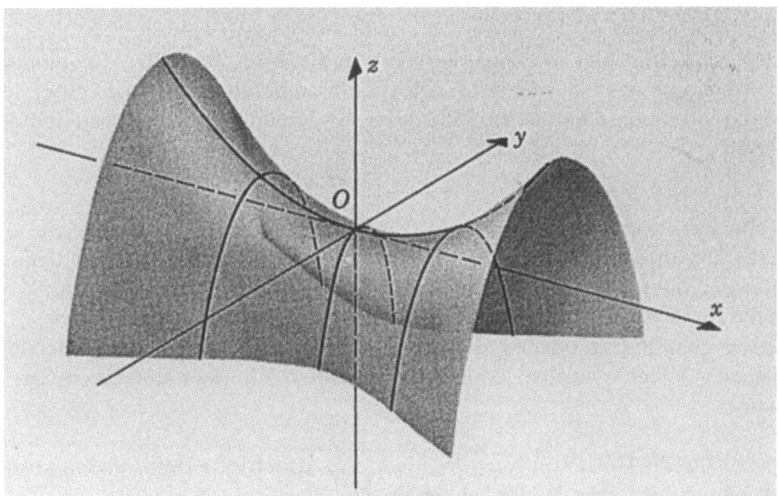

hyperbolisches Paraboloid

Ein mathematischer Sattel besitzt die gleichen Eigenschaften wie ein Reitsattel – bewegt man sich von der Mitte aus nach vorne oder hinten, gelangt man nach oben, bewegt man sich hin oder her, gelangt man nach unten.

Der Beweis der Gleichung $N_{min} - N_{sat} + N_{max} = 2 - 2g$

Die Beweisidee besteht darin, die Lage der Fläche allmählich zu deformieren, so daß die Berechnung der Größe $N_{min} - N_{sat} + N_{max}$ vereinfacht wird.

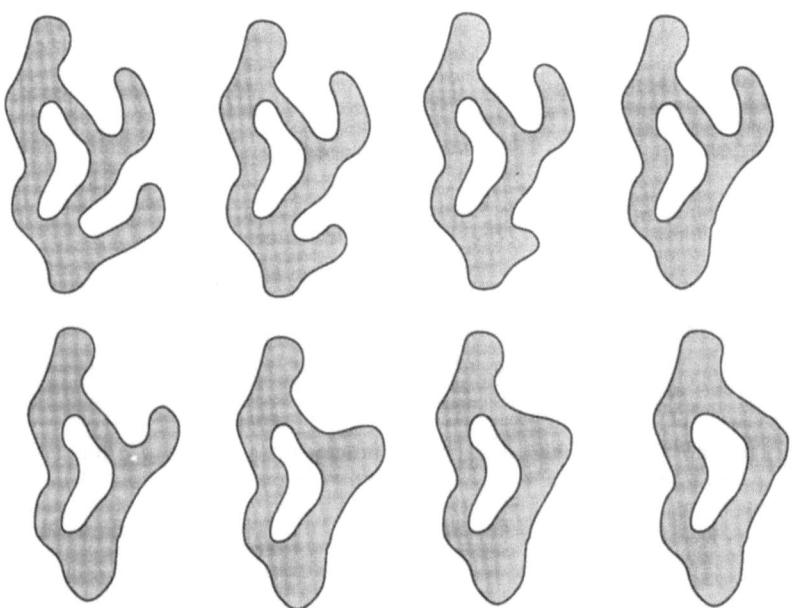

Indem man eine Folge topologischer Transformationen anwendet, die stationäre Punkte paarweise «auslöschen», deformiert man Möbius' Fläche in eine Standardposition, so daß sie ein Maximum, ein Minimum und zwei Sattelpunkte besitzt.

Hierfür versuchen wir, die g Löcher in eine «Standardposition» zu bewegen, bei der alle untereinanderliegen. Die meisten Deformationen lassen die Größen N_{min}, N_{sat} und N_{max} unverändert. Es gibt nur zwei Möglichkeiten, diese Zahlen zu ändern. Bei der ersten heben sich ein Maximum und ein Sattelpunkt gegenseitig auf oder werden umgekehrt aus dem Nichts erzeugt. Bei der anderen geschieht dasselbe, jedoch nun mit einem Minimum und einem Sattelpunkt.

Werden also die Werte von N_{min}, N_{sat} oder N_{max} durch eine Deformation geändert, gibt es nur folgende Möglichkeiten:

N_{max} und N_{sat} wachsen um 1 oder nehmen um 1 ab, oder
N_{min} und N_{sat} wachsen um 1 oder nehmen um 1 ab.

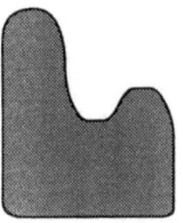 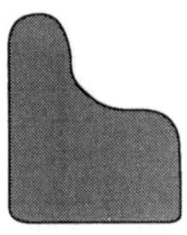 

Ein Maximum und ein Sattelpunkt werden so vermischt, daß sie sich gegenseitig aufheben. Damit sich ein Minimum und ein Sattelpunkt gegenseitig aufheben, dreht man das Bild von oben nach unten.

In allen Fällen ändert sich also der Wert von $N_{min} - N_{sat} + N_{max}$ nicht, er ist somit eine topologische Invariante. Sind alle Deformationen durchgeführt, haben wir eine Fläche mit g Löchern in Standardposition. Für diese ist

$N_{min} = 1$, $N_{sat} = 2g$ und $N_{max} = 1$,

also gilt

$N_{min} - N_{sat} + N_{max} = 1 - 2g + 1 = 2 - 2g$,

was zu beweisen war.

horizontale Tangentialebene besitzt. Möbius war sehr an der Höhenfunktion einer Fläche mit Löchern interessiert. Unser Diagramm ist dasselbe, das er 1863 publizierte, und unsere Argumentation ähnelt den Ideen, die er zu dieser Zeit entwickelte.

Es gibt drei Grundarten von stationären Punkten: Maxima, Minima und Sattelpunkte.

Möbius' Beispiel besitzt drei Maxima, ein Minimum und vier Sattelpunkte.

Nehmen Sie an, im allgemeinen gebe es N_{max} Maxima, N_{min} Minima und N_{sat} Sattelpunkte. Ich behaupte, daß für jede Energiefunktion E gilt:

$N_{min} - N_{sat} + N_{max} = 2 - 2g$.

Die obige Fläche besitzt zum Beispiel ein Loch, daher ist $g = 1$ und $2 - 2g = 0$. Wir haben $N_{min} = 1$, $N_{sat} = 4$ und $N_{max} = 3$, und tatsächlich ist $1 - 4 + 3 = 0$. Testen Sie selbst einige Beispiele mit vielen Henkeln aus. Es funktioniert immer!

Die Formel ist bemerkenswert. Sie setzt die Dynamik (Gleichgewichtszustände – also stationäre Punkte von E) zur Topologie (die

Anzahl von Henkeln eines Konfigurationsraums) in Beziehung. Mit Hilfe der Formel können wir zeigen, daß $N_{\min}$ mindestens 1, $N_{\max}$ mindestens 1 und N_{sat} mindestens $2g$ ist. Um dies zu beweisen, halten wir fest, daß es immer mindestens ein Minimum und ein Maximum geben muß. Daher sind die ersten beiden Aussagen offensichtlich richtig, und es gilt

$$N_{\min} = a + 1,\ N_{\max} = c + 1 \text{ und } N_{\text{sat}} = b \text{ mit } a, b, c \geq 0.$$

Nun haben wir

$$(a + 1) - b + (c + 1) = 2 - 2g,$$

also

$$a + c + 2g = b.$$

Deshalb ist $b \geq 2g$, woraus die dritte Aussage folgt.

Ist der Konfigurationsraum ein gewöhnlicher Torus mit $g = 1$, haben wir mindestens zwei Sattelpunkte und damit zusammen mindestens vier kritische Punkte. Aus diesem Grund kann ich sicher sein, daß das Doppelpendel mit Glocken und Pfeifen immer mindestens vier Gleichgewichtszustände besitzt, was auch immer die Glocken und Pfeifen sein mögen.

Die Zahl $2 - 2g$ heißt Eulercharakteristik der Fläche. Sie taucht in einer sehr ähnlichen und sehr berühmten Formel auf, die auf Leonhard Euler zurückgeht (vgl. S. 138). Nehmen Sie an, wir hätten die Fläche in viele polygonale Gebiete zerschnitten, und es gäbe e Ecken, k Kanten und f Gebiete (Flächen). Dann gilt ebenfalls $e - k + f = 2 - 2g$, gleichgültig, wie wir sie zerschneiden. Der Zusammenhang zwischen diesen beiden Formeln und ihren Verallgemeinerungen auf höhere Dimensionen heißt nach ihrem Erfinder Marston Morse Morsetheorie. Die Morsetheorie ist eine wirkungsvolle Technik, die die Dynamik – und allgemeiner jedes Problem, das die stationären Punkte einer Funktion beinhaltet – mit der Topologie verbindet. Sie wurzelt stark in Ideen, die Möbius vor ungefähr 130 Jahren entwickelte.

Scheibendynamik

Es ist nicht schwer, sich von der Richtigkeit dieser Resultate im Allgemeinen auch ohne Rechnung zu überzeugen.
«Die Elemente der Mechanik des Himmels», 1843.

Poincaré bemerkte, daß die Topologie sowohl bei der Dynamik als auch bei der Statik von Nutzen ist. Insbesondere erfand er eine topologische Methode, mit der man zeigen kann, daß ein System von Differentialgleichungen eine periodische Lösung besitzt. Die Idee besteht darin, sich eine vieldimensionale Schicht (aus Gummi natürlich, oder noch besser aus Kaugummi) zu geben, die die Trajektorien schneidet. Heute nennt man dies einen Poincaréschnitt. Hat man eine derartige Schicht gewählt, startet man zu einem gewissen Zeitpunkt und läßt die gesamte Schicht entlang der Trajektorien fließen. Nun können Sie verstehen, warum es eine Gummischicht sein muß, denn die Strömungslinien können sich verzweigen, ineinanderfließen oder auf komplizierte Art und Weise herumwirbeln. Die Gesetze der Dynamik verhindern jedoch jegliches Zerreißen oder Zerschneiden: Die Deformation ist immer stetig. Daher erhalten wir eine Gummischicht, die herumfließt und sich dabei deformiert. Nehmen Sie an, daß ein Teil dieser Schicht wieder dort ankommt, wo sie angefangen hat – bzw. wo Sie vorsorglich eine Kopie von ihr gelassen haben, um sich daran zu erinnern, wo sie am Anfang war. Was passiert?

Stellen Sie sich vor, die herumwandernde Schicht ist nicht nur aus Gummi, sondern auch klebrig – wie ich bereits sagte, ist Kaugummi ein gutes Bild –, und die Kopie ist das, was Computerleute eine «Hard copy» nennen – fest an der Stelle montiert. Die wandernde Kaugummischicht trifft auf die Hard copy: Plopp! Unterschiedliche Teile von ihr treffen zu leicht verschiedenen Zeiten auf, aber wir kümmern uns nicht darum, wir können warten.

Was haben wir am Schluß dieses bizarren Prozesses erhalten? Wir haben eine Schicht aus mathematischem Kaugummi genommen, sie verbogen und wieder auf sich selbst zurückgeworfen. Kurz gesagt, wir haben eine topologische Transformation der Schicht auf sich selbst konstruiert. Das ist die Poincaréabbildung, die mit dem gewählten Poincaréschnitt assoziiert ist.

Können wir die Anwesenheit periodischer Trajektorien aufzeigen, indem wir einfach einen Poincaréschnitt verwenden? Wir können. Periodische Trajektorien sind geschlossene Kurven, daher kehren sie zu dem gleichen Punkt zurück – sie schneiden also den Schnitt in einem Punkt, fließen eine Weile herum und schneiden den Schnitt wiederum in dem genau gleichen Punkt. Die Poincaréabbildung nimmt daher diesen

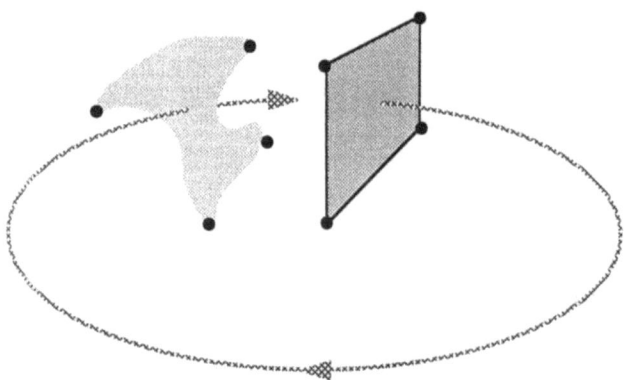

Ein Poincaréschnitt ist eine Fläche, die die Strömungslinien eines dynamischen Systems quer schneidet. Die zugeordnete Poincaréabbildung bildet jeden Punkt der Fläche auf den Punkt ab, in dem er nach Durchlaufen der Strömungslinie das erste Mal wieder auf die Fläche trifft.

Punkt und wirft ihn genau auf sich selbst zurück. Mit anderen Worten: Er ist ein Fixpunkt der Poincaréabbildung.

Dies ist eine große Vereinfachung. Statt nach periodischen Lösungen von Differentialgleichungen zu suchen – was schwierig sein kann und gewöhnlich zu komplizierten Formeln führt –, sucht man nach Fixpunkten von topologischen Transformationen, was im allgemeinen wesentlich einfacher ist. Zunächst ist die Schicht um eine Dimension kleiner als der Phasenraum, und über Transformationen kann man gewöhnlich leichter nachdenken als über Lösungen von Differentialgleichungen.

Wenn man lediglich an der Existenz einer periodischen Lösung interessiert ist, kann die Topologie die Antwort manchmal ohne Berechnungen liefern. Nehmen Sie an, der Poincaréschnitt sei eine höherdimensionale Version einer Scheibe ohne Löcher, und daß zudem jeder Punkt dieser Scheibe schließlich wieder auf die Hard copy trifft. Dann wird die gesamte Scheibe durch die Poincaréabbildung in sich selbst abgebildet. Ein berühmtes Theorem der Topologie – der Brouwersche Fixpunktsatz – sagt uns dann, daß es mindestens einen Fixpunkt geben muß. Dies bedeutet, daß es in einer solchen Situation mindestens eine periodische Trajektorie geben muß. Somit haben wir ein Beispiel dafür, wie aus einer allgemeinen topologischen Tatsache eine wichtige Folgerung für die Dynamik abgeleitet wird.

Der Poincaréschnitt ist jedoch noch wesentlich nützlicher. Er birgt jede Menge von Informationen über die gesamte Dynamik in der Nähe der periodischen Trajektorie. Gibt es zum Beispiel mehrere andere Fixpunkte, dann haben wir mehrere andere periodische Trajektorien gefunden. Die Poincaréabbildung sagt uns, wie sich alle nahegelegenen Punkte verhalten, nicht zu jedem Zeitpunkt, aber zu einer diskreten Folge von Zeitpunkten: zu jedem Zeitpunkt, zu dem der Punkt zurückkehrt und wieder auf den Poincaréschnitt trifft. Wir können die Folge der Punkte bestimmen, in denen seine Trajektorie den Schnitt trifft, indem wir die Poincaréabbildung wiederholt anwenden – diesen Prozeß nennt man Iteration.

Für ein etwas exotischeres Beispiel nehmen wir an, der Poincaréschnitt besitze zwei Punkte A und B, so daß die Poincaréabbildung A auf B und B auf A abbildet. Dies ist ein Punkt der Poincaréabbildung mit der Periode 2. Nehmen Sie zum Beispiel an, die Poincaréabbildung drehe einfach alles um 180° um den Fixpunkt, dann ist jeder Punkt ein Punkt mit der Periode 2.

Was sehen wir in der vollständigen Dynamik? Da sich der Punkt auf der ursprünglichen periodischen Trajektorie einmal dreht, dreht sich der Punkt A in der Nähe, bewegt sich jedoch auf B. Erst durch eine zweite Drehung der ursprünglichen Trajektorie kommt er wieder zurück auf A. Daher durchläuft A eine weitere periodische Trajektorie, aber eine, die sich einmal herumwindet, während sich die ursprüngliche Trajektorie zweimal herumwindet. Wir sagen, sie ist in 2:1-Resonanz mit der ursprünglichen Trajektorie.

Falls man entlang der Mitte eines Möbiusbands eine Linie zieht, dann windet sich diese Linie einmal herum, während sich der Rand des Bands zweimal herumwindet. Die Geometrie der 2:1-Resonanz ähnelt daher einem Möbiusband. Diese Tatsache ist oftmals von Bedeutung. Das Möbiusband ist in Wirklichkeit kein Spielzeug – es sieht nur so aus.

Es gibt noch andere Resonanzen wie 3:1, 5:2 oder 22:7, die genauso funktionieren. In der Himmelsmechanik existieren haufenweise Resonanzen. Die Jupitermonde Io und Europa haben zum Beispiel Umlaufperioden von 1 Tag, 18 Stunden und 27 Minuten bzw. 3 Tage, 14 Stunden und 13 Minuten. Das Verhältnis dieser beiden Perioden ist 2,03, daher sind sie fast in 2:1-Resonanz. Die Saturnmonde Titan und Hyperion haben Umlaufperioden von 15 Tagen, 22 Stunden und 41 Minuten bzw. 21 Tagen, 6 Stunden und 38 Minuten mit einem Verhältnis von 1,3337. Dies liegt tatsächlich sehr nahe an einer 4:3-Resonanz. Die Umdrehungsperiode des Merkur ist in 2:3-Resonanz mit seiner Umlaufperiode. Dies sind nur einige Details, sie sollen jedoch nicht die Größe der Vision verschleiern: eine «natürliche» Geometrie der Dynamik.

Poincaré wußte, daß viele neue Entwicklungen nötig waren, damit seine Vision ein nützliches Werkzeug werden konnte. Er hatte sogar eine gute Idee, welche Entwicklungen dies sein könnten – und er wußte, daß es schwer werden würde! Aber sein mathematischer Instinkt funktionier-

180 Ian Stewart

te ausgezeichnet: Poincarés Nase war auf eine sehr bedeutende Idee gestoßen. Er erlebte ihre vollständige Entwicklung nicht mehr, trug jedoch in den späten Jahren seines Lebens zwei wichtige Dinge bei. Beide Male nahm er ein fast aussichtsloses analytisches Problem, verwandelte es in etwas Geometrisches und Natürliches, und leitete etwas Bedeutendes und Neues her. Beide Ideen hatten wichtige Folgen für die Mathematik. Eine führte zum Chaos (ein heute in Mode gekommenes Gebiet, dem die Medien beachtliche Aufmerksamkeit schenken), die andere zur symplektischen Geometrie (die wahrscheinlich sogar noch wichtiger ist, von der sie aber vielleicht noch nie etwas gehört haben). Wir wollen uns beiden nacheinander zuwenden.

Chaos

> (...) *welches ebenfalls unmöglich ist; folglich u. s. w.*
> «Lehrbuch der Statik», 1837.

Was können Poincaréabbildungen leisten? Denken Sie einfach daran, was passiert, wenn wir eine Abbildung von einer Fläche (wie der Ebene) auf sich selbst iterieren. Wir wollen sechs Möglichkeiten aus einer im Prinzip endlosen Liste aufzählen:

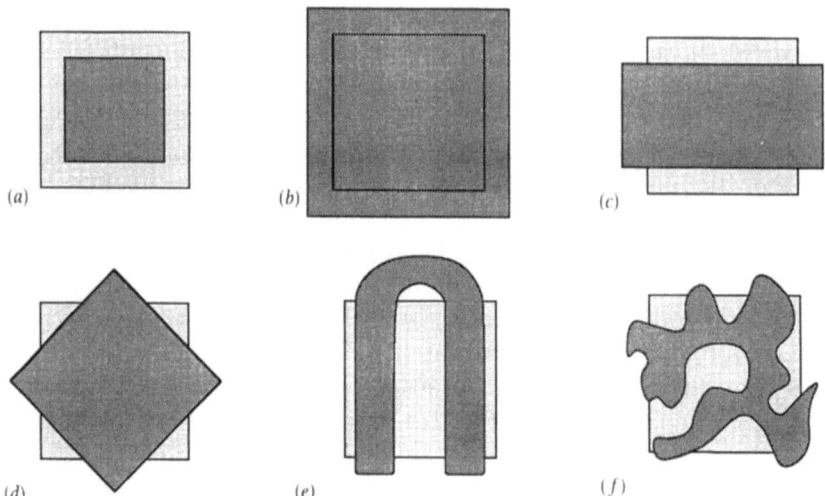

Sechs Abbildungen der Ebene mit unterschiedlicher Dynamik: schrumpfen in alle Richtungen (a), ausdehnen in alle Richtungen (b), schrumpfen in die eine und ausdehnen in die andere Richtung (c), drehen (d), in Hufeisenform biegen (e) und beliebige Kombination aller vorhergehenden Abbildungen (f).

(a) Dies ist eine Abbildung, die alles zusammenschrumpft. Es ist klar, daß alles immer weiter zusammenschrumpft, wenn man sie iteriert. Daher bewegen sich alle Punkte auf den Mittelpunkt zu, der der eindeutig bestimmte Fixpunkt ist. Die entsprechende Dynamik besteht aus einer periodischen Trajektorie (sie entspricht dem Fixpunkt), und alles andere zieht sich gegen diese Trajektorie zusammen, indem es sich immer näher und näher um sie herumwindet. Wir sagen, daß die periodische Trajektorie (oder der entsprechende Fixpunkt der Poincaréabbildung) alle anderen Trajektorien (Punkte) anzieht oder stabil ist.

(b) Dies ist der umgekehrte Prozeß: Nun dehnt die Abbildung alles aus. Es gibt in der Mitte immer noch einen Fixpunkt, aber nun bewegen sich aufeinanderfolgende Punkte immer weiter weg und die entsprechenden Trajektorien ebenfalls. Die periodische Trajektorie (oder der Fixpunkt) weist alle anderen ab oder ist instabil.

(c) Dies ist eine Kombination aus (a) und (b). Sie zieht in eine Richtung zusammen und dehnt in die andere Richtung aus. Es gibt wiederum einen einzigen Fixpunkt, der Sattel heißt: Er ist in der einen Richtung stabil und in der anderen instabil.

(d) Dies ist eine Drehung um 45°. Sie besitzt in der Mitte einen Fixpunkt. Jeder andere Punkt nimmt acht Werte an und kehrt dabei an seinen Ausgangspunkt zurück, denn acht aufeinanderfolgende Drehungen um 45° ergeben zusammen eine Drehung um 360°, die alles dort läßt, wo es begonnen hat. Daher ist jeder Punkt ein Punkt mit der Periode 8.

(e) Diese Abbildung ist geometrisch nur leicht komplizierter, ihr Verhalten unter der Iteration ist jedoch wesentlich seltsamer. Es ist die von dem amerikanischen Topologen Stephen Smale erfundene Hufeisenabbildung. Der ursprünglich quadratische Bereich wird in die Länge gezogen, gebogen und wieder auf sich selbst gesetzt. Bei der Iteration entsteht ein noch komplizierteres gewundenes Rechteck, das sehr lang und dünn wird und sich immer mehr windet. Je mehr Iterationen wir anwenden, desto komplizierter wird alles – das Verhalten unterscheidet sich sehr stark von einem Fixpunkt oder einem periodischen Punkt. Dies ist ein Beispiel für Chaos – kompliziertes und höchst unregelmäßiges Verhalten in dynamischen Systemen. Somit kann die vollkommen einfache Geometrie der Abbildung zu chaotischer Dynamik führen.

(f) Die «allgemeine» Abbildung kann alle bereits aufgezählten und noch viele weitere Eigenschaften kombinieren. Niemand kennt den gesamten Bereich der Möglichkeiten. Ein derart einfaches Problem wie die Iteration einer Abbildung in der bescheidenen Ebene liegt bereits außerhalb der Reichweite des allgemeinen mathematischen Verständnisses. Wir können bestenfalls gewisse Typen von Abbildungen untersuchen und versuchen zu verstehen, wie sie sich verhalten.

Dieses Problem eignet sich besonders für Computer. Um eine Abbildung mit einem Computer zu iterieren, wiederholt man immer wieder dieselbe Rechnung, wobei man das Endergebnis einer Rechnung als Anfangswert der nächsten wählt. Man kann den Rechenprozeß graphisch darstellen, indem man auf dem Bildschirm Punkte zeichnet, deren Koordinaten diese Werte sind. Hierdurch erhält man eine Art von zeitdiskretem Phasenportrait.

Die gezeichneten Punkte lassen sich des öfteren in einem fixen Objekt nieder, dem sogenannten Attraktor (er heißt so, weil sich alles auf ihm niederläßt). Der Attraktor liefert ein Bild der Langzeitdynamik. Einfache Dynamik führt zu einfachen Attraktoren: Ein stationärer Zustand zum Beispiel entspricht einem Attraktor, der nur aus einem einzigen Punkt besteht, ein Zyklus der Periode zwei entspricht einem Attraktor aus zwei Punkten usw. Quasiperiodische Dynamik führt zu Attraktoren aus geschlossenen Schlaufen. Vollkommen harmlose Abbildungen können jedoch bei der Iteration verblüffend komplizierte Attraktoren produzieren, die zu einer Klasse von geometrischen Objekten namens Fraktale gehören. Eine derartige Dynamik heißt chaotisch: Sie schafft es, sowohl deterministisch (die Zukunft ist im Prinzip für immer durch die gegenwärtigen Bedingungen bestimmt) als auch unvorhersagbar (winzige Fehler können exponentiell wachsen und die Vorhersage zunichte machen) zu sein.

Dies alles zueinander in Beziehung zu setzen, ist unser drittes Thema: Falls die Abbildung Symmetrie besitzt, kann der Attraktor sowohl symmetrisch als auch fraktal sein – eine bemerkenswerte Mischung von Ordnung und Chaos in einem einzigen Objekt. Die Beziehung zwischen

>
Einige durch Iteration einer Abbildung erzeugte chaotische Attraktoren: Hénon-Attraktor (a), von Pascal Chossat und Martin Golubitsky erfundener Attraktor mit dreifacher Symmetrie (b), Attraktor mit fünffacher Symmetrie (c), und von Michael Field und Martin Golubitsky erfundener gemusterter Attraktor, der durch eine Torusabbildung definiert wird (d).

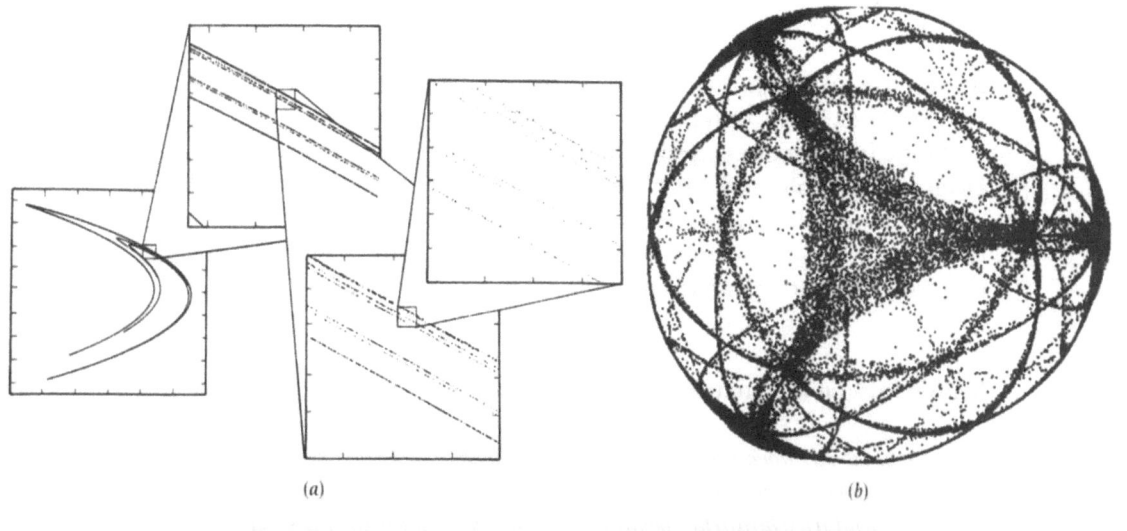

(a)

(b)

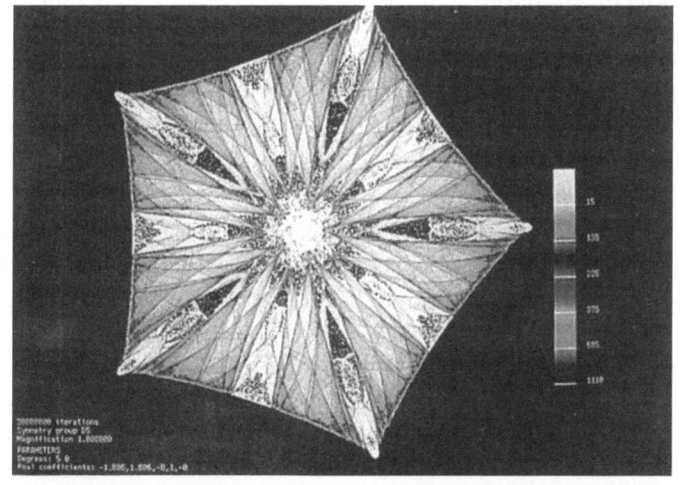

(c)

(d)

Symmetrie und Chaos ist nur eines der Themen, das in der Forschung in vorderster Front untersucht wird.

Poincaré begegnete dem Chaos erstmals bei der Untersuchung des Dreikörperproblems. Er erklärte, warum es auftreten kann und warum dies bedeutet, daß es keine einfache Beschreibung (wie Keplers Ellipsen) der Bewegung geben kann. Sein Verständnis, wie man das Chaos bewältigen kann, machte keine großen Fortschritte: Es war nur ein Anfang.

Symplektische Geometrie

Es scheint mir aber, dass sich der in Rede stehende Gegenstand, ohne dass seiner Allgemeinheit in etwas Abbruch geschieht, um einen guten Theil einfacher und anschaulicher behandeln lasse, wenn man statt des Calculs einige geometrische Betrachtungen zur Hülfe nimmt, und insbesondere von einer rein geometrischen Definition eines unendlich dünnen Strahlenbündels ausgeht.

«Geometrische Entwicklung der Eigenschaften
unendlich dünner Strahlenbündel», 1862.

Die Gleichungen der Himmelsmechanik besitzen eine besondere Eigenschaft, die die entsprechende Dynamik wesentlich anders macht: Im Vakuum gibt es keinen Luftwiderstand. Dies bedeutet, daß keine Reibung existiert, die die Planeten verlangsamt oder ihre Energie umwandelt. Strenggenommen stimmt dies nicht: Es gibt im Raum einige Reibung, die durch interstellare Gaswolken verursacht wird, aber die gewöhnlichen Bewegungsgleichungen vernachlässigen den von diesen Wolken produzierten extrem winzigen Reibungseffekt, weil er sich nur auf Zeitskalen von mehreren Millionen Jahren bemerkbar machen würde.

Eine allgemeine Theorie über dynamische Systeme ohne Reibung wurde von dem irischen Mathematiker Sir William Rowan Hamilton entwickelt. Ihm zu Ehren heißen diese Systeme gewöhnlich Hamiltonsche Systeme. Er entdeckte, daß sich dieselben mathematischen Ideen, die bei der Dynamik in der Himmelsmechanik eine Rolle spielen, auch auf das Verhalten von Lichtstrahlen in optischen Systemen anwenden lassen. Diese Analogie zwischen Optik und Mechanik beeinflußte viele Mathematiker. Möbius war einer der ersten, der die Rolle der geometrischen Methoden bei der Untersuchung Hamiltonscher Systeme betonte. Poincaré untermauerte in seinen Forschungen diesen Aspekt.

In einem System ohne Reibung bleibt die Energie erhalten. Eine nicht ganz offensichtliche Folge davon ist, daß die Poincaréabbildung das Volumen erhalten muß – jedes winzige Gebiet des Phasenraums

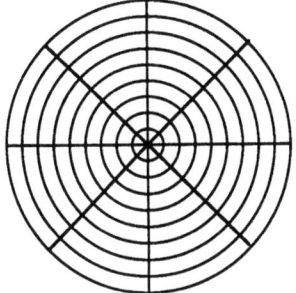 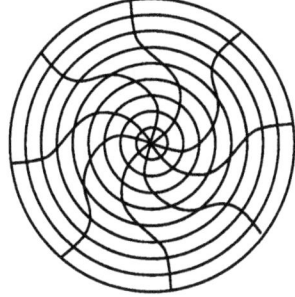

Das klassische Bild einer flächenerhaltenden Abbildung beinhaltet das Drehen konzentrischer Kreise um unterschiedliche Winkel, so daß die Radiallinien verbogen werden.

behält dasselbe (höherdimensionale Analogon des) Volumen, wenn es der dynamischen Strömung folgt. Die imaginäre «Flüssigkeit» im Phasenraum, die aus den Punkten, die die Zustände des Systems repräsentieren, gebildet wird, ist nicht komprimierbar.

Ein zweidimensionales Volumen ist eine Fläche: Ist somit der Poincaréschnitt zweidimensional (also eine Fläche), dann erhält die Poincaréabbildung den Flächeninhalt. Folgendermaßen konstruiert man am einfachsten eine Abbildung, die den Flächeninhalt erhält: Man nimmt ein System von konzentrischen Kreisen und dreht jeden Kreis um einen Winkel, der stetig vom Radius abhängt, wobei jeder Kreis seine Größe behält. Die klassischen Mathematiker dachten, daß die Dynamik in der Nähe einer periodischen Trajektorie immer so aussieht. Ihr Beweis dafür mutet seltsam an: Wenn sie die Gleichungen lösen konnten, erhielten sie immer dieses Ergebnis!

All dies bedeutet, daß man in der Nähe einer periodischen Trajektorie entweder

- eine periodische Trajektorie in Resonanz oder
- eine quasiperiodische Trajektorie sieht – eine solche Trajektorie kombiniert mehrere getrennte periodische Bewegungen (zum Beispiel: Das Raumschiff Apollo umrundet den Mond, dieser umkreist die Erde, diese die Sonne, und diese das Zentrum der Milchstraße).

Dieses Resultat folgt, weil jeder nahegelegene Punkt auf einem der konzentrischen Kreise liegt und bei jeder Iteration der Poincaréabbildung nur um einen festen Winkel weiterbewegt wird.

Dies ist ein nettes, einfaches und attraktives Bild, das durch jede Menge Beweise untermauert wird. Unglücklicherweise ist es falsch! Die

Sache verhält sich nämlich sehr trickreich: Die Gleichungen können nur dann gelöst werden, wenn die Antwort zu einfach ist, um repräsentativ für das wahre Bild zu sein.

Dank tiefgreifender Resultate von Andrei Kolmogorov, Vladimir Arnol'd und Jürgen Moser wissen wir heute, daß das typische Bild in der Nähe einer periodischen Trajektorie nicht einfach ein System von konzentrischen Schlaufen ist. Es ist eine wesentlich kompliziertere Struktur namens Vague Attractor of Kolmogorov, oder kurz VAK (vgl. die Abb. auf Seite 154). Ein Punkt im Zentrum repräsentiert die ursprüngliche periodische Trajektorie. Er wird von einigen geschlossenen Kurven umgeben. Somit existieren in der Nähe einige quasiperiodische Trajektorien. Eingeklemmt zwischen diesen geschlossenen Kurven gibt es jedoch zwei verschiedene Merkmale – kleine geschlossene Kurven, die «Inselketten» bilden, und dazwischen ein spaghettiähnliches Gewirr. In der Mitte der Inseln befinden sich Punkte, die periodische Trajektorien in Resonanz repräsentieren, und die Spaghetti repräsentieren Chaos. Resonanz und Chaos sind also aufs engste verbunden. Jede Insel besitzt eine eigene feine Struktur: Sie sieht genau gleich aus wie der gesamte VAK. Somit gibt es in den Inseln Unterinseln, die mit chaotischen Trajektorien vermischt sind, in den Unterinseln finden wir dasselbe Ding, und so geht es immer weiter. Es ist verteufelt kompliziert und hat nichts mit dem klassischen Bild gemein – aber es ist das, was tatsächlich passiert.

Der Grund für diese verwickelte Struktur ist die harmlose kleine Forderung, die Abbildung solle die Fläche erhalten. Die Transformationen der gewöhnlichen euklidischen Geometrie erhalten den Abstand: Sie sind starre Bewegungen. Flächenerhaltende oder symplektische Abbildungen sind wesentlich flexibler; ihre natürliche Geometrie, die symplektische Geometrie, ist für einen, der mit einer Diät aus euklidischen Vorurteilen aufgewachsen ist, ausgesprochen merkwürdig. Zum Beispiel bildet in der symplektischen Geometrie jede Gerade einen rechten Winkel mit sich selbst. Symplektische Geometrie tritt in der Dynamik, in der Quantenmechanik und in der Optik auf: Die Transformation von einer Lichtquelle auf ihr Bild in einem optischen System ist symplektisch. August Möbius war sehr interessiert an unüblichen Geometrien. Er schrieb auch über Optik, und einige seiner optischen Untersuchungen legen in ähnlicher Weise Wert auf Transformationen von der Quelle zum Bild. Ich glaube, daß Möbius die symplektische Geometrie gebilligt hätte.

Die chaotische Struktur des VAK und seiner höherdimensionalen Vettern vereitelt jeden Versuch, an König Oscars Problem zu arbeiten. Das Chaos, dem Poincaré bei der Untersuchung des Dreikörperproblems begegnete, ist das Chaos des VAK. Neuere Berechnungen, die mit Hilfe eines speziell konstruierten Computers, des Digital Orrery (digitales Planetarium), durchgeführt wurden, zeigten, daß das gesamte Sonnensystem chaotisch ist. Der chaotischste Planet ist Pluto: Wenn man die Bahn von Pluto für 200 Millionen Jahre berechnet, kann man nicht sagen, auf welcher Seite der Sonne er sich dann befinden wird. Diese Unsicherheit beeinflußt möglicherweise auch Ihre Annahme darüber, wo sich die anderen Planeten befinden werden – in einer Milliarde Jahren oder so. Auf der Erde wird vielleicht Sommer sein, obwohl wir heute Winter vorhersagen. Obgleich also himmlisches Chaos existiert, würde ich mir keine Sorgen darüber machen.

Außer vielleicht, wenn ...

Ein kosmisches Fußballspiel

Nicht ohne einiges Bedenken wage ich es, die ersten Früchte meiner astronomischen Thätigkeit dem Publicum vorzulegen (...)
«Beobachtungen auf der Königlichen Universitäts-Sternwarte zu Leipzig», 1823.

Sie mögen vielleicht denken, daß alle diese Angelegenheiten wie Chaos, Resonanzen oder der VAK für uns irdische Wesen keine großen Auswirkungen haben. Die Erde umrundet die Sonne in ihrer Bahn seit vier Milliarden Jahren oder länger, und Leben existiert seit mindestens der Hälfte dieser Zeit. Die chaotische Langzeitbewegung des Sonnensystems hat uns offenbar nicht geschadet ...

Die Antwort lautet: «Noch nicht.» Die Dinosaurier, die vor 65 Millionen Jahren untergingen, hätten uns vielleicht etwas darüber sagen können, vorausgesetzt, die Theorie von dem großen KT-Meteoriten, dessen Zusammenstoß mit der Erde als Ursache ihres Untergangs angesehen wird, ist richtig. Sei es nun, wie es will, es ist jedenfalls sehr wahrscheinlich, daß unsere Existenz nicht durch den Kosmos gestört wird (mit Ausnahme der Gravitationskraft) und andauert.

Das ist aber nicht sicher ... Das Universum könnte sich jederzeit verschwören und einen Stein auf uns schmeißen, oder ein großer Komet oder Planetoid könnte aus dem äußeren Raum hereinwandern und uns in Stücke schlagen. All das ist sehr dramatisch und Stoff für Science-fiction-Geschichten. Und natürlich höchst unwahrscheinlich. Vom äußeren Raum aus betrachtet ist die Erde eine ziemlich kleine Zielscheibe.

Aber es ist eben nicht unmöglich: Tatsächlich ist es wahrscheinlicher, als Sie denken mögen. Es ist nicht nötig, daß das Universum mit Steinen nach uns schmeißt. Unser eigenes liebes Sonnensystem ist durchaus selbst dazu in der Lage. Die Steine sind Meteoriten, die man fast immer am Nachthimmel sieht, wenn man eine Weile wartet, und der Übeltäter ist Jupiter, unterstützt und angestiftet von Mars. Die Munition liefert der Asteroidengürtel.

Lassen Sie uns ein Bild von der lokalen Geographie zeichnen. Die Erde ist von der Sonne aus nach außen gezählt der dritte Planet. Danach kommen Mars (kleiner und weniger massereich als die Erde) und Jupiter (riesig, sein Durchmesser ist 11mal so groß wie der der Erde und er besitzt die 318fache Masse). An diese schließen sich vier weitere Planeten an. Jupiter ist außer der Sonne der größte Körper im Sonnensystem, daher spielt er in der Dynamik des Systems eine herausragende Rolle. Zwischen Mars und Jupiter gibt es Zehntausende kleinere Körper, die Asteroiden (und Millionen von noch kleineren Gesteinsklumpen). Einige von ihnen schaffen es, in die Umlaufbahn der Erde zu gelangen, in unsere Atmosphäre einzutauchen und zu verbrennen. Falls einmal ein wirklich großer diese Reise macht, sind wir es, die verbrennen: Der Aufprall wäre wesentlich schlimmer als eine Wasserstoffbombe.

Wie kommen die Asteroiden in die Umlaufbahn der Erde? Wieso bleiben sie nicht da, wo sie sind? Der Mechanismus ist kompliziert und wurde erst vor kurzem verstanden. Es fängt damit an, daß ein Asteroid sich in 3:1-Resonanz mit Jupiter befinden kann – es ist also möglich, daß er die Sonne genau dreimal so schnell umkreisen kann wie Jupiter. Lassen Sie uns überlegen, welche Asteroiden so etwas tun. Jupiter umkreist die Sonne in einem Abstand von 5,2 AE (astronomische Einheiten; 1 AE ist der mittlere Abstand von der Erde zur Sonne oder 150 Millionen Kilometer). Nach Keplers drittem Gesetz sind die Kuben der Abstände proportional zum Quadrat der Umlaufperioden. Daher muß ein Asteroid in 3:1-Resonanz zu Jupiter die Sonne in einem Abstand d umrunden mit $5,2^3:d^3 = 3^2:1^2$. Dies bedeutet, daß $d^3 = 5,2^3/9 = 15,623$ oder $d = 2,49$ AE ist. Die Asteroiden liegen in einem breiten Gürtel zwischen ungefähr 1,9 AE und 4,1 AE von der Sonne entfernt, daher ist der kritische Abstand von 2,49 AE mitten in diesem Gürtel.

Wider Erwarten finden sich jedoch in ungefähr diesem Abstand nur sehr wenige Asteroiden. Lassen Sie uns erläutern, warum. Ein Asteroid auf einer solchen Bahn würde von Jupiter sehr stark gestört, denn er würde immer wieder in die gleiche Richtung gezogen. Wegen des VAKs beinhaltet eine 3:1-Resonanz auch Chaos. Wie der Name suggeriert, ändert Chaos die Bahn des Asteroiden auf unvorhersagbare Art und Weise. Es stellt sich heraus, daß die Wirkung des Chaos nicht stark genug ist, um einen Asteroiden auf eine die Erde kreuzende Bahn zu schicken.

Jupiter tritt die Ecke, Mars macht das
Tor. Ein Asteroid, der sich in 3:1-Resonanz mit Jupiter befindet, ist wiederholten Störungen unterworfen, die sich in chaotischen Veränderungen seiner Bahn niederschlagen. So kann es passieren, daß er die Marsbahn kreuzt, und Mars kann ihn nach innen schleudern, so daß er der Erde begegnet. Auf diese Art und Weise gelangen viele Meteoriten zur Erde.

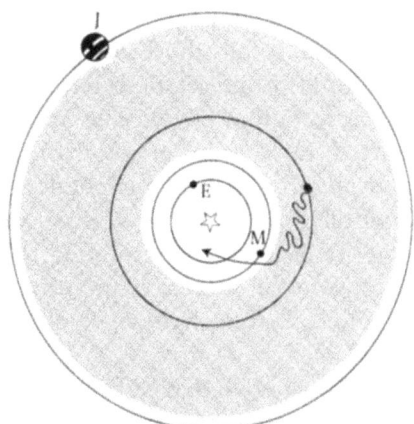

Es kann einen Asteroiden jedoch in eine den Mars kreuzende Bahn schicken. Ist Mars zufällig an der richtigen Stelle, kann die Gravitationskraft des Mars den Asteroiden in eine die Erde kreuzende Bahn schleudern. Hierdurch erhält er definitiv eine Chance, uns zu treffen.

Es ist ein kosmisches Fußballspiel: Jupiter tritt die Ecke, und Mars köpft in das irdische Netz. Eines schicksalhaften Tages könnte das Spiel Jupiter gegen Erde 1:0 stehen; es hängt nur von den Launen des Chaos ab. Natürlich passiert es wahrscheinlich nicht, aber es könnte passieren. Das Sonnensystem ist eine einzige Einheit, und wir sind ein Teil davon. Daß wir vier Milliarden Jahre lang überlebt haben, ist Glück und nicht ein vorherbestimmtes Naturgesetz.

Die große Flucht

Indessen hat man zum praktischen Bedarf vollkommen hinreichende Metheoden gefunden, welche die Aufgabe durch Näherung lösen.
«Die Elemente der Mechanik des Himmels», 1843.

Als nächstes wollen wir uns einem Beispiel zuwenden, in dem Möbius' drei Hauptinteressen Symmetrie, Topologie und Himmelsmechanik auf bemerkenswerte Art und Weise zusammentreffen. Die Frage lautet: «Wie schlimm kann sich die Bewegung eines Systems von Punkteilchen unter Newtonscher Gravitation verhalten?» Unter «schlimm verhalten» verstehe ich nicht «kompliziert», sondern das mathematische Hindernis der Existenz von Bewegung.

Trotz Propaganda für das Gegenteil besitzen die Differentialgleichungen der Himmelsmechanik nicht immer Lösungen, die für alle

Zeiten gültig sind. Wir sagen, ein System besitze in einem Zeitpunkt eine Singularität, falls die Lösungen der Gleichungen nicht jenseits dieses Zeitpunkts fortgesetzt werden können. Der einfachste Typ einer Singularität in einem System aus n Körpern ist eine Kollision. Stoßen zwei Körper zusammen, ergeben die Gleichungen für das System keinen Sinn, denn die Kraft zwischen zwei zusammentreffenden Körpern ist unendlich groß. Daher können die Gleichungen die Bewegung nach einer Kollision nicht bestimmen. Man kann sich aus dieser Schwierigkeit herauswinden, indem man annimmt, die Körper prallen elastisch aufeinander, aber auch dieser Trick funktioniert bei einer Dreieckskollision nicht.

Gibt es neben den Kollisionen noch weitere Singularitäten? Für zwei Körper können wir das gesamte Problem vollständig lösen, und die Antwort lautet «nein». Ohne Kollisionen ist die nachfolgende Bewegung durch die Anfangsbedingungen für alle Zeiten eindeutig bestimmt. Paul Painlevé bewies 1895, daß dies auch für drei Körper gilt; er konnte sein Resultat jedoch nicht auf vier oder mehr Körper erweitern, und er vermutete, daß eine Singularität, die keine Kollision ist, oder eine Pseudokollision auftreten kann.

Welche Gestalt kann eine Pseudokollision annehmen? Eine Möglichkeit ist, daß einer oder mehrere der Körper in einer endlichen Zeitspanne gegen unendlich wandern! Es ist viel leichter, ein derartiges Verhalten zu finden, als Sie denken mögen, obwohl die einfachen Beispiele nicht aus der Himmelsmechanik stammen. Das einfachste Beispiel, das ich kenne, ist die Differentialgleichung

$$\frac{dx}{dt} = 1 + x^2 \quad \text{mit} \quad x = 0 \quad \text{für} \quad t = 0.$$

Sie besitzt die eindeutig bestimmte Lösung

$$x = \tan t,$$

und diese wird für $t = \pi/2$ unendlich. Daher gibt es zur Zeit $\pi/2$, für die der Wert von x unendlich wird, eine Singularität, und die Lösung kann nicht auf konsistente oder vernünftige Art und Weise über diesen Zeitpunkt hinaus fortgesetzt werden. Und die Differentialgleichung ist nicht irgendwie tückisch: $1 + x^2$ ist eine der einfachsten Funktionen, die man sich vorstellen kann.

Die Bewegungsgleichungen eines Systems aus n Körpern unter Newtonscher Gravitation sind wesentlich komplizierter, aber auch wesentlich spezieller. Es ist nicht ganz klar, ob ein ähnliches Verhalten auftreten kann, aber es ist auch sehr schwierig, es auszuschließen.

Eine andere Möglichkeit für eine Pseudokollision besteht darin, daß ein oder mehrere Körper anfangen zu schwingen, und dies immer heftiger, wenn sich die Zeit einem bestimmten Wert annähert. Die Ergebnisse von H. Von Zeipel, Richard McGehee, Donald Saari und H. J. Sperling zeigen, daß für eine Pseudokollision im Problem der n Körper beide Verhaltenstypen gleichzeitig auftreten müssen. Dies bedeutet, daß sich einige Körper in endlicher Zeit in die Unendlichkeit hinwegbewegen und wild oszillieren müssen. Saari zeigte auch, daß beim Vierkörperproblem Pseudokollisionen unendlich selten sind, falls sie überhaupt existieren. Dies bedeutet: Wenn man die Anfangsbedingungen nach dem Zufallsprinzip auswählt, dann ist die Wahrscheinlichkeit einer Pseudokollision gleich Null. John Mather und McGehee fanden eine Pseudokollision für ein System aus vier Körpern, die an eine Gerade gefesselt sind – aber nur, nachdem sie zuerst eine unendliche Anzahl von elastischen Kollisionen zuließen. Das war ein interessanter Beweis, ließ aber keine Schlußfolgerung für das tatsächliche Problem zu. Dann schlug 1984 Joseph Gerver ein Szenario vor, das eine Flucht in die Unendlichkeit zulassen könnte, wobei er die aktive Teilnahme von fünf Körpern benötigte.

Obwohl die Körper Massepunkte sind, werde ich astronomische Vorstellungen verwenden, um uns an ihre relativen Massen zu erinnern. Wir nehmen drei Sterne, von denen einer massereicher ist als die anderen, und ordnen sie in dreieckiger Konstellation so an, daß sich am schwersten Stern ein stumpfer Winkel befindet. Die Sterne bewegen sich nach außen vom Mittelpunkt des Dreiecks weg. Dann fügen wir einen winzigen Asteroiden hinzu, der außen um alle drei Sterne kreist, wobei er ihnen sehr nahekommt. Wenn der Asteroid den massereichsten Stern passiert, sorgen wir dafür, daß er einem «Schleudereffekt» unterliegt, wobei er von dem Stern Energie erhält, die dieser in gleichem Ausmaß verliert. Der Asteroid kann dann bei der nachfolgenden Begegnung mit den anderen beiden Sternen Energie auf sie übertragen. Als Resultat können die Geschwindigkeiten des Asteroiden und der anderen beiden Sterne vergrößert werden. Wenn es nun möglich wäre, auch den schwersten Stern zu beschleunigen, könnte das Dreieck zur Expansion gebracht werden, und die Expansionsrate könnte groß genug gemacht werden, um den «$dx/dt = 1 + x^2$-Trick» anzuwenden und gegen unendlich zu entschwinden. Aber das Energieerhaltungsgesetz verhindert dies.

Gerver fand ein legales Schlupfloch. Er fügte einen fünften Körper hinzu, einen Planeten, der den massereichsten Stern umkreist. Wir richten es nun so ein, daß nicht der Stern, sondern der Planet Energie verliert – und zwar so viel, daß der Stern Energie erhalten kann; wir richten also den Schleudereffekt so ein, daß der Asteroid sowohl hinter

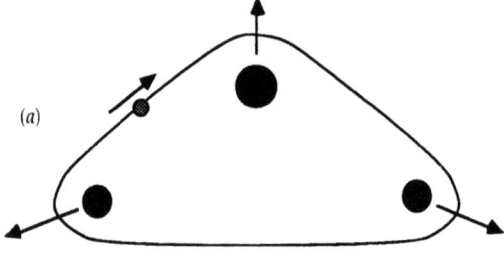

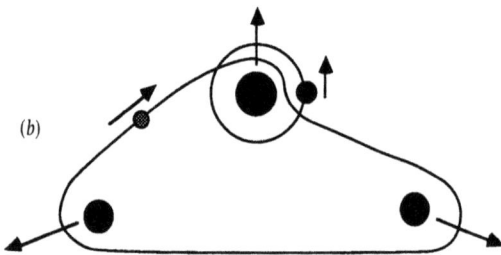

Joseph Gervers Szenario für die «große Flucht»: mit vier Körpern wird ein Stern wegen der Erhaltung der Energie langsamer (a). Fügt man einen fünften Körper hinzu, kann dieser seinem Stern Energie zuführen, und alle drei Sterne können sich beschleunigen. Der zusätzliche Körper umkreist nur seinen Stern in immer engeren Bahnen (b).

dem Planeten als auch hinter dem Stern vorbeisaust, wobei er den Planeten verlangsamt, den Stern jedoch beschleunigt. Nun beschleunigen sich die Sterne und der Asteriod bei jedem Umlauf des Asteroiden, und der Planet verlangsamt sich und bewegt sich näher zu seinem Stern hin. Die Energien sind im Gleichgewicht, aber das Dreieck wächst – und es wächst schnell genug, um tatsächlich in einer endlichen Zeitspanne ins Unendliche zu entschwinden, wobei es den Asteroiden und den Planeten mitnimmt!

Das mathematische Haupthindernis für den Beweis, daß dieses Szenario funktioniert, besteht darin, alles so anzuordnen, daß eine unendliche Folge von Schleudereffekten eintritt, ohne das allgemeine Szenario zu zerstören. Die Topologie kommt ins Spiel, wenn man versucht zu beweisen, daß dies möglich ist: Mit ihrer Hilfe wählt man geeignete Anfangsbedingungen. Gervers Argumentation war in diesem Punkt nicht exakt, und die detaillierten Berechnungen wurden derart vertrackt, daß der Beweis nicht zum Abschluß gebracht werden konnte.

Dann kam die Symmetrie ins Spiel: 1989 verwendete Gerver ein von Scott Brown vorgeschlagenes Argument, um zu zeigen, daß das Problem von $3n$ Körpern für genügend große Werte von n tatsächlich eine Flucht ins Unendliche zuläßt. Aus den gleichen Gründen wie oben ist die

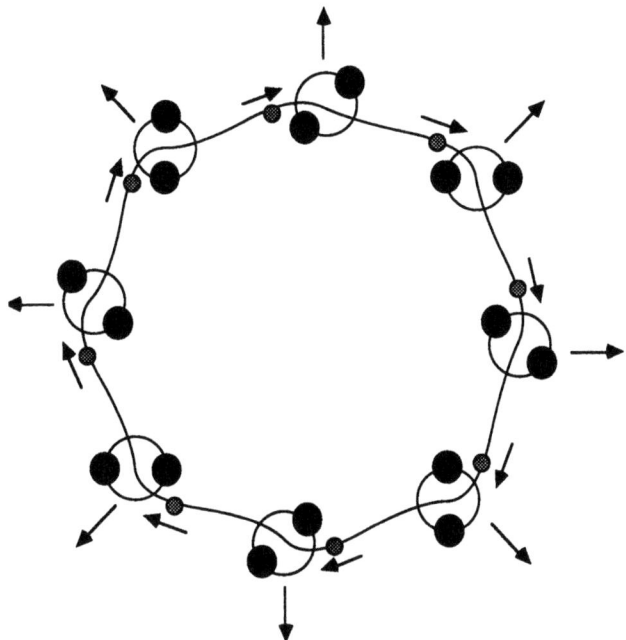

Eine symmetrische Konfiguration mit $3n$ Körpern (in diesem Fall ist $n = 8$) bildet ein mathematisches Problem, das sich leichter behandeln läßt. Man kann zeigen, daß es bei genügend großem n Anfangspositionen und -geschwindigkeiten gibt, bei denen alle Körper in endlicher Zeit ins Unendliche entschwinden.

Topologie stark in den Beweis involviert. Die Symmetrie macht die Berechnungen durchführbar, obwohl keineswegs einfach.

Die benötigte Konfiguration ist eine symmetrischere Version des Sternendreiecks. Sie besteht aus n Doppelsternsystemen, die alle die gleiche Masse besitzen. In jedem Paar sind die Bahnen nahezu kreisförmig, und die Massezentren der Paare liegen auf den Ecken eines regelmäßigen nEcks. Weitere n Planeten, die wiederum alle die gleiche Masse besitzen (aber eine kleinere als die Sterne), bewegen sich ungefähr entlang den Kanten des Polygons. Wenn sich ein Planet einem Doppelstern nähert, erhält er über den Schleudereffekt jedesmal kinetische Energie. Der Doppelstern kompensiert dies, indem er kinetische Energie verliert und sich zu einer engeren Bahn zusammenbewegt. Der Planet überträgt weiterhin einen Impuls auf den Doppelstern, wodurch sich dieser vom Mittelpunkt des Polygons nach außen wegbewegt. Wegen der Symmetrie werden alle n Doppelsternsysteme zur gleichen Zeit auf die genau gleiche Art und Weise beeinflußt. Bei jedem Schritt

- wächst das Polygon,
- bewegt sich der Planet schneller
- und zieht sich das Doppelsternsystem auf eine engere Bahn zusammen.

Indem man die Anzahl der Körper, ihre Massen und ihre Anfangspositionen und -geschwindigkeiten geeignet adjustiert, ist es möglich, ein System aufzustellen, in dem

- unendlich viele Schleudereffekte auftreten, die in Zeitabständen eintreten, deren Folge wie eine geometrische Reihe $a, ar, ar^2, ar^3, \ldots$ mit $r < 1$ fällt,
- das Polygon bei jedem Schleudereffekt um mindestens einen festen Betrag k wächst
- und die Gestalt der Konfiguration der $3n$ Körper die gleiche Grundcharakteristik behält.

Beim Beweis benötigt man die Topologie, um zu zeigen, daß die gesamte unendliche Folge von Ereignissen stattfinden kann. Dann finden in einer Gesamtzeit von

$$a + ar + ar^2 + \ldots = a/(1-r),$$

die endlich ist, unendlich viele Schleudereffekte statt. Inzwischen ist das Polygon um $\infty \cdot k$ gewachsen, was unendlich ist. Überdies schwingen die sich umkreisenden Doppelsterne immer heftiger, während ihr Abstand auf null zusammenschrumpft.

Die Rolle der Symmetrie besteht darin, die Berechnungen so zu vereinfachen, daß ein Beweis möglich wird. Durch sie wird das Problem von $3n$ Körpern auf das von drei Körpern reduziert. Wenn wir einmal die Positionen und Geschwindigkeiten eines Doppelsternsystems und eines Planeten gefunden haben, wenden wir die $n$fache Drehungssymmetrie an und bestimmen hierduch die Positionen und Geschwindigkeiten der anderen $3n - 3$ Körper. Deshalb müssen wir nur drei Körper verfolgen und den Rest besorgt die Symmetrie. Mit anderen Worten: Wir können das Problem auf ein anderes Problem dreier «Körper» reduzieren, wobei jeder Körper ein nEck aus Massepunkten ist und das System sich unter dem Einfluß von ziemlich komplizierten Kräften bewegt. Dieses Problem kann man (fast) behandeln, zumindest für genügend große n. Denn dann vereinfachen sich die Kräfte, und Gerver gelang es, in diesem Fall den Beweis zu vervollständigen.

Ich sollte erwähnen, daß Z. Xia 1988 bewies, daß das Fünfkörperproblem eine Lösung besitzt, bei der alle fünf Körper in endlicher Zeit ins

Unendliche entschwinden. Sein Szenario ist anders als das von Gerver, beinhaltet aber ebenfalls Symmetrie und einen topologischen Beweis. Ich muß auch betonen, daß dies ein rein mathematisches Ergebnis ist. In der realen Welt sind Teilchen niemals Punkte, daher würden sich die Doppelsterne irgendwann berühren und das Szenario würde zusammenbrechen. Überdies ist das reale Universum relativistisch und die Geschwindigkeiten sind durch die Lichtgeschwindigkeit beschränkt. Deshalb kann nichts jemals in endlicher Zeit ins Unendliche entschwinden. (Hat Gott das Universum aus diesem Grund relativistisch gemacht?) Möglicherweise ist das Universum sowieso endlich. Es ist eine mathematische Tatsache über ein spezielles System von Differentialgleichungen, das die reale Welt modelliert. Aber ein bemerkenswert merkwürdiges ...

Gebrochene Symmetrie

(...) so können durch Fortbewegung der einen Figur die sämmtlichen Puncte derselben mit den entsprechenden Puncten der anderen zur Coïncidenz gebracht werden.
   «Theorie der symmetrischen Figuren», Nachlaß.

Die Bedeutung der Symmetrie für die Dynamik wird immer offensichtlicher. Insbesondere weiß man, daß ein Mechanismus namens Symmetriebrechung für viele der in der Natur auftretenden Muster verantwortlich ist. Symmetriebrechung tritt ein, wenn sich ein symmetrisches System weniger symmetrisch verhält.

Sie tragen zu jeder Zeit ein Beispiel dafür mit sich herum – oder eher: Es trägt Sie mit sich herum. Menschen sind (näherungsweise) rechts-links-symmetrisch. Würde diese Symmetrie immer bestehen, würden sich Ihre beiden Beine beim Gehen stets gleichzeitig nach vorne bewegen. Gehen bricht daher die bilaterale Symmetrie des menschlichen Körpers. Etwas Symmetrie bleibt jedoch erhalten: Jedes Bein macht bis auf eine kleine Zeitverschiebung das gleiche: Ihr linkes Bein ist um einen halben Schritt hinter oder vor Ihrem rechten Bein. Viele Gangarten von Tieren (Trab, Galopp, Hüpfen) besitzen Symmetrien, die die Symmetrie des stehenden Tieres brechen, und sie alle beinhalten diese Art von Zeitverzögerung.

Symmetriebrechung ist auf der Erde allgegenwärtig, sie liefert einen einheitlichen Rahmen für die Untersuchung von Musterbildung. Am Himmel gibt es ebenfalls Muster; in einem der schönsten himmlischen Muster ist Symmetriebrechung im größten aller Maßstäbe involviert.

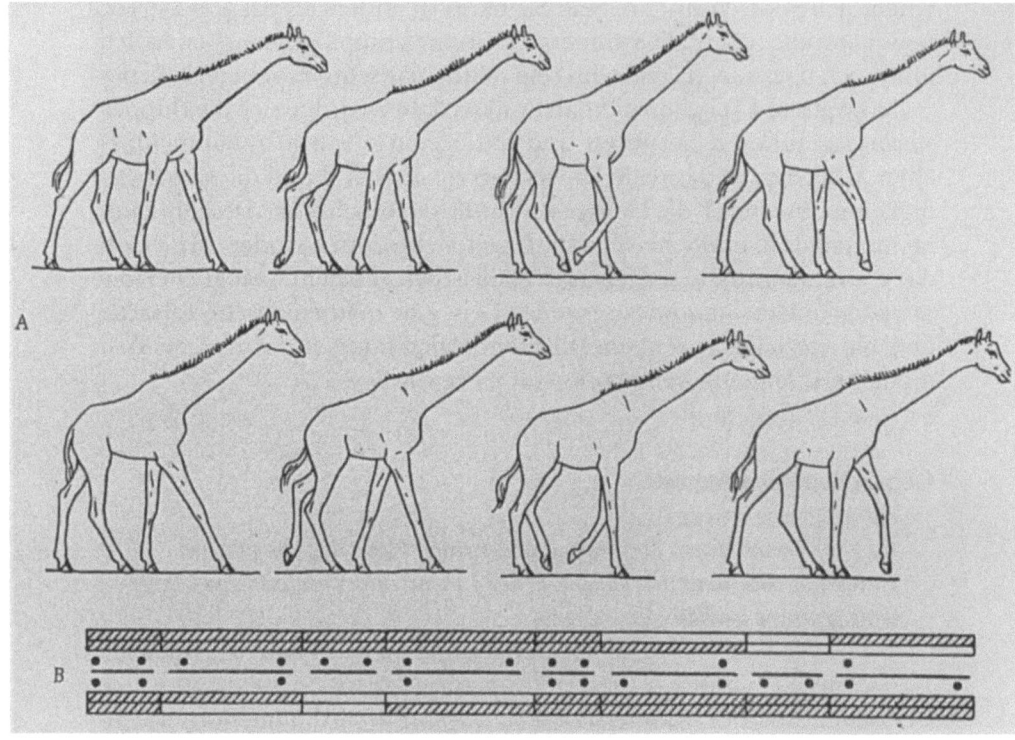

Der Gang der Giraffe ist typisch für die Art von Symmetrie, die bei den Gangarten von Tieren auftritt. Sie beinhaltet sowohl räumliche als auch zeitliche Transformationen. Die untere Reihe findet eine halbe Periode später als die obere statt und ist das Spiegelbild der oberen Reihe.

Über den Nachthimmel verläuft ein riesiges, ungleichmäßig leuchtendes Band, die Milchstraße. Obwohl sie für das bloße Auge geheimnisvoll ist, enthüllt sie ihre wahre Natur bereits jedem kleinen Teleskop: Sie besteht aus unzähligen matten Sternen. Am Ende des achtzehnten Jahrhunderts zeigte der Astronom William Herschel, daß die Sterndichte offenbar längs der Milchstraße am größten ist und von ihr weg stetig abnimmt. Der deutsche Philosoph Immanuel Kant und der Engländer Thomas Wright leiteten daraus ab, daß das Sternsystem eine abgeflachte Scheibe bildet und die Sonne in ihrem Inneren liegt. Das Argument ist einfach. Wenn unsere Sonne und damit auch die Erde, von wo aus wir den Himmel beobachten, in einer Scheibe aus Sternen liegt, dann kann man in Richtung parallel zur Scheibe mehr Sterne sehen als in anderen Richtungen. Diese hypothetische Sternscheibe war die erste Ahnung der Menschheit von der Existenz der Struktur, die wir heute Galaxie nennen.

Es wurde bald klar, daß das Universum aus unzähligen Galaxien und jede Galaxie wiederum aus unzähligen Sternen besteht.

Viele Galaxien besitzen eine innere Struktur, und die spektakulärsten sind Whirlpools aus Licht – vielarmige Spiralen, die wie Feuerräder aussehen. Der amerikanische Astronom Edwin Hubble teilte die Galaxien in vier Hauptklassen ein:

- *Elliptisch:* glatte eigenschaftslose Kleckse, die wenig Gas oder Staub enthalten und im allgemeinen keine scharfe äußere Grenze besitzen.
- *Linsenförmig:* auffallende Scheibe, die kein Gas, keine leuchtenden jungen Sterne und keine Spiralen enthält. Die Helligkeitsverteilung ist ähnlich wie bei den Spiralen.
- *Spirale:* auffallende Scheibe, die neben Sternen auch Gas und Staub enthält – Spiralarme von leicht unterschiedlicher Gestalt, einige eng gewunden, andere lang und dünn.
- *Irregulär:* der Rest.

Die vier Hauptklassen der Galaxien verbinden sich stetig zu einer einzigen Folge, der Hubble-Sequenz:

elliptisch → linsenförmig → spiralförmig → irregulär.

Die spektakulärste Struktur, Symmetrie in einem riesigen Maßstab, erscheint bei Spiralgalaxien. Vollkommene m-armige Spiralen sind unter der Drehung um einen Winkel von $360°/m$ symmetrisch. Galaxien sind zwar keine vollkommenen Spiralen, aber $m$fache Rotationssymmetrie ist oft in einem guten Näherungsgrad vorhanden. Für Spiralgalaxien ist in den allermeisten Fällen $m = 2$. Zweiarmige Spiralen bleiben unverändert, wenn man sie um 180° dreht.

Warum haben Galaxien Spiralform? Bis zu Beginn der sechziger Jahre des zwanzigsten Jahrhunderts dachten praktisch alle Astronomen fälschlicherweise, die Spiralarme entstünden durch das interstellare Magnetfeld. Nur einer, der Schwede Bertil Lindblad, hatte den richtigen Gedanken: Die Spiralen haben einen rein dynamischen Ursprung, der durch die gravitationale Wechselwirkung verursacht wird. C. C. Lin und Frank Shu hatten 1965 die entscheidende Einsicht, die Lindblads Idee zu einer gut fundierten Theorie wandelte. Vorher neigte man zu der Annahme, die Spiralarme seien in dem Sinn eine feste Struktur, daß ein spezieller Stern entweder in einem Spiralarm ist oder nicht und immer dort bleibt. Wenn sich die Galaxie dreht, drehen sich die Arme mit ihr und damit auch die Sterne in den Armen. Diese Annahme wirft erhebliche Probleme auf, wenn man meint, nur gravitationale Wechselwirkun-

Gebrochene Symmetrie im kosmischen Maßstab: die aufsehenerregenden Spiralen von M 51, der Whirlpool-Galaxie.

Möbius' Vermächtnis 199

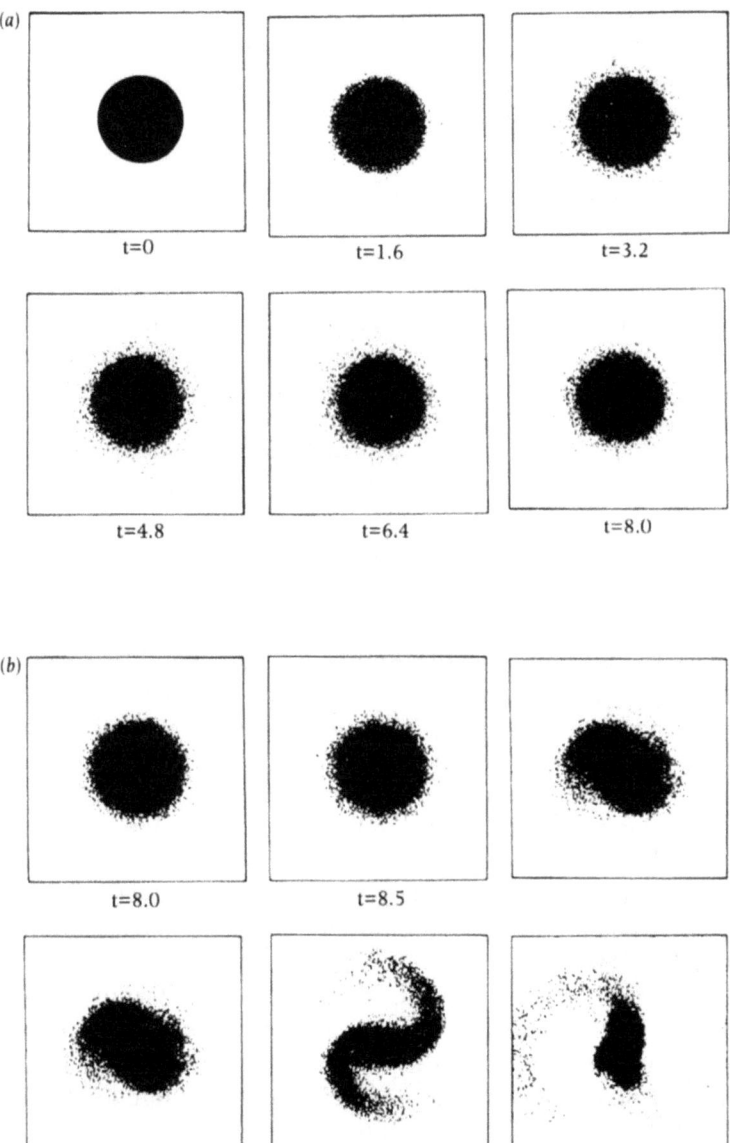

Numerische Simulation der Dynamik einer Galaxie von F. Hohl. In beiden Fällen ist der Anfangszustand eine kreisförmige Scheibe aus Sternen. Falls kreisförmige Symmetrie bestehen soll, wird die Scheibe nur an ihrem Rand etwas ausgefranst (a). Falls man zuläßt, daß die Symmetrie bricht, erscheinen Spiralen (b).

gen seien relevant, denn eine sich starr drehende Galaxie sollte sich durch die Zentrifugalkraft selbst auseinanderreißen.

Lin und Shu bemerkten, daß es noch eine weitere Möglichkeit gibt: Die Spiralstrukturen könnten Dichtewellen sein, die sich durch das Sternsystem bewegen. Eine derartige Welle kann ihre Konsistenz und ihre Struktur behalten, selbst wenn sich die Sterne in die Bereiche mit der größten Dichte – die Arme – hinein- und aus ihnen hinausbewegen. Dies ist leicht zu verstehen: Nehmen Sie ein langes Seil, befestigen Sie das eine Ende an einer Mauer und schlagen Sie das andere Ende kräftig von oben nach unten. Es bildet sich eine Welle, die von Ihrem Arm ausgehend am Seil entlangwandert, bis sie an die Mauer stößt. Dann kommt sie zurück. Wandern jedoch einzelne Stückchen des Seils bis zur Mauer und wieder zurück? Natürlich nicht!

Symmetriebrechung erscheint bereits in einigen der frühesten numerischen Experimente über die Dynamik von Galaxien. F. Hohl simulierte 1971 auf einem Computer die Bewegung einer Scheibe aus 100000 Sternen. Zunächst sind die Sterne in einem kreisförmigen Gebiet gleichmäßig verteilt. Die Bewegung wird unter der Annahme simuliert, die kreisförmige Symmetrie bleibe erhalten. Das Ergebnis erhält man auf direktem Weg: Die Scheibe ist an den Rändern ausgefranst, bleibt jedoch kreisförmig. Läßt man dagegen die Annahme der Symmetrieerhaltung fallen, erhält man ein anderes, höchst eindrucksvolles Ergebnis. Zunächst ist die Scheibe ausgefranst. Aber dann schwillt sie an zwei sich gegenüberliegenden Seiten an, und es entwickelt sich ein Paar von Spiralarmen, die durch einen zentralen Balken miteinander verbunden sind. Die sich drehende Scheibe unterliegt einer symmetriebrechenden Instabilität. Allerdings geht nicht die gesamte Symmetrie verloren: Die zweiarmige Struktur besitzt genau eine Drehungssymmetrie, nämlich die Drehung um 180°.

Wir wollen diese Ergebnisse unter dem Aspekt der Symmetriebrechung interpretieren. Zunächst hat man eine sich drehende, kreisförmige Scheibe aus Sternen, die sich im Gleichgewicht befindet. Das ist ein System mit Rotationssymmetrie – es bleibt bei Drehungen um beliebige Winkel unverändert. Falls die Symmetrie bricht, ist nach der allgemeinen Theorie der Symmetriebrechung $m$fache Symmetrie die einzige Möglichkeit – Drehungen um Vielfache von $360°/m$. Daher können wir die bei Spiralgalaxien beobachtete Symmetrie «nachhersagen», also im nachhinein vorhersagen.

Die detaillierte Spiralform liegt außerhalb der Reichweite von reinen Symmetrieargumenten. Ihre Berechnung hängt von physikalischen Modellen wie dem von Hohl ab. Die $m$armigen Spiralen sind jedoch die einfachsten Strukturen mit $m$facher Symmetrie. Daher ist es kaum überraschend, wenn man genau das sieht. Das Überwiegen der zweifachen Symmetrie hängt ebenfalls vom detaillierten Modell ab. Jedoch tritt nach einer groben Faustregel, die auf der Erfahrung mit vielen verschiedenen Spezialfällen basiert, $m$fache Instabilität im allgemeinen eher für kleine Werte von m auf, und $m = 2$ ist hier der kleinstmögliche Wert.

Sehr allgemeine Betrachtungen über Dynamik und Symmetrie – einfache, grundlegende mathematische Prinzipien – können somit zum großen Teil das erklären, was vorher als ein großes Rätsel galt. Die Spiralarme von Galaxien sind die sichtbaren Überreste von gebrochener Symmetrie im kosmischen Maßstab.

Das Arbeitstier

(...) und wünsche für jetzt, meine Absicht, durch die hier dargelegten Methoden und Lehrsätze der Geometrie zur Vereinfachung ihrer Untersuchungen und zur Erweiterung ihres Umfangs einigermassen beizutragen, auch nach dem billigen Urtheile Anderer in etwas erreicht zu haben.
«Der barycentrische Calcul», 1827.

Einige Mathematiker sind für große und weitreichende Entdeckungen berühmt: Isaac Newton und Gottfried Leibniz für die Infinitesimalrechnung, Joseph Fourier für seine Anwendung von trigonometrischen Reihen auf die Wärmetheorie, Nikolai Ivanovitch Lobachevsky und Janos Bolyai für nichteuklidische Geometrie, Ferdinand Lindemann für die Transzendenz von π, Carl Friedrich Gauß für das Gesetz von der quadratischen Reziprozität. Andere fanden große Theoreme oder große Theorien, die nach ihnen benannt sind: Hilberts Fundamentalsatz, der Satz des Pythagoras, das Schröder-Bernstein-Theorem, das Zornsche Lemma, die Galoistheorie.

Wir kennen ein Möbiusband, eine Möbiusfunktion, eine Möbiustransformation, ein Möbiusnetz und eine Möbiussche Umkehrformel. Nicht schlecht – aber es gibt kein Möbiustheorem. Allerdings hätte es eine Möbiustheorie geben können: Es wäre ein durchaus vorstellbarer Name für sein baryzentrisches Kalkül gewesen. Hätte er dieser Theorie eine unhandlichere oder weniger passende Bezeichnung gegeben, wären die Mathematiker vielleicht dazu gezwungen gewesen, sie nach ihm zu benennen, um sich daran zu erinnern, was es war.

Historische Anerkennung ist eine unbeständige Sache, in diesem Fall ist ihr Fehlen jedoch angebracht. Der Grund liegt in Möbius' mathematischem Stil. Er war ein hervorragender Mathematiker, aber kein auffallender. Er verbrachte seine akademische Laufbahn als Professor der

Astronomie. Er war in diesem Fach kompetent, aber seine Tätigkeit bestand aus Routine. Selbst in seinem eigentlichen Beruf, der Mathematik, war er nicht in erster Linie der Urheber neuer Gedanken. Vielmehr formalisierte und vereinfachte er. Offen gesagt, er war ein bißchen wie ein Arbeitstier. Aber wenn Möbius arbeitete, tat er dies mit Sorgfalt, Eleganz und Vorstellungskraft. Er gab niemals auf, und er hatte Erfolge. Sein großes Talent bestand darin, die Gedanken anderer Leute zu sortieren und klar zu verstehen – oftmals klarer, als ihre Urheber dies vermochten. Er erkannte die Notwendigkeit, die Mathematik zu formalisieren. Er glaubte nicht, ein Problem zu lösen wäre alles, sondern stellte sich stets die Frage nach dessen Hintergrund.

Es ist ein Mißgeschick der Geschichte, daß man sich an seinen Namen wegen eines topologischen Kabinettstückchens erinnert. Es ist jedoch typisch, daß Möbius' bekannteste Tat darin bestand, eine einfache Tatsache festzustellen, die in den vorhergehenden zweitausend Jahren jeder hätte bemerken können – und es ist typisch, daß dies niemand tat, sieht man einmal von Listing ab, dessen Entdeckung gleichzeitig und unabhängig von Möbius erfolgte. Möbius' Bedeutung für die Mathematik begründet sich jedoch nicht auf derart oberflächlichen Dingen. Was macht einen großen Mathematiker aus? Ein Gefühl für die Form, ein Gespür für das, was wichtig ist. Möbius besaß beides im Überfluß. Er wußte, daß die Topologie wichtig ist. Er wußte, daß die Symmetrie ein grundlegendes und bedeutendes mathematisches Prinzip darstellt. Das Urteil der Nachwelt ist eindeutig: Möbius hatte recht. Sein mathematischer Geist war einfallsreich und ohne Makel. Wenn ihm auch die Inspiration eines Genies gefehlt haben mag, was auch immer er anfing, machte er gut, und er wandte sich selten einem Gebiet zu, ohne seine Spuren zu hinterlassen.

Keiner für große Theoreme, aber einer mit einer Denkart und einer Arbeitsphilosophie, um Mathematik effektiv zu betreiben, und einer, der sich auf das Wesentliche konzentrieren konnte. Das ist Möbius' Vermächtnis. Wir könnten nicht mehr verlangen.

Anhang

Zu den Autoren

Norman Biggs ist Professor für Mathematik an der London School of Economics. Sein Hauptinteresse ist die diskrete Mathematik, und er hat auf diesem Gebiet viele Bücher und Forschungsartikel veröffentlicht. Viele Jahre lang hat er auch Mathematikgeschichte betrieben. Unter seinen Veröffentlichungen über dieses Gebiet findet man *Graph theory 1736–1936* (1976), einen Titel, den er zusammen mit Keith Lloyd und Robin Wilson verfaßt hat.

Allan Chapman lehrt Wissenschaftsgeschichte an der Universität von Oxford, wo er Wadham College angegliedert ist. Seine Interessen liegen in der Geschichte der Astronomie, besonders in der Entwicklung der astronomischen Instrumente und Observatorien. Er ist Herausgeber von J. Flamsteeds *Historia* (1982) und Autor von *Dividing the circle* (1990).

John Fauvel ist Senior Lecturer in Mathematik an der Open University und Präsident der British Society for the History of Mathematics. Er hat mehrere Bücher herausgegeben, darunter *Darwin to Einstein: Historical studies on science and belief* (1980), *Conceptions of inquiry* (1981), *The history of mathematics: a reader* (1987) und *Let Newton be!* 1988 (dt: *Newtons Werk*, Basel, Birkhäuser 1993).

Raymond Flood ist University Lecturer in Computing and Mathematics am Department für Continuing Education an der Universität von Oxford und Vizepräsident des Rewley House. Sein Forschungsgebiet ist die mathematische Statistik. Er ist Mitherausgeber von *The nature of time* (1986) und *Let Newton be!* (1988).

Jeremy Gray ist Senior Lecturer für Mathematik an der Open University. Sein Forschungsgebiet ist die Geschichte der Mathematik im neunzehnten Jahrhundert, besonders die Entstehung der Theorie der komplexen Funktionen und der algebraischen Geometrie. Er hat mehrere Bücher geschrieben, unter anderem *Ideas of space: Euclidean, non-Euclidean, and relativistic* (1989) und ist Mitherausgeber (mit John Fauvel) von *The history of mathematics: a reader* (1987).

Gert Schubring ist am Forschungsinstitut für Didaktik der Mathematik an der Universität von Bielefeld tätig. Er beschäftigt sich vor allem mit der Naturwissenschaft und Mathematik des neunzehnten Jahrhunderts und insbesondere mit dem Vergleich der Entwicklung in Frankreich und Deutschland. Er hat mehrere Arbeiten über den Zusammenhang zwischen den begrifflichen und institutionellen Faktoren in der Entwicklung der Mathematik und der Naturwissenschaft veröffentlicht.

Ian Stewart ist Professor für Mathematik an der Universität von Warwick. Sein Forschungsgebiet ist die Bifurkationstheorie und die nichtlineare Dynamik. Er trägt viel zur Popularisierung der Mathematik bei und ist Autor von mehr als fünfzig Büchern, darunter *The problems of mathematics* 1987 (dt: *Mathematik, Probleme – Themen – Fragen*, Basel, Birkhäuser 1990) und *Does God play dice?* 1989 (dt.: *Spielt Gott Roulette?*, Basel, Birkhäuser 1990). Er schreibt regelmäßig über mathematische Themen und liefert Beiträge zur Kolumne «Mathematical Games» des *Scientific American*.

Robin Wilson ist Senior Lecturer an der Open University. Er hat viele Bücher über Graphentheorie und Kombinatorik geschrieben oder herausgegeben, darunter *Introduction to graph theory* (1972) und *Selectet topics in graph theory* (1978). Er beschäftigt sich immer häufiger mit der Popularisierung der Mathematik und mit der Geschichte der Mathematik, und er ist Mitherausgeber von *Let Newton be!* (1988).

Anmerkungen

Die folgende Liste liefert detaillierte Quellennachweise. Mit *Werke* bezeichnen wir kurz folgende oft zitierte Ausgabe: August Möbius: *Gesammelte Werke*, 4 Bände, hrsg. v. R. Baltzer, F. Klein und W. Scheibner, Leipzig 1885–1887.

Kapitel 1

S. 16: Heinrich von Treitschke: *History of Germany in the nineteenth century: selections*, Chicago, Chicago University Press 1975, S. 151.
S. 20: *Werke*, Bd. I, S. VI–VII.
S. 24: N. L. Biggs, E. K. Lloyd und R. J. Wilson: *Graph theory 1736–1936*, Oxford, Clarendon Press 1976, S. 115–116.

Kapitel 2

S. 31: *Verzeichnis jetzt lebender Mathematiker von Rang*, Nachlaß G. S. Ohm, Deutsches Museum, Abteilung Sondersammlungen Nr. 67.
S. 42 (oben): W. Ahrens: *Briefwechsel zwischen C. G. J. Jacobi und M. H. Jacobi*, Leipzig, Teubner 1907, S. 90.
S. 42 (2. Zitat): L. K. Königsberger: *C. G. J. Jacobi. Festschrift zur Feier der 100. Wiederkehr seines Geburtstages*, Leipzig, Teubner 1904, S. 133–134.
S. 42 (3. Zitat): ibid. S. 134.
S. 42 (unten): abgedruckt in G. Schubring: *Pläne für ein Polytechnisches Institut in Berlin*, in F. Rapp und H. W. Schütt (Hrsg.): Philosophie und Wissenschaft in Preußen, Berlin, Technische Hochschule 1982, S. 216.

Kapitel 3

S. 61: John F. W. Herschel: *Astronomy*, London 1833, S. 277.
S. 77: G. B. Airy in einem Brief von 1847. Airy Archives, RG 06, 2/293. Royal Observatory Archives, Cambridge University Library.
S. 86: H. C. King: *History of the telescope*, London, Charles Griffin & Co. 1955, S. 283.

Kapitel 6

S. 153: *Werke*, Bd. II, S. 520.
S. 155: *Werke*, Bd. II, S. 435.
S. 156: Die Figuren sind entnommen aus: *Werke*, Bd. II, S. 520.
S. 157: *Werke*, Bd. II, S. 353.

S. 158: Die Abbildung ist entnommen aus: *Werke*, Bd. II, S. 688.
S. 159: *Werke*, Bd. IV, S. 107.
S. 160: Die Abbildung ist entnommen aus: *Werke*, Bd. IV, S. 78.
S. 162: *Werke*, Bd. IV, S. 155.
S. 164: *Werke*, Bd. I, S. 7.
S. 168: *Werke*, Bd. II, S. 332.
S. 170: *Werke*, Bd. II, S. 440.
S. 173: Die Abbildung ist entnommen aus: *Werke*, Bd. II, S. 445.
S. 177: *Werke*, Bd. IV, S. 175.
S. 180: *Werke*, Bd. III, S. 82.
S. 184: *Werke*, Bd. IV, S. 571.
S. 187: *Werke*, Bd. IV, S. 457.
S. 189: *Werke*, Bd. IV, S. 155.
S. 195: *Werke*, Bd. II, S. 569.
S. 201: *Werke*, Bd. I, S. 12.

Weiterführende Literatur

Kapitel 1

Für einen Überblick über den geschichtlichen Hintergrund empfehlen wir: *Deutsche Geschichte im Überblick. Ein Handbuch*, hrsg. v. Peter Rassow, Stuttgart 1991; *Gebhardt, Handbuch der deutschen Geschichte*, Bd. 14: Max Braubach: *Von der französischen Revolution bis zum Wiener Kongreß*, München 1974; Bd. 15: Theodor Schieder: *Vom deutschen Bund zum deutschen Reich 1815–1871,* München 1975; Bd. 17: Wilhelm Treue: *Gesellschaft, Wirtschaft und Technik Deutschlands im 19. Jarhundert*, München 1975; Thomas Nipperdey: *Deutsche Geschichte 1866–1918*, 2 Bde., München 1993.

Über das Leben von August Ferdinand Möbius gibt es nicht viel Literatur. Ein kurzer biographischer Abriß findet sich in: August Möbius: *Gesammelte Werke*, hrsg. v. R. Balker, F. Klein und W. Scheibner, Leipzig 1885–1887, Bd. 1. Eine empfehlenswerte Quelle für seine frühen Jahre ist der Artikel *The early life of Moebius, and the world in which he lived it* von St John Kettle in *First Australian conference on the history of mathematics*, hrsg. v. J. N. Crossley, Monash University, Clayton 1981, S. 145–158.

Der Status von Mathematikern und Astronomen in Deutschland wird beschrieben in: Herbert Mehrtens: *Mathematicians in Germany circa 1800*, erschienen in H. N. Jahnke und M. Otte (Hrsg.): *Epistemological and social problems of the sciences in the early nineteenth century*, Dordrecht, Reidel 1981, S. 401–420. Dieses Buch enthält noch weitere in diesem Zusammenhang interessante Kapitel. Es bildet eine gute Grundlage zur Vertiefung des Gebiets.

Fechners Arbeiten über die Psychophysik und Möbius' Beitrag hierzu werden ausführlicher erläutert in: Stephen M. Stigler: *The history of statistics: the measurements of uncertainty before 1900*, Cambridge, Harvard University Press 1986. Ebenfalls empfehlenswert ist: J. Ben-David: *The scientist's role in society*, Englewood Cliffs, Prentice-Hall 1971. Leben und Werk von Paul Möbius werden beschrieben in: Francis Schiller: *A Möbius strip: fin-de-siècle neuropsychiatry and Paul Möbius*, Berkeley, University of California Press 1982.

Kapitel 2

Zu dem Thema dieses Kapitels gibt es ein großes Literaturangebot. Empfehlenswert sind: R. S. Turner: *The growth of professorial research in*

Prussia, Historical studies in the physical sciences 3, 1971, S. 137–182; D. Rowe: *Klein, Hilbert and the Göttingen tradition,* in K. Olesko (Hrsg.): *Science in Germany,* Osiris 5, 1989, S. 186–213. Zur Geschichte der Mathematik ist ferner lesenswert: Jeanne Peiffer, Amy Dahan-Dalmedico: *Wege und Irrwege – Eine Geschichte der Mathematik,* Basel, Birkhäuser 1994; *Mathematics of the 19th Century,* hrsg. v. A. N. Kolmogorov und A. P. Yushkevich, Basel, Birkhäuser 1992. Die Geschichte der Astronomie ist nachzulesen bei: Friedrich Becker: *Geschichte der Astronomie,* Mannheim, Zürich 1968.

Unter mehreren Artikeln des Autors finden wir: *The conception of pure mathematics as an instrument in the professionalization of mathematics,* in H. Mehrtens et al. (Hrsg.): *Social history of nineteenth century mathematics,* Basel, Birkhäuser 1981, S. 111–143; und *Pure and applied mathematics in divergent institutional settings in Germany: the role and impact of Felix Klein,* in D. Rowe and J. McCleary (Hrsg.): *History of modern mathematics,* Vol. II, New York, Clarendon Press 1989, S. 171–220.

Kapitel 3

Das *Dictionary of scientific biography,* New York, Scribners, enthält gute Kurzbiographien von Möbius, Gauß, Schröter und Encke.

Empfehlenswerte Literatur zum Thema ist: Robert Grant: *A history of physical astronomy,* London 1852; John Herschel: *Astronomy,* London 1833; Henry King: *A history of the telescope,* London, Griffin 1955; A. Pannekoek: *A history of physical astronomy,* London, Allen and Unwin 1961; W. Ley: *Watchers of the skies,* London, Sidgwick 1963.

Weiterhin empfehlenswert sind: Joseph Ashbrook: *The astronomical scrapbook,* Cambridge, Cambridge University Press 1984; Charles Murray: *The distance of the stars,* in The Observatory 108, Dezember 1988.

Kapitel 4

Möbius' Arbeiten über Statik und Geometrie werden in der Standardgeschichte der Vektormethoden erwähnt: M. J. Crowe: *A history of vector analysis,* New York, Dover 1985.

Sein französischer Vorgänger Poinsot wird in folgendem informativen dreibändigen Werk erwähnt: Ivor Grattan-Guiness: *Convolutions in French mathematics 1800–1840,* Basel, Birkhäuser 1990.

Besonders zu empfehlen sind: E. Scholz: *Symmetrie, Gruppe, Dualität,* Basel, Birkhäuser 1987; R. Ziegler: *Die Geschichte der geometrischen Mechanik im 19. Jahrhundert,* Stuttgart, Steiner Verlag 1985.

Kapitel 5

Eine gute Einführung in die Topologie und ihre geschichtliche Entwicklung bildet: M. Fréchet und K. Fan: *Initiation to combinatorial topology*, Boston, Prindle, Weber and Schmidt 1967. Aus anderem Blickwinkel geschrieben, jedoch mit interessantem Material ist: N. L. Biggs, E. K. Lloyd und R. J. Wilson: *Graph theory 1736–1936*, Oxford, Clarendon Press 1986. Dieses Werk enthält Auszüge der Werke von Euler, Lhuilier, Kirchhoff und Listing. Die Eulersche Formel und ihre Erweiterungen spielt eine zentrale Rolle in Imre Lakatos philosophischer Studie der mathematischen Entdeckungen: *Proofs and refutations*, Cambridge, Cambridge University Press 1976.

Eine Geschichte der Topologie des neunzehnten Jahrhunderts ist: J.-C. Pont: *La topologie algébrique*, Paris, Presses Universitaires de France 1974. Dieses Buch beschreibt insbesondere die Beiträge, die Lhuilier, Listing und Möbius zum Thema leisteten. Allgemeine Mathematikgeschichten sind ebenfalls empfehlenswert, insbesondere die von Morris Kline und Howard Eves, und natürlich die gesammelten Werke von Euler, Gauß und Möbius.

Kapitel 6

Eine populäre Geschichte der Himmelsmechanik bis hin zu gegenwärtigen Problemen bietet Ivars Petersen: *Was Newton nicht wußte...*, Basel, Birkhäuser Verlag 1994.
Einen Abriß der Himmelsmechanik findet man in: Ian Stewart: *The Problems of Mathematics*, Oxford, Oxford University Press 1987 (deutsch: *Mathematik. Probleme – Themen – Fragen*, Basel, Birkhäuser Verlag 1990, S. 180–199).

Zu Kepler und seiner Theorie der Planetenabstände empfehlen wir: D. J. Hurd und J. J. Kipling (Hrsg.): *The origins and growth of physical science*, Harmondsworth, Penguin 1964.

Poincarés Vorstellungen über die Himmelsmechanik werden näher vorgestellt in Kapitel 4 von: Ian Stewart: *Does God play dice?* Oxford, Basil Blackwell 1989 (deutsch: *Spielt Gott Roulette?* Basel, Birkhäuser Verlag 1990).

Zum Thema Chaos empfehlen wir: James Gleick: *Chaos: Making a New Science*, New York, Viking Press 1987 (deutsch: *Chaos – die Ordnung des Universums, Vorstoß in Grenzbereiche der modernen Physik*, München, Droemer Knaur Verlag) sowie Ian Stewarts *Spielt Gott Roulette?*

Das Problem der Stabilität des Sonnensystems wird erörtert in: J. Moser: *Is the Solar System stable?* Mathematical Intelligencer, Vol. 1, No. 2, 1978, S. 65–71, und in Ian Stewarts *Spielt Gott Roulette?* Technische Details findet man im Artikel von Jack Wisdom in: M. V. Berry, I. O. Percival und N. Weiss (Hrsg.): *Dynamical Chaos,* London, Royal Society 1988.

Die große Flucht wird behandelt in: J. L. Gerver: *A possible model for a singularity without collisions in the five body problem,* Journal of Differential Equations 52, 1984, S. 76–90; J. L. Gerver: *The existence of pseudocollisions in the plane,* Rutgers University 1989.

Näheres über die Gangarten von Tieren findet man in: P. Gambaryan: *How Mammals run: anatomical adaptions,* New York, Wiley 1974; J. J. Collins und Ian Stewart: *Coupled nonlinear oscillators and the symmetries of animal gaits,* University of Warwick 1990; und in Kapitel 8 von: Ian Stewart und Martin Golubitsky: *Fearful Symmetry: Is God a Geometer?* London, Penguin Books Ltd. 1992 (deutsch: *Denkt Gott symmetrisch?* Basel, Birkhäuser Verlag 1993).

Viele Bilder von Galaxien enthält: Paul Murdin und David Allen: *Catalogue of the Universe,* Cambridge, Cambridge University Press 1979.

Die Dynamik von Galaxien und insbesondere die Bildung der Spiralarme wird beschrieben in: James Binney und Scott Tremaine: *Galactic dynamics,* Princeton, Princeton University Press; und in Kapitel 6 von: Ian Stewart und Martin Golubitsky: *Denkt Gott symmetrisch?*

Abbildungsnachweis

Frontispiz: Möbiusband II, Holzschnitt, gedruckt mit drei Blöcken, 1963; mit frndl. Genehmigung von Cordon Art-Baarn-Holland.

S. 8: Frontispiz von *Werke*.
S. 10: Archiv Pförtner-Bund, Meinerzhagen.
S. 11: Franz Mehring: *Absolutism and Revolution in Germany 1525–1848*, New Park Publications 1975.
S. 12: Gravierung von Johann Georg Schreiber; mit frndl. Genehmigung von John Fauvel.
S. 14: T. Wallbank, A. Taylor, G. Carson Jnr., M. Mancall: *Civilization Past and Present*, Scott Foresman 1969.
S. 15: zeitgenössisches Gemälde von C. G. H. Geissler; mit frndl. Genehmigung von John Fauvel.
S. 18: *Festschrift zur 500-Jahr-Feier der Leipziger Universität*, Band IV, Tafel II, Bodleian Library Oxford 1909.
S. 18: *Werke*, Band IV, S. 446.
S. 21: *Werke*, Band IV, Titelseite.
S. 24: *Werke*, Band IV, S. 594.
S. 25: *Werke*, Band IV, S. 638.
S. 26: Umschlag von Steve Chalker zu Martin Gardner: *The No-Sided Professor*, Buffalo, New York, Prometheus Books 1987.
S. 27: Umschlag zu Francis Schiller: *A Möbius Strip*, University of California Press 1982.
S. 27: Frontispiz aus Francis Schiller: *A Möbius Strip*, University of California Press 1982.
S. 28: Paul Möbius: *Ausgewählte Werke*, Band 7, Tafel III, 1905, The British Library.
S. 30: *Annals of Science*, Band 33, 1976.
S. 33: Hans-Heinrich Himme: *Stich-haltige Beiträge zur Geschichte der Georgia Augusta in Göttingen*, Göttingen, Vandenhoek und Ruprecht 1987.
S. 34: Hans Hübner: *Geschichte der Martin-Luther-Universität Halle-Wittenberg 1502–1977*, 1977.
S. 34: Hans-Heinrich Himme: *Stich-haltige Beiträge zur Geschichte der Georgia Augusta in Göttingen*, Göttingen, Vandenhoek und Ruprecht 1987.
S. 35: mit frndl. Genehmigung von Johannes Karsten.
S. 37: mit frndl. Genehmigung von Gert Schubring.
S. 38: mit frndl. Genehmigung von Gert Schubring.
S. 39: *Festschrift zur 500-Jahr-Feier der Leipziger Universität*, Band IV, Tafel II, Bodleian Library Oxford 1909.
S. 40: Frontispiz von C. G. J. Jacobi: *Gesammelte Werke*, hrsg. v. C. W. Borchardt, Berlin 1881.
S. 41: Frontispiz von G. P. L. Dirichlet: *Werke*, hrsg. v. L. Kronecker, Berlin 1889.
S. 43: Titelseite der ersten Ausgabe des *Journal für die reine und angewandte Mathematik*, 1826.
S. 48: mit frndl. Genehmigung des Museum of the History of Science, Oxford.
S. 50: D. Botting: *Humboldt and the Cosmos*, Sphere Books 1973.
S. 52: mit frndl. Genehmigung des Museum of the History of Science, Oxford.

S. 53: Hans Kraemer: *Das XIX Jahrhundert in Wort und Bild*, Berlin 1900.
S. 54: *Werke*, Band IV, S. 639.
S. 55: J. Ashbrook: *Astronomical Scrapbook*, Cambridge University Press 1988.
S. 56: *Publikationen der Kaiserlichen Universitäts-Sternwarte*, 24 Teil I, 1914.
S. 57: mit frndl. Genehmigung des Museum of the History of Science, Oxford.
S. 59: W. Pearson: *Astronomy*, 1829; mit frndl. Genehmigung des Museum of the History of Science, Oxford.
S. 63: W. Pearson: *Astronomy*, 1829; mit frndl. Genehmigung des Museum of the History of Science, Oxford.
S. 64: A. Von Schweiger-Lerchenfeld: *Atlas der Himmelskunde*, 1898, Radcliffe Science Library Oxford.
S. 67: aus J. Ashbrook: *Astronomical Scrapbook*, Cambridge University Press 1988.
S. 69: Portrait William Herschels von J. Russell, 1794; mit frndl. Genehmigung des Science Museum, London.
S. 70: Dorritt Hoffleit: *Some Firsts in Astronomical Photography*, Cambridge, Mass., 1950.
S. 71: Frontispiz von F. W. Bessels Gesammelten Werken, hrsg. v. R. Engelmann, Leipzig 1875; mit frndl. Genehmigung des Museum of the History of Science, Oxford.
S. 72: Dorritt Hoffleit: *Some Firsts in Astronomical Photography*, Cambridge, Mass., 1950.
S. 77: *L'Illustration*, Paris, 8, 1846.
S. 78: mit frndl. Genehmigung der Royal Society.
S. 79: John Herschels Photographie; mit frndl. Genehmigung des Science Museum, London.
S. 80: *Philosophical Transactions*, IXXIV 1784 und IXXV 1785.
S. 81: R. S. Ball: *The Starry Heavens*, London 1905.
S. 83: T. E. R. Phillips: *Splendour of the Heavens*, Hutchinson 1923.
S. 83: J. N. Lockyer: *Stargazing*, London 1878.
S. 84: T. E. R. Phillips: *Splendour of the Heavens*, Hutchinson 1923.
S. 85: Spektroskopischer Apparat aus J. N. Lockyer: *Stargazing*, London 1878.
S. 86: J. N. Lockyer: *Stargazing*, London 1878.
S. 87: J. Ashbrook: *Astronomical Scrapbook*, Cambridge University Press 1988.
S. 89: Johann Schröter: *Aerographische Beiträge*, Leiden 1881.
S. 91: J. A. Repsold: *Astronomische Meßwerkzeuge*, München 1908; mit frndl. Genehmigung des Museum of the History of Science, Oxford.
S. 93: J. A. Repsold: *Astronomische Meßwerkzeuge*, München 1908; mit frndl. Genehmigung des Museum of the History of Science, Oxford.
S. 94: A. von Schweiger-Lerchenfeld: *Atlas der Himmelskunde*, 1898, Radcliffe Science Library Oxford.
S. 97: J. N. Lockyer: *Stargazing*, London 1878.
S. 102: *Werke*, Titelseite von Band I.
S. 103: mit frndl. Genehmigung der École Polytechnique, Paris.
S. 119: Frontispiz von Julius Plücker: *Gesammelte wissenschaftliche Abhandlungen*, Leipzig 1895–1896.
S. 126: *Werke*, Titelseite von Band III.
S. 133: *Werke*, Band I, S. 172.
S. 136: Briefmarke mit frndl. Genehmigung von Robin J. Wilson.

Abbildungsnachweis

S. 138: Briefmarke mit frndl. Genehmigung von Robin J. Wilson.
S. 141: N. L. Biggs, E. K. Lloyd, R. J. Wilson: *Graph Theory 1736–1936*, Oxford, Clarendon Press 1986.
S. 142: J. B. Listing: *Vorstudien zur Topologie*, 1847.
S. 143: J. B. Listing: *Der Census räumlicher Complexe*, 1861.
S. 144: *Werke*, Band II, S. 484.
S. 145: Briefmarke mit frndl. Genehmigung von Robin J. Wilson.
S. 147: N. L. Biggs, E. K. Lloyd, R. J. Wilson: *Graph Theory 1736–1936*, Oxford, Clarendon Press 1986.
S. 151: Briefmarke mit frndl. Genehmigung von Robin J. Wilson.
S. 154: R. Abraham, J. E. Marsden: *Foundations of Mechanics*, Addison-Wesley Publishing Company Inc. 1978.
S. 156: *Werke*, Band II, S. 520.
S. 158: *Werke*, Band II, S. 688.
S. 159: *Werke*, Band IV, S. 68.
S. 161: Ian Stewart: *Does God Play Dice?* Basil Blackwell 1989.
S. 163: Ian Stewart: *Does God Play Dice?* Basil Blackwell 1989.
S. 165: mit frndl. Genehmigung von Ian Stewart.
S. 166: Ian Stewart: *Does God Play Dice?* Basil Blackwell 1989.
S. 169: mit frndl. Genehmigung von Ian Stewart.
S. 170: mit frndl. Genehmigung von Ian Stewart.
S. 172: mit frndl. Genehmigung von Ian Stewart.
S. 173: *Werke*, Band II, S. 445.
S. 174–175: mit frndl. Genehmigung von Ian Stewart.
S. 178: mit frndl. Genehmigung von Ian Stewart.
S. 180: mit frndl. Genehmigung von Ian Stewart.
S. 183: (a) und (c) mit frndl. Genehmigung von Ian Stewart.
S. 183: (b) und (d) M. Field, M. Golubitsky: *Symmetry in Chaos*, Oxford University Press 1992.
S. 189: mit frndl. Genehmigung von Ian Stewart.
S. 192: mit frndl. Genehmigung von Ian Stewart.
S. 193: mit frndl. Genehmigung von Ian Stewart.
S. 196: P. P. Gambaryan: *How Mammals Run*, Kuperard London.
S. 198: P. Murdin, D. Allen: *Catalogue of the Universe*, Cambridge University Press 1979.
S. 199: J. Binney, S. Tremaine: *Galactic Dynamics*, Princeton University Press 1987.

Namensverzeichnis

Kursiv gedruckte Seitenzahlen beziehen sich auf Abbildungen.

Adams, John Couch (1819–1892), englischer Astronom   58, 77–78
Airy, George Biddell (1801–1892), englischer Astronom   31, 57–58, 76–78
Apollonius (3. Jhdt.), griechischer Geometer   116
Argelander, Friedrich (1799–1875), deutscher Astronom   *67*, 68, 99
Arnol'd, Vladimir Igorevich (geb. 1937), russischer Mathematiker   186

Beer, Wilhelm (1797–1850), deutscher Astronom   89
Beethoven, Ludwig van (1770–1827), deutscher Komponist   9, 28, 47
Bernstein, Felix (1878–1956), deutscher Mathematiker   201
Bessel, Friedrich Wilhelm (1784–1846), deutscher Mathematiker und Astronom   31, 49, 54, *71*, 71–75, 77, 89, 94–95, 97, 99
Betti, Enrico (1823–1892), italienischer Mathematiker   151
Bill, Max (20. Jhdt.), Bildhauer   26
Bird, John (1709–1776), englischer Instrumentenhersteller   67
Bode, Johann Elert (1747–1826), deutscher Astronom   61–62, 75, 88
Bolyai, Janos (1802–1860), ungarischer Mathematiker   13, 201
Bradley, James (1693–1762), britischer Astronom   67, 73–74
Brewster, David (1781–1868), schottischer Physiker   85
Brouwer, Luitzen Egbertus Jan (1881–1966), holländischer Mathematiker   178
Brown, Scott (20. Jhdt.)   192
Bunsen, Robert Wilhelm Eberhard (1811–1899), deutscher Chemiker   85

Cauchy, Augustin-Louis (1789–1857), französischer Mathematiker   31
Chasles, Michel (1793–1880), französischer Mathematiker   127
Chossat, Pascal (20. Jhdt.)   182
Clark, Alvan Graham (1832–1897), amerikanischer Instrumentenhersteller   75
Clebsch, Rudolph Friedrich Alfred (1833–1872), deutscher Mathematiker   120
Crelle, August Leopold (1780–1855), deutscher Ingenieur und Förderer der Mathematik   *30*, 31, 42, 44, 46

D'Ancona, Umberto, italienischer Biologe   164–165
D'Arrest, Heinrich Louis (1822–1875), deutscher Astronom, Schwiegersohn von A. F. Möbius   58, 77, 96
De la Hire, Philippe (1640–1718), französischer Mathematiker   116
Dehn, Max (1878–1952), deutscher Mathematiker   151
Desberger, Franz Eduard (1786–1843), bayrischer Mathematiker   31
Deutsch, A. J. (20. Jhdt.), Schriftsteller   26
Dirichlet, Gustav Pierre Lejeune (1805–1859), deutscher Mathematiker   31, *41*, 44
Dollond, John (1706–1761), englischer Hersteller von optischen Instrumenten   95

Namensverzeichnis

Einstein, Albert (1879–1955), deutschstämmiger mathematischer Physiker 162
Encke, Johann Franz (1791–1865), preußischer Astronom 49, 58, 75–77, 99
Escher, Maurits (1898–1971), holländischer Künstler 26
Euler, Leonhard (1707–1783), Schweizer Mathematiker 103, 135, 137, 176

Fechner, Gustav Theodor (1801–1887), deutscher Psychophysiker 24–25
Field, Michael (20. Jhdt.) 182
Flamsteed, John (1646–1719), britischer Astronom, erster Astronomer Royal 73
Forbes, James David (1809–1868), schottischer Physiker 85
Forest, Lee de (1871–1961), amerikanischer Erfinder 26
Fourier, Joseph (1768–1830), französischer mathematischer Physiker 201
Fraunhofer, Joseph (1787–1826), bayrischer Instrumentenhersteller 58, 60, 82–84, *84*, 88, 92, 94–99
Fricke, Karl Emanuel Robert, deutscher Mathematiker 145
Friedrich der Große (1712–1786), König von Preußen 9, 19

Gall, Franz Joseph (1758–1828), deutscher Neuroanatom 27
Galle, Johann Gottfried (1812–1910), deutscher Astronom 49, 77, 96
Galois, Évariste (1811–1832), französischer Mathematiker 159, 201
Gardner, Martin (geb. 1914), amerikanischer Autor 26
Gauß, Carl Friedrich (1777–1855), deutscher Mathematiker 11, 13–14, 16–18, 31–32, 46, 49, *64*, 64–65, 73, 75, 95, 99, 141–142, 144–145, 150, 201
Gerver, Joseph (20. Jhdt.) 191–192, 194–195
Goethe, Johann Wolfgang von (1749–1832), deutscher Dichter 11, 47
Goldbach, Christian (1690–1764), preußigstämmiger russischer Mathematiker 137
Golubitsky, Martin (20. Jhdt.), amerikanischer Mathematiker 182
Graham, George (1674–1751), englischer Instrumentenhersteller 67
Grashof, Franz (1826–1893), deutscher Ingenieur 37
Graßmann, Herman Günther (1809–1877), deutscher Mathematiker 105
Gruithusen, Franz von (19. Jhdt.), deutscher Kosmologe 90
Grunert, Johann August (1797–1872), deutscher Zeitschriftengründer 44
Guinand, Pierre Louis (19. Jhdt.), Schweizer Optiker 96
Guthrie, Francis (1831–1899), britischer Mathematiker 24

Hale, George Ellery (1868–1938), amerikanischer Astrophysiker 100
Halley, Edmond (1656–1732), englischer Astronom 73
Hamilton, William Rowan (1805–1865), irischer Mathematiker 105, 184
Hansen, Peter Andreas (1795–1874), deutscher theoretischer Astronom 58, 78
Harding, Karl Ludwig (1765–1834), deutscher Astronom 65, 89, 99
Heegaard, Poul 151
Henderson, Thomas (1798–1844), schottischer Astronom 74
Herschel, John Frederick William (1792–1871), englischer Wissenschaftler 79
Herschel, William (1738–1822), deutschstämmiger Astronom 60, 62, 68–70, *69*, 72, 78–81, 87, 98, 196
Hesse, Ludwig Otto (1811–1874), deutscher Mathematiker 104
Hilbert, David (1862–1943), deutscher Mathematiker 201
Hipparchus (2. Jhdt.), griechischer Astronom 66

Hohl, F. (20. Jhdt.) 199–200
Hubble, Edwin Powell (1889–1953), amerikanischer Astronom 197
Huggins, William (1842–1910), englischer Astrophysiker 86
Humboldt, Friedrich Heinrich Alexander von (1769–1859), deutscher Forscher, Wissenschaftler und Humanist 47
Hussein, Saddam (20. Jhdt.), irakischer Diktator 26

Ivory, James (1765–1842), schottischer angewandter Mathematiker 31

Jacobi, Carl Gustav Jacob (1804–1851), deutscher Mathematiker 31, 38, *40*, 40–42, 44–46
Joseph II (1741–1790), Kaiser von Österreich 9

Kant, Immanuel (1724–1804), deutscher Philosoph 47, 196
Karsten, Wenzeslaus (1732–1787), deutscher Mathematiker *35*, 36
Kästner, Abraham Gotthelf (1719–1800), deutscher Mathematiker 13, 32, *34*
Kepler, Johannes (1571–1630), deutscher Astronom 159–161
Kirchhoff, Gustav Robert (1824–1887), deutscher Physiker 85, 146–148, *147*, 150
Klein, Christian Felix (1849–1925), deutscher Mathematiker 46, 120, 121, 145
Kolmogorov, Andrei Nikolaevich (geb. 1903), russischer Mathematiker 186
Kopernicus, Nicolas (1473–1543), polnischer Astronom 13
Kummer, Ernst Eduard (1810–1893), deutscher Mathematiker 37, 39

Lagrange, Joseph Louis (1736–1813), italienischstämmiger Mathematiker 19, 101
Lamé, Gabriel (1795–1870), französischer Ingenieur und Mathematiker 32
Laplace, Pierre-Simon (1749–1827), französischer mathematischer Astronom 19, 56
Lassell, William (1799–1880), englischer Astronom 98
Legendre, Adrien-Marie (1752–1833), französischer Mathematiker 19, 103
Leibniz, Gottfried Wilhelm (1646–1716), deutscher Mathematiker 13, 61, 201
Le Verrier, Urbain Jean Joseph (1811–1877), französischer Astronom 57–58, 77–78
Lhuilier, Simon-Antoine-Jean (1750–1840), Schweizer Mathematiker 137–139, 145, 152
Lin, C. C. (20. Jhdt.) 197, 200
Lindblad, Bertil (20. Jhdt.) 197
Lindemann, Carl Louis Ferdinand (1852–1939), deutscher Mathematiker 201
Listing, Johann Benedict (1808–1882), deutscher Mathematiker 21, 140–144, *141*, 150, 152, 169, 201
Littrow, Joseph Johann (1781–1840), österreichischer Astronom 31
Lobachevsky, Nicolai Ivanovich (1792–1856), russischer Mathematiker 13, 201
Lotka, Alfred James (1880–1949), amerikanischer Statistiker 165
Louis XVI (1754–1793), König von Frankreich 9, 11

Mädler, Johann Friedrich (1794–1874), deutscher Astronom 89
Maskelyne, Nevil (1732–1811), britischer Astronom 73–75
Mather, John (20. Jhdt.) 191
Mayer, Johann Tobias (1723–1762), deutscher Astronom 47, 61

McGehee, Richard (20. Jhdt.) 191
Miller, William Allen (1817–1870), britischer Chemiker und Spektroskopist
    85–86
Möbius, August Ferdinand (1790–1868), sächsischer Astronom und
    Mathematiker 7–29, *8*, 31, 44, 47, 49, 54, 58, 60, 65–66, 99, 101–105, 107–108,
    111, 114–121, 124–135, 139–140, 143–144, 153, 155–156, 163, 170, 175–176,
    184, 186, 189, 201–202
Möbius, Paul (1853–1907), deutscher Neurologe 26–28, *27*
Mollweide, Karl Brandan (1774–1825), deutscher Mathematiker und Astronom
    13–14
Monge, Gaspard (1746–1818), französischer Mathematiker 19, 103
Morse, Marston (20. Jhdt.), amerikanischer Mathematiker 176
Moser, Jürgen (20. Jhdt.) 186
Mozart, Wolfgang Amadeus (1756–1791), österreichischer Komponist 9

Napoleon (1769–1821), französischer Herrscher 11–14, 19
Navier, Claude-Louis-Marie-Henri (1785–1836), französischer Ingenieur 31
Neumann, Franz Ernst (1798–1895), deutscher theoretischer Physiker 40
Newton, Isaac (1642–1727), englischer Mathematiker 61, 82, 121, 160, 162, 201

Ohm, Georg Simon (1789–1854), bayrischer Physiker 31–32
Ohm, Martin (1792–1872), bayrischer Mathematiker 31–32
Olbers, Heinrich (1758–1840), deutscher Astronom 47, *52*, 52–54, 62, 64–65, 68,
    72–73, 77, 82, 99
Oscar II (1829–1907), König von Schweden 162–163

Painlevé, Paul (1863–1933), französischer Mathematiker und Politiker 190
Petzval, Joseph Max (1807–1891), österreichischer Mathematiker und optischer
    Wissenschaftler 98
Pfaff, Johann Friedrich (1765–1825), deutscher Mathematiker 14, 16–17
Piazzi, Guiseppe (1746–1826), italienischer Astronom 62, 64
Plana, Giovanni (1781–1864), italienischer Mathematiker und Astronom 31
Plücker, Julius (1801–1868), deutscher Mathematiker und Physiker 31, 46, 104,
    119, 120, 132
Poincaré, Jules Henri (1854–1912), französischer Mathematiker 151, 162, 164,
    166, 168–169, 177, 179–180, 184, 186
Poinsot, Louis (1777–1859), französischer Geometer 31, 103–104, 121–122, 125
Poisson, Siméon-Denis (1781–1840), französischer mathematischer Physiker 31
Poncelet, Jean Victor (1788–1867), französischer Ingenieur und Geometer 31,
    103, 103–104
Pythagoras (6. Jhdt.), griechischer Philosoph 26, 201

Quetelet, Lambert-Adolphe-Jacques (1796–1874), belgischer Statistiker 31

Ramsden, Jesse (1735–1800), englischer Instrumentenhersteller 62–63, 67,
    91–92, 94
Regiomontanus, Johannes (1436–1476), deutscher Astronom und Mathematiker
    13

Reichenbach, Georg Friedrich von (1771–1826), bayrischer Ingenieur und Instrumentenhersteller   90–94
Repsold, Adolf (1806–1871), deutscher Instrumentenhersteller   49, 60, 94–95, 99
Repsold, Johann Georg (1770–1830), deutscher Instrumentenhersteller   94–95, 99
Rheticus, Georg Joachim (1514–1574), österreichischer Mathematiker und Astronom   13
Richelot, Friedrich Julius (1808–1875), deutscher Mathematiker   46
Riemann, Georg Friedrich Bernhard (1826–1866), deutscher Mathematiker   145
Rosse, William Parsons, Earl of (1800–1867), irischer Astronom   81–82

Saari, Donald (20. Jhdt.)   191
Santini, Giovanni (1787–1877), italienischer Mathematiker   31
Schiller, Friedrich von (1759–1805), deutscher Dichter   47
Schläfli, Ludwig (1814–1895), Schweizer Mathematiker   121
Schloemilch, Oscar Xavier (1823–1901), deutscher Zeitschriftengründer   44
Schmidt, Johann Friedrich Julius von (1825–1884), deutscher Mondforscher   89
Schröder, Friedrich Wilhelm Karl Ernst (1841–1902), deutscher Mathematiker   201
Schröter, Johann (1745–1816), Hannoveraner Astronom   47, 52, 62, 65, 87–89, 99
Schumacher, Heinrich Christian (1780–1850), deutscher Astronom   54, 58
Schweins, Franz Ferdinand (1780–1856), deutscher Mathematiker, Lehrer von J. Steiner   31
Schwerd, Friedrich Magnus (1792–1871), deutscher Mathematiker   31
Sharp, Abraham (1653–1742), englischer Astronom   67
Shu, Frank (20. Jhdt.)   197, 200
Sisson, Jonathan (1690–1749), englischer Instrumentenhersteller   98
Smale, Stephen (20. Jhdt.), amerikanischer Mathematiker   181
South, James (1785–1867), englischer Astronom   60
Sperling, H. J. (20. Jhdt.)   191
Staudt, Karl Georg Christian von (1798–1867), deutscher Mathematiker   31, 45
Steiner, Jakob (1796–1863), schweizerisch-deutscher Geometer   31, 45
Steiner, Rudolf (1861–1925), österreichischer Erzieher   132
Stokes, George Gabriel (1819–1903), anglo-irischer Naturphilosoph   85
Struve, Wilhelm (1793–1864), deutscher Astronom   55, 55, 58, 74, 94–95, 97, 99
Sturm, Charles-François (1803–1855), Schweizer Mathematiker und Physiker   32

Thibaut, Bernhard Friedrich (1775–1832), deutscher Mathematiklehrer   32
Tompion, Thomas (1639–1713), englischer Uhrmacher   67
Troughton, Edward (1753–1836), englischer Instrumentenhersteller   94

Upson, William (20. Jhdt.), Schriftsteller   26

Veblen, Oswald (1889–1960), amerikanischer Mathematiker   151
Volterra, Vito (1860–1940), italienischer Mathematiker   164–165, 167
Von Zeipel, H. (20. Jhdt.)   191

Weierstraß, Karl Theodor Wilhelm (1815–1897), deutscher Mathematiker   37, 39

Wollaston, Francis (1731–1815), englischer Astronom 82
Wright, Thomas (1711–1786), englischer Kosmograph 196

Xia, Z. (20. Jhdt.) 194

Zach, Franz Xavier von (1754–1832), österreichisch-ungarischer Astronom 62
Zeiss, Carl (1816–1888), deutscher Optiker 98
Zorn, M. (20. Jhdt.), Logiker 201

Ein lebendig geschriebenes und reich bebildertes Buch über das Werk des herausragenden englischen Wissenschaftlers Sir Isaac Newton: Ein einmaliges Lesevergnügen, das den Geist Newtons lebendig werden läßt.

«Er vereint in einer Person den Experimentator, den Theoretiker, den Mechaniker und nicht zuletzt den darstellenden Künstler.... Seine Freude an der Schöpfung und seine großartige Genauigkeit zeigen sich in jedem Werk und jeder Abbildung.»
Albert Einstein

John Fauvel (Hrsg.)
Newtons Werk
Die Begründung der modernen Wissenschaft

Aus dem Englischen von Peter Hiltner.
328 Seiten, 170 sw-Abbildungen
Gebunden.
ISBN 3-7643-2890-8

In allen Buchhandlungen erhältlich

Birkhäuser

Eine leicht verständliche und flüssig zu lesende Einführung in die Beschäftigung mit Symmetrie in der modernen Mathematik. Symmetrie wird hier nicht als statisches Phänomen betrachtet, vielmehr wird die Rolle von Symmetrie und Symmetriebrechung bei der Bildung grundlegender Muster in der Natur sowie ihre Verbindung zu Chaos untersucht.

Ian Stewart / Martin Golubitsky
Denkt Gott symmetrisch?
Das Ebenmaß in der Mathematik und Natur

Aus dem Englischen von Gisela Menzel.
304 Seiten mit zahlreichen farbigenAbbildungen.
Gebunden mit Schutzumschlag.
ISBN 3-7643-2783-9

In allen Buchhandlungen erhältlich

MIX
Papier aus verantwortungsvollen Quellen
Paper from responsible sources
FSC® C105338

If you have any concerns about our products,
you can contact us on
ProductSafety@springernature.com

In case Publisher is established outside the EU,
the EU authorized representative is:
**Springer Nature Customer Service Center GmbH
Europaplatz 3, 69115 Heidelberg, Germany**

Printed by Libri Plureos GmbH
in Hamburg, Germany